Two-dimensional Nanomaterials
Sensing Analysis and Environmental Monitoring

二维纳米材料
传感检测与环境监测

甘小荣　赵慧敏　著

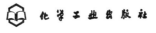

化学工业出版社

·北京·

内 容 简 介

以二维纳米材料的结构-性质-应用为主线,系统介绍了二维纳米材料的制备方法、表征手段和表面功能化策略,及其对结构与性质的影响,重点阐述了二维纳米材料在环境污染物传感分析领域的应用。具体包括污染物分析的必要性,传统的检测法、新型的传感检测法及其各自的优缺点;二维纳米材料结构与性质;二维纳米材料的制备和表征方法,二维纳米材料基传感分析法及其性能的评估方法;环境污染物的电化学传感分析、荧光传感分析、比色传感分析、光电传感分析、电化学发光传感分析以及场发射晶体管传感分析等。

本书可作为环境工程及其相关专业的教学用书或者环境分析化学领域的科研参考书。

图书在版编目（CIP）数据

二维纳米材料：传感检测与环境监测/甘小荣，赵
慧敏著. —北京：化学工业出版社，2021.10（2022.10重印）
ISBN 978-7-122-39714-0

Ⅰ.①二… Ⅱ.①甘… ②赵… Ⅲ.①纳米材
料-研究 Ⅳ.①TB383

中国版本图书馆CIP数据核字（2021）第161803号

责任编辑：赵卫娟 文字编辑：王文莉
责任校对：张雨彤 装帧设计：刘丽华

出版发行：化学工业出版社（北京市东城区青年湖南街13号 邮政编码100011）
印 装：北京虎彩文化传播有限公司
710mm×1000mm 1/16 印张14¼ 字数251千字 2022年10月北京第1版第2次印刷

购书咨询：010-64518888 售后服务：010-64518899
网 址：http://www.cip.com.cn
凡购买本书，如有缺损质量问题，本社销售中心负责调换。

定 价：128.00元

前　言

自从 2004 年 Geim 和 Novoselov 因石墨烯的发现获得诺贝尔物理学奖后，石墨烯、类石墨烯二维纳米材料广受人们关注。这类新兴的材料具有诸多优良的理化性质，在环境、能源等领域大放异彩。与之相关的科学研究论文或文献被大量报道，然而介绍二维纳米材料在环境分析领域应用的著作屈指可数，特别是中文著作。笔者的研究工作主要关于二维纳米材料制备、表征、功能化及其在环境分析领域的应用。根据笔者愚见，有必要将二维纳米材料最新的发展动态及其在环境分析领域的研究成果整理成书，与读者共享。

本书共分 10 章。第 1 章主要介绍水体和大气中的污染物和危害、环境污染物的分析方法以及二维纳米材料在环境监测领域的应用。新兴的传感检测法及其各自的优缺点。第 2 章主要介绍二维纳米材料的结构与性质，这些性质决定了二维纳米材料在传感领域的应用。第 3 章主要介绍二维纳米材料的制备和表征方法，制备方法会直接影响二维纳米材料的理化性质；表征方法主要集中在检测二维纳米材料的厚度，因为二维纳米材料的电子结构依赖于厚度。第 4 章主要介绍基于二维纳米材料的环境污染物传感分析法。第 5 章主要介绍环境污染物的电化学传感分析法。第 6 章主要介绍环境污染物的荧光传感分析法。第 7 章主要介绍环境污染物的比色传感分析法。第 8 章主要介绍环境污染物的光电传感分析法。第 9 章主要介绍环境污染物的电化学发光传感分析法。第 10 章主要介绍环境污染物的场发射晶体管传感分析法。上述六种传感分析法所分析的环境污染物主要集中在重金属离子、抗生素、致病菌、无机盐、气态的氮氧化物、氧化活性物质、挥发性有机物（VOCs）等。

本书可作为环境工程及其相关专业的教学用书或者环境分析化学领域的科研参考书，本书收录了大量最新的研究进展，包括笔者和其他研究人员最新的研究工作，具有一定的参考价值。相信本书的出版有利于促进二维纳米材料及其环境监测应用的发展。

本书的顺利完成要特别感谢国家自然科学基金（52000059）、南京市留学人员创新择优资助项目（B2004803）和中央高校基本科研业务费专项资金（2019B02414 和 2019B44214）资助。此外，本书的出版得到了大连理工大学工业生态与环境工程教育部重点实验室的资助（No. KLIEEE-18-02）和河海大学浅水湖泊综合治理与资源开发教育部重点实验室的大力支持，在此一并表示感谢。

笔者学识有限，书中难免有不足之处，敬请读者专家批评指正。

甘小荣

于河海大学

2020 年 5 月

目　录

第**1**章

概述

环境的质量与风险评估管理、环境修复都离不开环境状态监测和分析，特别是针对水环境质量的监测，有助于及时准确获得水污染状况、污染原因和形成规律，对于预防环境污染事件发生，改善人居健康环境，合理规划资源的开发和利用，实现可持续发展具有重大意义。

我国的水资源不容乐观，特别是可作为饮用水水源地的水储量相当缺乏。人均占有量不到世界平均水平的 1/4。除了水资源短缺外，现有的水资源部分受到了严重的污染和浪费，尤其是随着工农业的发展，这种现象愈演愈烈。水污染所引起的人体健康危害会导致人均寿命下降，降低国民经济增长水平。

据不完全统计，在饮用水水源中累积发现了 765 种有机物，其中 117 种有机物被认为具有"三致"（致畸、致癌、致突变）效应。饮用水的污染源之一是人类的生产、生活行为。例如，生产、生活中大量使用的有机合成化学品，进入天然水体后，成为有机微污染物（organic micropollutants，OMPs）。这种水污染物在城市区域尤其明显，例如我国的辽河、海河、淮河、黄河、松花江、珠江和长江七大水系污染物严重的重点区域皆位于城市河段。以海河中抗生素为例，已发现水体中含有 3 种磺胺类抗生素、2 种四环素、4 种氟喹诺酮类抗生素、3 种大环内酯类抗生素，它们在水体中的浓度范围为 1.30~176 ng/L。另外，我国大多数城市地下水出现了一定程度的点、面状污染，其矿化度、总硬度、硝酸盐、亚硝酸盐、氨氮、铁等水质参数超标，以北方重工业城市地下水污染尤为突出。

上述环境污染物的来源主要包括四个方面。

（1）工业污水

化工厂、皮革厂、冶金厂、药厂、造纸厂等排放的废水中常含有大量有毒、有害的物质。其中，印染、制皮、造纸等行业会排放大量的含碱污水，煤炭厂会排放焦化含酚废水，还有化工厂、炼油厂排放含有多种难降解的有机物废水，比如硝基苯酚、氯苯类、芳烃和多环芳烃等化合物。总体而言，有机污染物是工业污水中影响最为严重的污染物类型。

（2）生活污水

生活污水主要包括农村生活污水和城镇生活污水两类。随着我国城镇化进度加快，城镇生活污水排放量逐年增加。城镇生活污水具有成分复杂、有机物含量高、水质和水量不稳定等特点。

农村生活污水主要包括黑水（比如人畜的粪尿和冲洗水）、洗浴水、洗衣废水和灰水（比如厨房废水）。虽然其排放量远低于城市生活污水排放总量，但是往往不能得到有效的处理而直接排放到环境中，污染土壤或者地表水。农村污水中成分主要包括有机物、氮和磷等，但基本不含重金属及有毒、有害物质。然而，富含营养物质的污水排入地表水里会造成水体富营养化，藻类问题频发，水质下降明显，比如含洗涤剂的污水排放到河流中很难降解，通过食物链积累在水产品中，会对食用者造成伤害。总体而言，农村生活污水处理面临着来源分散、排放量不固定、污水处理设施缺乏（不到20％）、污水处理成本高、财政资金支持低、专业技术人才短缺、排放标准不统一等问题和挑战。

（3）农业污染

据统计，全球化肥使用量约 5.0×10^9 t，农药约 2.0×10^5 t；化肥及农药的大量使用导致每个国家与地区的地下水、地表水均遭受程度不一的污染。水田中使用的农药和化肥，随着雨水进入河塘或者湖泊，会造成一定程度的水体富营养化。

（4）渔业养殖用水

水产或水产养殖业水体中常含有大量的抗生素，比如呋喃唑酮、呋喃西林、呋喃妥因和呋喃它酮及氯霉素。另外，养殖业用水中本身含有一定浓度的多环芳烃和重金属离子。多环芳烃和重金属离子皆具有致癌、致畸以及能够诱导突变的毒性效应，这些污染物能通过水体、食物、沉积物等途径进入鱼、虾、蟹等水生生物体内，再通过食物链进入人体，对人体健康造成严重危害。

对上述各种来源的废水进行减害化和无害化处理过程中，需要时刻监测其水质、水量的变化，特别是水质监测分析，以达到排放标准或在不同领域再利用标准。另一方面，上述有害废水有可能通过多种路径进入自然水体，污染地表水，特别是对饮用水水源地的水质影响和对人体健康的威胁，因此对饮用水水源地水质的检测不仅是取水、用水和水处理的参考依据，而且是预防各种重大污染事件、降低环境健康风险的必要措施。

1.1　水体中的污染物和危害

　　水是物质和能量循环的载体，所研究的环境污染物绝大部分来源于水体。狭义的环境污染物一般指有毒有害、具有"三致"效应的物质，通过空气、水介质进入人体；另外，食物链的累积效应，也是这类痕量的污染物对人体造成危害的主要途径。广义的环境污染物主要是指能对环境中物质、能量循环造成不可逆干扰的一类物质，使原先的生态平衡发生位移，产生负面效应。

　　水体中污染物种类繁多，危害严重且持久，受自然环境、气候条件、城市发展规模、居民的饮食结构和习惯等因素的影响有着不同程度的变化。除明显的污染源（比如废旧的采矿地、农药和有机溶剂生产地等）所导致的水体污染外，很多浓度低、后续危害或毒性大、迁移范围广的污染物所引起的水体污染也应受到同样的重视。例如，个人护肤品、食品和药品所含的痕量污染物、水体养殖中所排放的抗生素，它们的长期毒性效应也不能忽略。每年都有大量的人造新型污染物出现，其对人体或生态环境的危害仍然不得而知。本书所指的污染物范围可能更加广泛，即所有能引起人体生命活动或人体所处环境平衡失调的物质或指标都被归为环境污染物，比如重金属离子、抗生素、pH 值、硝酸盐、亚硝酸盐、活性氧化物质等。下面主要介绍传统污染物的危害和检测分析方法。

1.1.1　环境有机污染物

　　环境有机污染物按其来源可划分为较易降解的有机污染物和难降解的有机污染物。一般地，来自于石油、农药厂和化学工业中有机合成产物等有机污染物属于难降解、有害物质。美国环保署（EPA）公布的 129 种优先控制的污染物中，有机类污染物占总量的 88％；我国国家环保局列出了 14 类、68 种有毒化学污染物，其中 58 种主要归为挥发性氯代烃、苯系物、氯代苯类、酚类、硝基苯类、苯胺类、多环芳烃类、酞酸酯类、农药类（比如有机氯农药）。

　　由于人类活动范围的延伸，持久性有机污染物（POPs）比如艾氏试剂、毒杀芬等开始在全球扩散或迁移。目前已知的 POPs 多达数千种，联合国环境规划署国际公约中列出了首批 12 种 POPs，即 9 种有机氯农药和精化产品以及 2 种化学衍生品，主要包括艾氏剂、狄氏剂、DDT、氯丹、六氯苯、灭蚁灵、毒杀芬、七氯、多氯联苯、二噁英和苯并呋喃。POPs 有四个重要的特性：在环境中持久存在，能蓄积在食物链中对有较高营养等级的生物造成影响，具有半挥发性且能长距离迁移到极地地区，具有很强的毒性。POPs 的污染会从点污染逐步形成区域性污染，具有较高、持久的毒性（"三致"效应和遗传毒性）和难降解性，能干扰人体内分泌系统，引起"雌性化"现象。

药品中抗生素大量使用，通过直接或间接的方式进入水生环境，污染水源和食品，导致一些致病微生物或病毒产生抗药性。兽用抗生素进入动物体内会诱导产生抗性菌株，因此养殖业乱用抗生素和医疗废水违规排放，导致了地表水抗生素污染事件。例如，抗生素的滥用会诱导产生抗性基因，加速了抗性基因的传播；在某养牛场的污水、土壤及沉积物中检测出了多种磺胺类抗性基因、四环素类抗性基因，其中四环素类抗性基因种类就达到 40 种以上，磺胺类抗性基因和 β-内酰胺类抗性基因分别为 4 种和 10 种。

有机物对人体产生伤害主要通过含污染物的饮用水、个人护肤品、食品、药品等渠道和媒介。尽管介质中有机污染物的浓度低，但具有蓄积毒性效应，长期接触会对人体造成较大伤害。诸如食品变质，护肤品、药品、饮用水中有毒成分超标，皆能对人体健康造成不可逆的伤害。某些污染物或残留物即使低剂量或痕量也能导致人体内分泌紊乱、组织和器官受损、机体代谢紊乱甚至死亡。例如，长期饮入被酚类有机物污染的水容易造成头痛、出疹、瘙痒、贫血和神经系统疾病。另一种致病机制是有机污染物能破坏人体自身修复机制，比如对免疫系统的破坏。环境中抗生素的乱用，会产生超级耐药菌，人体自身免疫系统无法根除此类致病菌。因此，对这类污染物或残留物的监控、预防和处理是建设幸福中国、延长预期寿命、保障社会可持续性发展的重要前提条件之一。

1.1.2 重金属污染物

重金属原义是指密度大于 $4.5 g/cm^3$ 的金属，在水环境分析和处理领域，重金属离子一般指具有显著毒性的金属，比如汞、镉、铅、铬、锌、铜、钴、镍、锡、钡、锑、砷等。重金属离子的毒理、毒性主要表现在如下方面：①在天然环境中长期存在，毒性持久；②某些重金属在微生物作用下可转化为毒性更强的金属有机化合物；③能参与食物链循环，在生物体内积累，其生物富集系数高达数万倍。上述特性表明痕量的重金属也能对人体产生严重的毒性效应，破坏正常生理代谢功能，导致严重的疾病。

尽管重金属离子的本底值不高，但是矿产的无序开采导致大量的重金属及其化合物进入环境中[1]。例如，全世界每年开采的汞总量超过了 $10^4 t$，这些物质绝大部分以"三废"的形式流入了环境。汞离子（Hg^{2+}）通过生物甲基化作用转化为毒性更强的有机汞化合物，经食物链进入人体，导致中枢神经疾病和肾脏损坏，甚至死亡。有机汞化合物也曾被广泛用于制备农药、杀灭真菌，这是造成其环境污染的潜在风险之一。Pb^{2+} 能通过呼吸道、皮肤和消化系统进入人体，对神经系统和造血系统造成破坏。人体中的 Cd^{2+} 绝大部分会和红细胞结合，形成不溶性的磷酸盐，造成肺、肾脏损伤。日本曾发生使用被镉污染的大米造成骨萎缩、骨弯曲、骨软化等症状的事件。

此外，痕量的重金属污染物也存在于个人护肤品、农作物、电子产品中。由于重金属污染物不能被分解，且具有强烈的食物链蓄积性，因此即使痕量的污染源也会造成严重的危害。

1.1.3 微生物污染物

与传统的污染物相比，对致病菌、病毒、寄生虫等病原微生物和藻类的关注度不够，特别是如何有效预防和及时、准确检测仍然是不小的挑战。根据细胞结构、功能和组分，水体中的生物污染物主要包括原核细胞微生物、真核细胞微生物和病毒。

环境中有成百上千种微生物，只有一部分能够感染人类，导致疾病发生，这类能导致疾病发生的微生物称为病原微生物。污水中的病原微生物，主要有细菌、病毒和寄生虫。人类的生产、生活所排放的废水为病原微生物的大量繁殖和变异提供了适合条件，对人体能产生一系列健康威胁。例如，污水中的贾第虫、大肠埃希菌、隐孢子虫、嗜肺军团菌等会导致肠胃炎症；对于大部分肠道致病菌，被感染者会有 $10\% \sim 75\%$ 的患病概率。肠道病毒能导致发烧、皮症、脑膜炎、心脏病、瘫痪、糖尿病、腹泻和精神错乱等症状。鞭毛虫和隐孢子虫等原生动物能干扰人类，导致腹泻，造成水媒疾病爆发。除此之外，蛔虫、绦虫和吸虫等蠕虫能寄生在人体肺部或肠道，产生各种并发症，比如腹泻、呕吐、贫血等。

1.2 大气中的污染物和危害

随着十二届全国人民代表大会第五次会议提出"蓝天保卫战"的目标，大气中各项指标也逐步受到重视，特别是二氧化硫、氮氧化物排放量和重点地区细颗粒物（$PM_{2.5}$）浓度。

除了水体中污染物，空气中污染物，诸如挥发性有机物（VOCs）、氮氧化物（NO_x）等能对人体的多个器官产生严重的危害，特别是对呼吸道。美国联邦环保署对 VOCs 定义为：除一氧化碳（CO）、二氧化碳（CO_2）、碳酸（H_2CO_3）、金属碳化物、金属碳酸盐和碳酸铵之外，任何能参加大气光化学反应的碳化合物的总称。VOCs 主要包括 $C_2 \sim C_{12}$ 非甲烷碳氢化合物、$C_1 \sim C_{10}$ 含氧有机物、卤代烃、含氮化合物和含硫化合物。大部分的卤代烃通过天然或人为途径释放到大气中，能破坏平流层的臭氧，造成臭氧空洞，导致地球气候异常，影响植物生长、生态的平衡等。其中 VOCs 的天然来源主要是海洋中释放的卤代烃（比如氯甲烷），人为来源主要是城市汽车排放的废气和固体废物燃烧的产物，例如由煤、石油、天然气、木材、纸等不完全燃烧产生的多环芳烃化合物，具有较强的致癌性。

1.3　环境污染物的分析方法

　　污染物种类的庞大，新增污染物的不断涌现，污染物之间存在的复杂物理、化学、生物作用过程，形成二次污染物，这些因素使得对污染物迁移、转化过程的科学认知和有效控制变得更加富有挑战。另一方面，所谓"大医治未病"，相比于后期的治理，有效的预防是最大程度降低其环境风险的关键环节之一。因此需要做到提前预警、预报，防患于未然，这有利于降低环境生态治理的成本。

　　对于痕量污染物的检测方法，主要基于传统的光谱、质谱检测法。传统的检测方法主要包括：气相或液相质谱、气-液联用质谱、基质辅助激光解吸飞行时间质谱仪（MALDI-TOFMS）、傅里叶变换质谱仪（FT-MS）、紫外可见吸收光谱、红外吸收光谱、核磁谱（氢核磁谱和碳核磁谱）、拉曼光谱、分子发光光谱（如荧光或磷光光谱）、原子吸收/发射光谱、诱导等离子体质谱、X 射线吸收光谱等。传统的方法虽然也能满足定量检测的精准度和选择性，但是分析费用高、样品预处理过程复杂、需要较高操作技能、无法实现原位实时检测，特别是无法满足野外现场分析的要求。

　　在环境分析化学领域，最近发展出的新型传感检测方法主要包括：电化学传感检测法、荧光传感检测法、比色传感检测法、光电传感检测法、电化学发光传感检测法、场发射传感检测法。上述传感检测方法的分类主要依据信号转化的基本原理，比如电化学传感检测法是将环境污染物的浓度信号转化为电信号，主要包括电流、电压、电阻、电容。

　　与传统的质谱、光谱分析方法相比，新型的传感检测方法正朝着便携式、轻型化、集成化、检测步骤人性化等目标迈进，未来具有巨大的发展潜力。目前，商业化应用的传感检测器部分也得到了大规模的应用，比如便携式的 pH 计、葡萄糖检测仪、室内有毒有害易燃易爆气体的传感探头等。

1.3.1 传统的分析方法

传统的分析方法利用环境污染物在电场、磁场、光场（电场-磁场叠加）中发生不同程度的能量吸收、吸收-辐射等性质，获得环境污染物的结构、浓度、化学形态等信息。例如，利用能量激发环境污染物中原子的振动、转动、电子的跃迁等，能获得其完整的或者碎片化的信息。这种检测类似于"微扰理论"和"黑箱理论"，通过对系统加入特定的扰动，获得所需的信息。

质谱分析是大型仪器分析中最典型的一种分析方法，主要测量离子质荷比（质量和电荷比）。在测量前使环境污染物碎片化，形成不同质荷比的带电离子，经加速电场的作用，形成离子束，进入质量分析器。该分析方法只能定性分析结构信息，很难做到定量分析，因此该方法一般用于污染物的结构解析，并且需要和其他分析方法连用。

紫外可见吸收光谱或者紫外可见分光光度法主要利用波长为 $200\sim800nm$ 的光或电磁波与环境污染物作用，吸收峰的位置、强度、峰形代表着环境污染物的结构和浓度信息，特别适合有机污染物的分析。具体的吸收规律满足朗伯-比尔定律（Lambert-Beer law）：

$$A=\lg(1/T)=Kbc \tag{1.1}$$

式中　A——吸光度；

　　　T——透射比（透光度），为出射光强度（I）与入射光强度（I_0）的比值（I/I_0）；

　　　K——摩尔吸光系数，与吸收物质的性质及入射光的波长 λ 有关；

　　　c——吸光物质的浓度，mol/L；

　　　b——吸收层厚度，cm。

紫外可见吸收光谱能用于几乎所有的有机物和无机物的检测，检测限为 $10^{-5}\sim10^{-3}mol/L$，相对误差小于 1%。环境污染物与光作用的过程形成特异性的吸收谱带，用于鉴定环境污染物的成分和结构。值得注意的是，对于不同来源的水质监测，其最佳的光吸收范围往往不同，因此利用紫外可见吸收光谱监测时，要优化检测的波长。

红外吸收光谱又叫红外分光光度法，根据激发波长范围可以分为近红外、中红外和远红外吸收光谱。与紫外吸收光谱的检测原理相似，红外吸收光谱利用波长为 $0.75\sim1000\mu m$ 的光或电磁波与环境污染物作用，发生共振吸收（振动、转动和平动）。红外吸收光谱更多地被用于分析具有红外活性的有机物。分子具有红外活性是指：在吸收光能量的同时，偶极矩会发生改变，而像氢气、氮气和氧气等同核分子，由于振动时偶极矩为零，不会产生红外吸收。

拉曼光谱是红外光谱的补充表征手段，它测试的原理是环境污染物（分子振动和晶格振动）对光的非弹性散射。为了增强对环境污染物的分析信号，常利用一些纳米金属粒子或者纳米金属氧化物（高浓度缺陷）作为基底，通过表面等离激元共振效应，显著改善拉曼光谱的检测灵敏度，这种改良的分析方法叫表面增强拉曼光谱。另外，拉曼光谱一般所需测试量少，不会对环境污染物的结构造成破坏。

分子中电子状态一般用主量子数、角量子数、磁量子数、自旋量子数描述。自旋是微观粒子的内禀角动量，它是核磁谱测试的基础，能对施加的强磁场产生共振吸收。自旋量子数为半整数和整数的原子和分子，具有磁矩，与施加的磁场作用，产生有效吸收；不同官能团及其所处化学环境的改变会导致其对磁场的吸收发生改变。因此，环境污染物的磁性也可反映其结构和浓度。

总之，相比于质谱法检测，光谱法可供选择的种类更多，其检测原理都是基于光与环境污染物之间的作用，可能是散射、吸收或者透过，检测的对象可能是本征态或者激发态下电子、原子或分子产生的吸收或发射光谱。然而，上述传统检测方法皆需大型设备、可靠的光源或者磁场，操作过程复杂、样品预处理时间长，无法满足实时、在线、户外工作的要求。

1.3.2 传感分析方法

传感分析方法是一类新型的分析手段，是基于各种传感器实现定量分析检测。广义的传感器不仅包括电化学传感器、荧光传感器、电化学发光传感器、光电传感器等，而且还包括电信、人工智能等领域所用到的光纤传感器、光栅传感器、固态图像传感器、电阻传感器、电容传感器、压电传感器、热点传感器、超声波传感器、红外辐射传感器、智能传感器等。这种广义上的传感器并不是仅针对某种化学物质，有时候也针对某个事件或者场景，比如用于人脸识别的传感器。因此，传感器检测的对象可以是宏观的，比如某种信息、画面或者场景等；也可以是微观的，比如质量、电阻、电流、吸光强度、荧光、磷光等。用于环境污染物检测的传感器属于后者，检测的对象是微观或介观尺度下的环境污染物质，即从单分子到特定浓度的污染物。

典型的传感检测系统一般包括三部分：待测物、传感元、转换器。在不同的书籍中，传感元（sensing elements）又被称为识别元（recognization elements）、探针（probe）或敏感元，本书中上述概念皆指相同的对象。用于环境污染物分析的传感器，检测的基本原理是将传感元与某种或者某类环境污染物作用，这种特异性作用所产生的信号会随环境污染物浓度变化，在一定范围内呈线性增加或降低，并将此信号转化为可观测信号，从而实现定量检测的目的。

传感检测的基本要求是传感元与环境污染物之间的特异性作用；这种相互作用导致传感元在检测环境污染物前后的结构或理化性质发生变化，比如荧光发射强度和电荷传递性能降低或增强，从而通过直接或间接的线性关系获得环境污染物的浓度信息。例如，石英晶体谐振式传感器以石英晶体谐振器作为敏感元件，具有精度高、响应速度较快等优点，常用于测量温度和压力。某些重金属离子与荧光标记物特异性作用后，会导致荧光猝灭；随着待测溶液中重金属离子的浓度升高，所监测到的荧光信号变弱，从而实现对重金属离子的定量检测。

与基于质谱、光谱的传统检测法相比，在相同的检测要求下，新型的传感检测法不仅能缩短分析时间、降低检测成本，而且操作步骤简单，能做到实时、在线检测。根据转换信号类别划分，传感检测法主要包括电化学传感法、荧光传感法、比色传感法、光电传感法、电化学发光传感法、场发射晶体管传感法等；根据环境污染物的类别，传感检测法又可分为葡萄糖传感器、重金属传感器、氧活性物质传感器、pH 传感器等。

最早被报道的传感检测系统，其分析的对象为气体，包括成分和压力[2-5]，例如利用石墨电极检测氧气[6]。随着传感器技术的发展和迭代，传感器检测的目标物和应用范围迅速扩大，逐步从环境、化学分析领域到生物医学领域，从单一的气体到水体中复杂的离子或有机物，从生物体外到生物体内，从化学传感器到生物传感器。特别是，纳米材料的可控制备和精确表征，以及分子生物编辑和筛选技术的发展，促进了传感分析技术的变革。例如，通过指数富集的配体系统进化技术（SELEX）筛选出对环境污染物具有特异性识别能力的适配子，利用 DNA 杂交反应、抗体-抗原识别过程，提高生物传感器的选择性和灵敏度。此外，将生物材料和纳米材料复合，不仅能利用生化反应的高效性、高选择性，而且能利用纳米材料比表面积大、催化活性高、易功能化等优势，从整体上提高传感检测的性能，包括选择性、灵敏度、检出限、稳定性和重现性等。

1.4　二维纳米材料在环境监测领域的应用

　　一般评估传感元或者传感材料对环境污染物的分析性能, 最重要的考察指标是灵敏度和选择性。传感检测性能主要与传感元的设计 (包括成分、结构等)、传感元的固定方式 (主要针对生物传感器) 等因素密切相关。此处需要特别提及的是, 在很多研究中, 常把传感元和信号放大元分开加以说明, 从材料的物理结构上讲, 有时候很难将二者完全区分开, 特别是传感元有时候也兼具信号放大功能, 比如传感检测方法是基于高导电纳米材料直接电化学氧化还原环境污染物。因此, 本书将信号放大元和传感元统称为传感元, 其不同功能 (选择性和信号放大) 归结为传感材料中不同的组成部分所扮演的角色。

　　传感元的组成成分可以是生物材料、有机材料、无机材料及其复合材料。材料的结构决定着其性质, 在已有研究报道中传感材料性质的调控一般从三个方面进行: 材料的本体性质 (或体相性质)、表面性质和界面性质。从另一角度讲, 在不考虑材料所处的外界环境 (比如施加的电场、磁场、光场) 时, 材料的维度、组成和原子排布决定着材料的物理化学性质。因此, 提高传感器的分析性能的本质是理性设计传感材料。

　　高性能传感元的设计趋势是融入纳米材料。纳米材料是现代材料科学及其交叉学科研究领域中最具前途的技术之一。早在 20 世纪初期, 研究人员发现材料的尺寸对性质有重大的影响, 比如硬度、韧性、弹性模量、密度、电导率、热膨胀系数、扩散性等; 小尺寸的材料具有不同其母体材料的独特性质。1959 年纳米技术的鼻祖——费曼 (Feyman) 首次提出一个重要设想: 在小尺寸下, 材料将会有巨大的新发现。在此预言提出后的 30 年, 有关 "操作小尺寸物质" 的假想变成了现实[7]。

　　对于不同块状的母体材料, 当其尺寸降低到 1~100nm 时会产生多种独特的理化性质, 比如表面效应、量子尺寸效应、宏观量子隧道效应和介电限域效应等。与块状的母体材料相比, 小尺寸的纳米材料具有更大的晶界, 且晶界上的原子扩散活化能只有本体粒子间扩散活化能的一半。尺寸效应所导致的扩散率变化, 会影响材料的蠕变和超塑性行为, 比如纳米材料具有更好的力学性能 (弹性、塑性、疲劳强度); 纳米材料具有高的比表面积、更低的熔点、更高的化学反应活性等。另外, 纳米材料具有更低的饱和磁性 (M_s) 和居里温度 (T_c)、较大电阻和较低磁芯损耗。因此纳米材料在环境分析、信息、能源、纳米电子及半导体光电器件等多个领域具有广阔的应用前景[8]。

按维度来分，纳米材料可以分为三类：

① 零维，指空间三维尺度均在纳米尺度，如纳米尺度颗粒、原子团簇、量子点等；

② 一维，指在空间有两维处于纳米尺度，如纳米线、纳米棒、纳米管、纳米纤维等；

③ 二维，指在三维空间中有一维处于纳米尺度，如超薄膜、纳米片、纳米带、纳米墙、纳米盘等[9]。

纳米材料用于传感分析领域，首要原因是纳米材料自身性质能灵活调控，比如通过厚度（层数）、尺寸、表面修饰物等实现对理化性质调控。作为新兴的低维纳米材料，二维层状材料的理化性质都表现为层数依赖性，比如光吸收性能和电子迁移特性。由于声子和光子对电子的散射，层数的降低会导致层状材料的电导率降低。例如块体六方晶型的硫化钼（2H-MoS$_2$）的电导率为 200cm^2/(V·s)，而单层 2H-MoS$_2$ 的电导率只有 $0.1 \sim 10$cm^2/(V·s)。层状的过渡金属硫化物（TMDCs）具有强烈的自旋-轨道相互作用，并且能利用自旋、能谷和层自由度等多重影响因素自由调控，表现出不同于块体 TMDCs 的诸多特性。特别是单层 TMDCs，由于缺乏反转对称，自旋轨道耦合提高了能带的自旋简并度。单层和少数层 TMDCs 样品中介电屏蔽效应降低，而激子效应异常强烈。相似地，在单层石墨烯的能带结构中，K 点处线性色散产生了新的现象，比如异常量子霍尔效应，开辟了费米-狄拉克物理的新范畴。石墨烯是一种优良的导电和导热体，在几乎所有的传感分析领域都有广泛的应用；石墨烯表面功能化能调控其光、电性质，比如带隙、水溶性、生物兼容性，有利于后续的修饰（比如嫁接生物分子）和传感器件的组装以及提高传感分析性能。

材料组分的改变对其光、电、磁等性质的影响是显而易见的，不同组分的原始（未功能化的）纳米材料具有不同的电子结构特性，以 TMDCs 为例，2H-MoS$_2$ 和硫化钨（WS$_2$）为半导体，碲化钨（WTe$_2$）和硒化钛（TiSe$_2$）为半金属，硫化铌（NbS$_2$）和硒化钒（VSe$_2$）为金属，而硒化铌（NbSe$_2$）和硫化钽（TaS$_2$）为超导体。若上述二维纳米材料用于电化学传感检测领域，由于导电性能和表面电荷、缺陷不一样，对环境污染物的识别性能和检测的灵敏度就会存在差异。二维纳米材料通过表面改性或者功能化，比如形成结构缺陷、杂原子和其他表面修饰，能改变其理化性质和电子结构特性（如引入局域态、改变导带和价带位置等）。理论上石墨烯是半金属（零带隙），而引入氧原子变成氧化石墨烯，会打开带隙，即导带和价带位置发生改变，可用于构建场发射晶体管传感器、光电传感器、比色传感器等。

纳米材料的特性还受其原子排布的影响，当组成元素或者成分相同时，若原子排布顺序不同也会造成截然不同的性质，这种现象一般被称为同素异形体（同质多晶结构）。以碳材料为例，最典型的同素异形体主要包括：零维的富勒烯（纳米团簇），一维碳纳米管或碳纤维，二维石墨烯以及三维的金刚石、石墨相碳、活性炭等，它们的理化性质有着巨大区别。即使维度相同，碳原子的排布不同，也会造成在力学、光学、电学等物理化学性质上的巨大差异（表 1.1）。这种差异主要是由晶体的对称性决定的。另外一个典型的例子是 MoS_2 的同素异形现象，根据硫原子滑移的距离不同，单层 MoS_2 可以表现为半导体相的 2H-MoS_2 和金属相的 1T-MoS_2，后者的导电性能是前者的 10^7 倍。

材料的很多性质受表面特性的影响，比如电化学性质和催化性质，其本质原因在于材料的原子排布的变化会导致不同程度的表面原子暴露，而传感材料与环境污染物之间的识别过程依赖于界面反应，与传感材料的表面性质密切相关。具有相同成分和不同晶相的材料，在不同传感分析领域的应用优势具有较大差异，比如导电性能较好的材料更适宜应用在电化学传感分析领域、光电传感分析领域。

表 1.1　石墨和金刚石部分性质对比

项目	石墨	金刚石
力学性质	最软	最硬
光学性质	全吸光	高透光
电学性质	良导体	绝缘体

纳米材料用于传感分析领域的另一个优势是高比表面积和高催化活性。与块状母体材料相比，纳米材料具有更高的比表面积。由于尺寸的降低，大量的体内原子暴露在表面，导致体内原子与总原子数之比急剧增大。以球形纳米粒子为例，其表面积和体积与直径的平方和立方呈正比。暴露在表面的原子含有大量的悬键（未饱和），急需获得或给出电子，从而成为潜在的反应活性位点；利用 X 射线近边吸收精细结构谱也证实二维纳米材料的活性位点皆位于低饱和配位点处，比如平面边缘、阶梯等结构缺陷处，准确把握材料活性位点与结构的关系为精确设计高选择、高灵敏的传感器创造了理论基础，后续章节介绍的电化学、比色、光电传感分析法皆涉及传感材料的活性位点，特别是类酶活性。几乎所有的化学反应都与材料的表面有关，纳米材料的尺寸更小，让更多原子暴露在表面并参与反应。因此将纳米材料作为传感材料有利于提高对传感元的担载量，促进溶

液/材料界面的反应过程，从而提高了传感器的分析性能，特别是灵敏度和检出限。

纳米材料在传感检测领域应用的另一个优点是易功能化。上文提及纳米材料比表面积大，表面原子含有悬键，在对其修饰或改性的过程中，很容易实现表面共价修饰。与物理法修饰相比（静电吸引），靠共价键修饰形成的复合材料用于分析领域，最明显的优势是良好的稳定性和重现性等性能。例如，在电化学领域，将探针分子共价修饰在某个载体上（比如金属纳米粒子），与通过物理法修饰传感材料相比，采用化学修饰法有利于降低载体（基底）和探针分子之间电子传递的能垒，具有更好的电子传递性能，从而能显著提高电化学传感器的灵敏度和稳定性，这是生物传感器常常加入高导电纳米材料和采用共价修饰的主要原因。纳米材料的易功能化，能有助于实现传感器的多功能需求，比如高选择性、高稳定性、良好的重现性，这些要求往往是单组分传感材料无法实现的。而复合纳米材料作为传感元，一般需要引入多种结构单元，比如无机纳米材料和生物材料，通过不同结构单元实现不同功能，从而更易达到多功能的预期目标。

除上述优点外，部分纳米材料（比如石墨烯、二维 MoS_2）还具有良好的生物兼容性。纳米材料在大量使用过程中，常伴随着一定环境健康风险，纳米材料进入水环境会发生一系列物理、化学、生物反应，特别是纳米材料与水体中污染物的后续作用、迁移和转化，目前对上述作用还缺乏清晰的认知，因此将环境友好型或生物兼容性良好的纳米材料应用于环境分析领域显得尤为重要。

1.4.1 二维纳米材料的发展趋势

二维纳米材料的发展源于石墨烯的发现和应用。事实上，早在石墨烯被制备和发现前，研究人员利用第一原理计算预测了二维纳米材料的性质和存在的可能性，然而最初理论计算表明单层结构的纳米材料不会稳定存在。直到 2004 年，英国曼彻斯特大学物理学家安德烈·盖姆和康斯坦丁·诺沃肖洛夫发现单层或少层石墨纳米片，他们把单层石墨纳米片叫作石墨烯（graphene），由于这类材料的性质不同于其母体或块体材料，石墨烯及其具石墨烯结构的二维纳米材料引起了广泛的关注，开启了二维纳米材料的新纪元。

低维纳米材料的制备方法和表征手段的进步使二维纳米材料迅猛发展，据不完全统计，已经被实验证实能制备的二维纳米材料就多达百种，这还不包括对其改性或表面修饰后的二维材料。二维纳米材料的发展过程涌现很多具有代表性的材料，在诸多领域都有广泛的应用。最早被定义为二维材料的是石墨烯，随之称为类石墨烯材料的典型代表主要包括 MoS_2、黑磷、硅烯。事实上，与石墨烯具有相同结构的二维材料很多，比如氧化石墨烯、白石墨烯（又叫六方氮化硼，h-BN）、g-C_3N_4 和石墨烯掺杂物（金属或非金属元素掺杂）。

根据理化性质的稳定性分类，能在室温和空气中稳定存在的单层二维材料主要包括石墨烯、六方氮化硼、氧化石墨烯（GO）、六方氮碳化硼（BCN）、MoS_2、WS_2、$MoSe_2$、WSe_2、金属氧化物（TiO_2、MnO_2、V_2O_5、TaO_3、RuO_2）、$Bi_2Sr_2CaCu_2O_8$（BSCCO）。另一类是在室温下、空气中可能稳定存在的单层二维纳米材料，主要包括 $MoTe_2$、WTe_2、ZrS_2、$ZrSe_2$ 等过渡金属硫化物，以及 MoO_3、WO_3 和层状的铜基氧化物。第三类是指能在惰性气氛中稳定存在，但在室温和空气中会被氧化或腐蚀（氧化过程导致其形貌会变成褶皱状）的二维纳米材料，主要包括 $NbSe_2$、NbS_2、TaS_2、TiS_2、$NiSe_2$、$GaSe$、$GaTe$、$InSe$、Bi_2Se_3[10]。

在低维纳米材料中，二维纳米材料不仅具有其他低维纳米材料（如 0D 和 1D 纳米材料）共有的优点，而且具有灵敏的表面态，这是二维纳米材料适合用于传感分析领域最核心的优势。二维纳米材料超薄的原子层平面结构对外来物或者待测物在其表面的作用非常敏感，即使表面物理吸附过程，也能导致二维材料的电子能带结构表现出 p 型或者 n 型掺杂，进而显著改变其光、电等性质，因此二维纳米材料是最具潜力的传感器构件，能有效提高传感检测性能，比如检测的灵敏度、检出限、反应时间、选择性等[10,11]。

目前，二维纳米材料在传感检测领域的应用主要包括电化学传感检测、荧光传感检测、电化学发光传感检测、光电传感检测、比色传感检测、场发射传感检测。总体而言，对二维纳米材料的研究，在电化学传感检测和荧光传感检测领域最为广泛和深入。可预测的是，随着二维纳米材料基电化学传感检测法的发展，将推动定量检测的范围和深度，逐步从生物体外到体内（无损）检测、从多分子到单分子检测，从大型化到便携化、微型化、集约化检测，最终实现实时、在线的数据采集和分析，并与人工智能相对接，最终实现诊断、预测等多种功能，同时降低污染物的环境风险。

1.4.2 二维纳米材料的结构与性能关系

以二维纳米材料作为传感元的基本构件（building blocks），因此二维纳米材料的结构决定了传感分析的性能。为了构建高选择性、高灵敏的传感检测方法，必须理清二维纳米材料的结构对其性质或者性能的影响。众所周知，除了组成和原子排布结构外，材料的性能还与维度有关。由于厚度（或 z 方向）处于纳米尺度，载流子的运动被限制在原子厚度的表面，因此二维超薄纳米材料表现出与其块体材料迥异的理化性质，具有厚度依赖的特性。

二维纳米材料的厚度降低，会导致其带隙增大，降低其光吸收范围。此外，厚度降低会改变导带底和价带顶（带边缘）的位置，而材料的带边缘决定着电子和空穴的氧化还原势，即：导带底越负，给电子能力越强；价带顶越正，得电子能力（给空穴的能力）越强。从热力学角度讲，对于非生物传感材料，能带结构特性与光电传感分析、电化学发光分析、荧光分析的性能密切相关。绝大部分传感器对环境污染物的"识别"反应动力学过程很快，因此主要考虑的是热力学过程。

在电化学传感检测中，需要考虑双电层效应对反应过程快慢的影响，从而需要定量地考察界面反应过程是属于哪种类型：内层反应或外层反应。外层反应是指环境污染物与电极表面之间没有很强的作用，中间存在溶剂层（至少一层），这类情况在生物传感器中较常见，比如基于 DNA 分子作为传感元检测重金属离子，DNA 分子不直接参与氧化还原反应，常需要在待测液中加入电化学指示剂，比如 $[Ru(NH_3)_6^{3+}]$；内层反应一般是环境污染物与传感材料具有较强的相互作用（或者特异性吸附）。基于直接电化学氧化还原反应的电化学传感器，电极材料或传感材料与环境污染物之间的作用属于内层反应。

与其他低维纳米材料相似，二维纳米材料具有高比表面积（比如二维 MoS_2 的比表面积为 $164.6m^2/g$），不仅能担载更多的传感元，而且能吸附更多的环境污染物。例如，石墨烯和石墨烯氧化物对重金属离子具有较大的吸附容量，MoS_2 纳米片对 Hg^{2+} 和 Ag^+ 的吸附容量分别为 $2506mg/g$ 和 $1348mg/g$；重金属离子在 MoS_2 纳米片表面的吸附过程满足路易斯酸碱作用规则，具有较好的选择性。然而，纯净的石墨烯原则上对重金属离子的吸附是非特异性的，但是在制备过程中引入一定量的氧原子或其他杂原子也是不可避免的，因此一定程度上石墨烯也能选择性吸附重金属离子，而且吸附容量较大，比如对 Hg^{2+} 的吸附容量为 $270\sim1000mg/g$。

二维纳米材料厚度少于 10 层，其厚度与平面尺寸之比很小，周期性结构在垂直水平面方向上受到破坏，形成表面态。由于超薄的平面结构，二维纳米材料的电子能带结构极易受外环境的影响，比如物理或化学吸附会导致二维材料的电子能带结构中形成掺杂态（处于禁态中），改变载流子的迁移速率，促使相转变（比如从 2H 相到 1T 相）。

1.4.3 二维纳米材料在环境监测的应用优势

二维纳米材料在环境监测的应用优势是由其结构-性能关系决定的。例如，在环境电化学分析领域，二维纳米材料（比如石墨烯、MXenes）具有良好的电催化活性和对环境污染物具有较高的吸附容量。因此，对于直接电化学氧化还原反应的电化学传感器，吸附容量大能保证在电极材料或者传感材料表面参与电化学反应的环境污染物浓度高，从而获得更强的检出信号。电催化活性高可保证传感元对环境污染物的氧化或者还原的过电位低，避免产生额外的副反应（比如水的裂解），加快反应的速率。

在比色分析领域，对环境污染物分析的原理是基于类酶催化过程所导致的显色反应。与块体材料相比，二维纳米材料所具有的丰富的活性位点、更强的类酶催化活性，能加快显色反应的进行。二维纳米材料的超薄平面结构，还能担载其他低维纳米材料，在显色反应上起到协同效应。二维纳米材料还具有良好的类酶催化活性，兼具生物酶的活性和无机材料的稳定性，在环境检测和疾病诊断方面都有良好的应用前景。

在荧光传感分析领域，单层的二维纳米材料兼具荧光发射性能高和荧光猝灭效率高的优点。因此，单层的二维纳米材料既可以作为荧光发光基团，与环境污染物作用前后，二维纳米材料的荧光发射性能受到相应的影响，从而获得环境污染物的浓度与荧光发射性能的关系；也可以猝灭荧光发光物或标记物，间接地反映环境污染物的浓度，达到检测的目的。二维纳米材料的超薄平面结构，易与其他荧光发光材料耦合，特别是半导体量子点（比如 MgS、ZnS、$ZnTe$ 等）、团簇和有机荧光染料，实现荧光耦合增强。

在其他分析领域，比如光电分析、电化学发光分析、场发射晶体管分析，或多或少都涉及二维纳米材料的电学性质、光学性质、催化活性。从二维纳米材料对电化学分析、荧光分析、比色分析性能的影响规律可知，二维纳米材料在其他分析领域也有潜在的优势。因此，以二维纳米材料作为传感材料能提高传感分析性能，主要包括灵敏度、检出限、选择性、重现性、稳定性。

1.5　总结和展望

以类石墨烯为代表的二维纳米材料具有独特的优势，特别是灵敏的表面态，在传感分析领域具有广泛的应用前景，能显著提升分析性能。然而，总体而言对纳米传感材料的生物兼容性或环境风险仍缺乏足够的认识。纳米材料的生物效应一般受其尺寸、组成、结构、表面特性、所处的环境（pH 值）等参数的影响。通常随着纳米材料尺寸的降低，其毒性是增强的，因为尺寸的降低会导致更多材料结构缺陷暴露，未成键的位点有强烈的给出电子或接受电子的趋势，容易与氧气作用形成超氧自由基或者其他活性氧物种，进入人体后更易发生物理化学作用，并且通过代谢排出体外所需的时间更长，从而影响人体正常的生理生化反应进行。某些纳米材料（比如硒化镉和碲化镉量子点）进入人体后，会溶出或释放毒性成分，比如重金属离子，从而破坏细胞功能。在绝大多数情况下，纳米材料在环境分析领域应用的过程中，常需要对其表面提前修饰，比如嫁接某些官能团、小分子、生物分子或有机高分子化合物，以便获得某种新特性，因此纳米材料的毒性已经不是由单一某种材料所致[12,13]。纳米材料的毒性还存在特异性，即有特定对象和测试条件的限制；当受试对象发生改变，先前在其他受试对象出现的毒性反应就不一定能出现[14,15]。

　　总体而言，纳米材料的毒性评估具有复杂性，仍急需全面、科学、可靠的评价方法，包括从分子尺度、细胞尺度、组织和器官尺度等多维度综合考量材料的环境风险。此外，在平衡纳米材料的传感分析性能的同时，开发环境友好型纳米材料，包括制备方法、表面功能化和表征方法仍是未来研究的重点。

参考文献

[1] Yang Q，Li Z，Lu X，et al. A review of soil heavy metal pollution from industrial and agricultural regions in China：Pollution and risk assessment [J]. Science of the Total Environment，2018，642（nov. 15）：690-700.

[2] Halvorsen K G. Partial pressure sensors for oxygen and carbon dioxide [J]. Wadc Tech Rep United States Air Force Wright Air Dev Cent Day Ohio，1960，60-574：13-27.

[3] Clark L C，Clark E W. Epicardial oxygen measured with a pyrolytic graphite electrode [J]. Ala J Med，1964，1：142-143.

[4] Perry D M. Oxygen partial pressure sensor by polarographic technic [J]. Wadc Technical Report Wright Air Development Center，1960，60-574：391.

[5] Halvorsen K G. Partial pressure sensors for oxygen and carbon dioxide [J]. Wadc Tech Rep United States Air Force Wright Air Dev Cent Day Ohio，1960，60-574：13-27.

[6] Clark L C，Clark E W. Epicardial oxygen measured with a pyrolytic graphite electrode [J]. Ala J Med，1964，1：146-148.

[7] 陈翌庆，石瑛. 纳米材料学基础：Fundamentals of nanomaterials [M]. 湖南：中南大学出版社，2009.

[8] 姚康康. 自非层状 γ-CuI 制备二维纳米片、范德华异质结及其表征 [D]. 湖南大学.

[9] 张先坤. 二维 MoS_2 光电性能的缺陷调控研究 [D]. 北京科技大学，2019.

[10] Quan, Xie, Gan, et al. Two-dimensional MoS_2: A promising building block for biosensors [J]. Biosensors & Bioelectronics: The International Journal for the Professional Involved with Research, Technology and Applications of Biosensers and Related Devices, 2017, 89 (Pt. 1): 56-71.

[11] Gan X, Zhao H, Schirhagl R, et al. Two-dimensional nanomaterial based sensors for heavy metal ions [J]. Microchimica Acta, 2018, 185 (10).

[12] Cho S J, Maysinger D, Jain M, et al. Long-term exposure to CdTe quantum dots causes functional impairments in live cells [J]. Langmuir the Acs Journal of Surfaces & Colloids, 2007, 23 (4): 1974.

[13] Hsieh M S, Shiao N H, Chan W H. Cytotoxic effects of CdSe quantum dots on maturation of mouse oocytes, fertilization, and fetal development [J]. International Journal of Molecular Sciences, 2009, 10 (5): 2122-2135.

[14] Brunner T J, Wick P, Manser P, et al. In vitro cytotoxicity of oxide nanoparticles: comparison to asbestos, silica, and the effect of particle solubility [J]. Environmental Science and Technology, 2006, 40 (14): 4374-4381.

[15] 唐萌，张智勇，王大勇，等. 纳米材料的安全性评价 [M]. 北京：科学出版社，2018.

第2章

二维纳米材料的结构与性质

2.1 引言

二维纳米材料是一种新型的低维纳米材料。根据其形貌分类，二维纳米材料包括纳米片（nanosheets）、纳米墙（nanowalls）、纳米带（nanobents 或 nanoribbons）、纳米花（nanoflowers）、纳米环（nanorings）等[1]。与对应的母体材料相比（如石墨烯相比于石墨），二维纳米材料表现出独特的力学性能、化学性质、电学性质和光学性质，并且这些性质严重依赖二维纳米材料的厚度。

从块状母体材料到二维超薄纳米材料，其厚度能连续降低或改变，但是性质的变化却不是连续和线性的。借鉴于石墨烯的发现及其性质的定义，狭义上二维纳米材料一般指单原子厚度的层状材料。然而，随着类石墨烯家族的发现，很多二维纳米材料的结构单元包括了多层原子；例如，单层 TMDCs 包括三个单原子层，即过渡金属-氧族元素-过渡金属，标记为 M-X-M，属于"三明治"结构；上述单原子层或多原子层厚度的结构单元皆展现出与块体材料完全不同的性质。因此，在大部分情况下，习惯把厚度不大于 10 个原子层的纳米材料定义为二维纳米材料或类石墨烯材料。

二维纳米材料的结构参数决定着其性质，具体而言主要包括二维纳米材料的成分、维度和原子排布（对称性）。材料的组成或成分的变化对二维纳米材料性质的影响是显而易见的。以二维 TMDCs 为例，根据过渡金属或氧族元素的成分不同，其电子结构性质可以表现为半导体、金属、半金属、超导体等性质。当组成元素相同时，原子的空间排布和维度变化也会导致截然不同的理化性质。例如，相同 Mo 和 S 原子按照不同的对称性或坐标排布会产生半导体相 $2H\text{-}MoS_2$

和金属相 1T-MoS$_2$，这属于同质多晶现象。同质多晶的二维材料具有完全不同的电子结构，从而性质也迥异（如图 2.1 所示）。由厚度所决定的电子能带结构（比如带隙、带边缘位置）和不同维度的纳米材料形成复合维度的杂化材料表现多种特性，这些皆说明二维纳米材料的形貌、成分和表/界面结构对其性质具有可调控性。

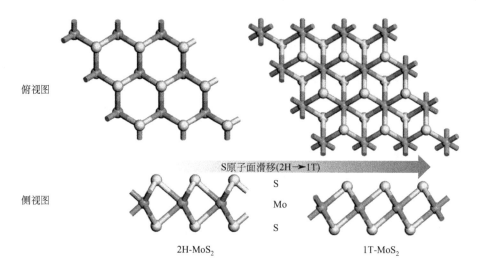

图 2.1　2H-MoS$_2$ 和 1T-MoS$_2$ 的原子结构及其相转变过程

　　二维层状纳米材料的电子结构具有层依赖性，以 g-C$_3$N$_4$ 为例（如图 2.2 所示），由于厚度不断降低，电子的运动只能局限在水平面上，导致二维 g-C$_3$N$_4$ 纳米材料的带隙相较于块状 g-C$_3$N$_4$ 更大（量子限域效应）；层厚度的降低会导致 g-C$_3$N$_4$ 纳米材料的导带（CB）边缘发生蓝移，原子缺陷（点缺陷）密度增大，比如氮空穴，特别是随着温度上升时，这个现象更加普遍；氮空穴的存在会导致 CB 和价带（VB）边缘皆发生红移，总体的带隙降低，带隙和带边缘位置的变化会影响电子跃迁的概率和难易程度以及光吸收性能。与此同时，层厚度的降低导致更多原本属于体相的原子暴露在材料的表面，形成更多未饱和的悬键（表面结构缺陷产生），表现出更强的化学活性。

　　当二维 TMDCs 从多层变成单层时，晶体结构的对称性受到破坏，电子能带结构从间接带隙变成直接带隙，会提高对光吸收的利用率（比如量子产率），在光学传感领域（比如光电传感、荧光传感、比色传感等分析领域）有更好的性能，因为这些领域皆与传感材料的光带隙和表面性质有关。另外，二维纳米材料的硬度、延展性等力学性能以及对光的吸收、反射和透射等光学性质，也受其厚

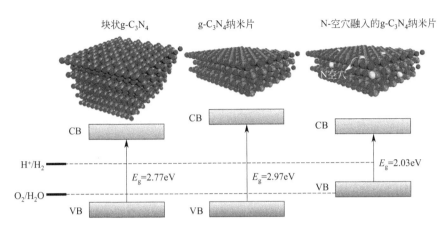

图 2.2 g-C$_3$N$_4$ 层状材料的电子结构（带隙、导带和价带位置）随厚度的变化过程

度、表面缺陷类型和数量等因素的影响。当定量或定性讨论上述材料结构参数对材料性质的影响时，研究人员倾向于把这些影响因素归结为形貌工程、能带工程和表/界面工程[2]。在下文中，研究的对象是初始的二维纳米材料，其形貌工程和界面工程涉及较少，因此主要从电子能带结构去深入理解结构-性质关系。

2.2 二维纳米材料的结构

除纳米材料的绝对厚度外，也可以从材料的纵横尺寸比来定义二维纳米材料。目前，二维纳米材料仍以层状材料为主；非层状二维材料主要集中在过渡金属碳化物或碳氮化物（MXenes）、贵金属、第四主族元素，它们的母体材料中无清晰的层分界线。与之相反，二维层状材料的层间力是范德瓦耳斯力，而层内靠共价键结合，绝大多数二维纳米材料属于层状材料，比如二维层状 TMDCs、无机金属氧化物、金属氢氧化物等，因此后文所说二维纳米材料皆为层状材料。由于材料的结构决定其性质，因此二维层状纳米材料的理化性质皆表现出各向异性和层依赖的特点，并且极易受外环境的影响，比如基底材料、表面修饰物、施加的电场、磁场等[3,4]。

2.2.1 石墨烯族

石墨烯族包括石墨烯、氧化石墨烯/石墨烯氧化物、六方氮化硼、石墨相氮化碳（g-C$_3$N$_4$），其形貌皆呈现为六元环"蜂巢状"结构。石墨烯属于典型的二维纳米结构体系,其厚度约为 0.34 nm(单原子尺度),而平面尺寸却能达到亚毫米级别甚至更大。石墨烯是诸多碳材料的基本结构单元,通过卷曲和堆垛,可以形成富勒烯、碳纳米管、石墨等多种同素异形体[3]。从微观的角度分析,石墨烯的基本结构单元是碳原子间以 sp^2 杂化轨道成键形成的六元环;在六元环中,每一个碳原子的配位数为 3,即每 1 个碳原子与周围 3 个碳原子成键,其键长和键角分别为 1.42Å 和 120°。从成键成分可知,每个碳原子中最外层价电子与邻近的 3 个碳原子形成 3 个 σ 键,剩下的 1 个 p 轨道(未参与 sp^2 杂化轨道杂化)与邻近其他碳原子的 p 轨道一起形成共轭体系(大 π 键),且每个碳原子贡献 1 个 p 电子。由于能量的涨落,单层石墨烯在电子透射电镜下可观察到具有"火焰状"褶皱的形貌。

氧化石墨烯或石墨烯氧化物是另一类石墨烯族材料,其结构可看作氧官能团修饰的石墨烯,主要是通过多层石墨烯纳米片或石墨在强氧化剂作用下,在其表面或层间引入多种含氧官能团,比如羟基(—OH)、羧基(—COOH)、环氧基[—CH(O)CH—]、羰基(—C=O)、酯基(—COO—);总体而言,石墨烯氧化物仍然保留着母体石墨烯的特性,结构畸变并不特别明显。值得注意的是,无论采用自上而下法(top-down approach)还是自下而上法(bottom-up approach)制备石墨烯,在制备过程中或多或少都引入氧原子(物理、化学吸附或掺杂进入石墨烯中碳原子骨架中),因此石墨烯可以看作含氧量极少的石墨烯氧化物或氧化石墨烯。

单层氧化石墨烯(1~1.4nm)的厚度略微大于纯石墨烯的厚度(0.34nm)。对于多层氧化石墨烯,层间距的膨胀会导致(002)晶面的衍射峰位置向小角度方向偏移。根据制备条件不同(石墨被氧化的时间和温度),一般形成的石墨烯氧化物的层间距(d)能增大 1 倍或更多(比如 $d=0.73$nm)[5]。与石墨烯相比,含氧官能团的存在会导致石墨烯氧化物的电子结构、电化学性质、生物相容性等性质发生显著变化。

一般地,含氧官能团会改变石墨烯完美的对称性和周期性、平移性,根据布洛赫原理和玻恩-冯卡门边界条件可知,电子在晶体材料中的运动会遭受杂原子的散射,因此石墨烯氧化物的导电性会相对下降,并且导致带隙产生。另外,含氧官能团具有富电子特性,容易和水分子形成氢键。因此,与石墨烯相比,石墨烯氧化物具有更好的亲水性,在电化学传感、荧光传感、比色传感等分析领域有着更加广泛的应用。无论以石墨烯还是石墨烯氧化物作为传感材料,其高选择性主要来源于环境污染物与含氧官能团或者点缺陷的作用,这种情况在重金属离子检测中特别普遍。

在二维层状纳米材料领域的研究中，习惯上把 g-C_3N_4 单独归为一类。然而，根据 g-C_3N_4 的原子结构，可将其视为石墨烯掺杂氮原子等同物（均匀掺杂），基于此原因将其作为石墨烯家族一并介绍。实际上，C_3N_4 有多种同素异形体，包括 α-C_3N_4、β-C_3N_4、赝立方 C_3N_4 和 g-C_3N_4。在不同方向对 C_3N_4 施加不同压力，能实现上述同素异形体之间的相转变，而在热力学上 g-C_3N_4 是氮化碳最稳定的同素异形体，在光电传感、比色传感、荧光传感等分析领域应用得最广泛。C_3N_4 的同素异形体源于原子排布的差异：α-C_3N_4 的结构对称群为 $P3_1c$，β-C_3N_4 属于对称群 $P3$，而 g-C_3N_4 属于对称群 $P\overline{6}m2$[6]。g-C_3N_4 的结构单元一般有两种：均三嗪和三均三嗪，其结构见图 2.3。六元环类内 C—N 键长比环外的 C—N 键长短，以均三嗪构成的 g-C_3N_4 为例，二者分别为 1.327Å 和 1.466Å。与石墨烯氧化物类似，由于杂原子的引入，导致二维 g-C_3N_4 的电子结构呈现半导体的特性。

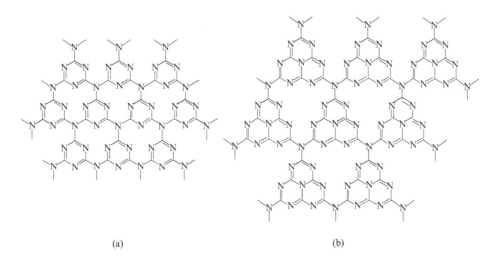

(a)   (b)

图 2.3　组成 g-C_3N_4 的两种结构单元

二维氮化硼（BN）也具有多种同素异形体，根据原子排布的不同，主要包括立方型（类金刚石）、斜方六面体（类石墨结构）、纤锌矿型（wurzitic）/密排六方结构；在热力学上 h-BN 结构最为稳定。二维 h-BN 的原子结构可看成石墨烯中的碳原子被硼原子和氮原子取代，二者都呈现六元环蜂窝状结构。然而，二维 h-BN 是三重旋转轴，石墨烯是六重旋转轴；由于二维 h-BN 与石墨相近的晶格常数和层间距而被称为"白石墨烯"。与石墨烯中的 C—C 共价键不同，二维 h-BN 中的 B—N 键呈现一定离子键特性。根据第一原理计算结果，二维 h-BN

的层间距为 3.30~3.33Å，B—N 键的键长为 1.446Å，略比 C—C 键（1.420Å）长。由于热涨落，超薄 h-BN 平面中 N 空穴能吸附某些氧化性极强的自由基（羟基自由基），可以在环境监测领域有广泛的应用潜力。

2.2.2 过渡金属硫属化物

很多单层 TMDCs（过渡金属硫属化物）不能稳定存在，极易与空气中氧气和水蒸气反应，发生化学腐蚀或氧化，因此在实验室能制备和观察的 TMDCs 约有 60 种。借助第一原理计算和机器学习，很多新型的二维 TMDCs 被预测和发现。在 TMDCs 的组成结构单元里，皆含有 1 个过渡金属元素（M，M＝Mo、W、Ta、Ti、Zr、Hf、V、Nb、Tc、Re 等）和 2 个氧族元素（X，X＝S、Se、Te），形成了一种"三明治"结构（X—M—X）。每个 M 原子与邻近的 6 个 X 原子以配位共价键结合且位于 X 原子构成的三棱柱或八面体中心。因此，单层 TMDCs 要比石墨烯族厚，为 0.6~0.7 nm；二维 TMDCs 层间作用力为弱范德瓦耳斯力，而面内原子间由共价键结合，也具有各向异性的特征。

绝大部分的单层和少层 TMDCs 不稳定，一般需要避光、真空保存。在室温且暴露在空气中，性质较为稳定的单层二维 TMDCs 主要包括 MoS_2、$MoSe_2$、$MoTe_2$、WSe_2 和 WS_2。由于 TMDCs 中原子间成键类型是极性键，特别是表层的氧族原子具有很强的富电子特性，其表面功能化方式更加灵活，特别是共价功能化，无需像石墨烯或 g-C_3N_4 经过强氧化剂预处理才能进行功能化。因此，在电化学传感、光电传感、荧光传感、场发射晶体管传感分析等领域都有广泛的应用。

多层或少层 TMDCs 的晶体结构包括 3 种晶型：2H、3R 和 1T；前面的数字代表每一个重复单元所包含的层数，英文代表对称性，分别为六方、斜方六面体和三方。最具代表性的 TMDCs 是 MoS_2，单层 MoS_2 的晶相结构主要包括三棱柱配位（2H 相）和八面体配位（1T 相），多层 MoS_2 的晶相结构还额外包含了畸形的 1T 相，一般称之为 1T'-MoS_2。2H-MoS_2 的原子堆垛方式是 ABA 型，不同平面内的 S 原子在垂直平面的方向上处于同一位置 A，其点群属于 D_{3h}^1；1T-MoS_2 的原子堆垛方式是 ABC 型，不同层的 S 原子处于不同位置（不在一条垂线上），其点群属于 D_{3d}^3。原子堆垛方式的不同，会影响 MoS_2 空间反演对称性和层间耦合，从而改变原子实与电子之间的作用、电子能带结构和理化性质。

在二维 TMDCs 中，除了 MoX_2 和 WX_2 是半导体外，其他过渡金属硫属化物是半金属或金属。不同组成成分和原子排布的 TMDCs 具有不同性质特征，主要原因是过渡金属中的非成键 d 带及其电子填充特性导致了性质的多样化。二维 TMDCs 的面内和层间结构差异导致其性质的各向特异性。以 2H-MoS$_2$ 纳米片为例,其表现出超强的层间剪切力(层间滑移性质),能作为固体润滑剂;单层、两层和五层的 MoS$_2$ 纳米片面内的杨氏模量分别为(270±100)GPa、(200±60)GPa 和(330±70)GPa[7]。然而,依据测量方法和实验数据处理模型的不同,对于同种二维材料(比如单层的 MoS$_2$)的杨氏模量测定值,依然存在较大的差别,特别是实验测得值与理论计算值的差异明显。

二维 TMDCs 的力学性能与结构缺陷密切相关,2H-MoS$_2$ 纳米片也不例外。有关 2H-MoS$_2$ 摩擦学的研究表明,对于垂直于单层 2H-MoS$_2$ 平面的载荷,单层的 2H-MoS$_2$ 面内缺陷浓度增大,会降低其弹性性质,比如切变模量会降低 25%[8]。另外,2H-MoS$_2$ 纳米片的形貌、组分和所处外界环境(比如施加压力、真空或非真空)的变化也会改变其力学性能。2H-MoS$_2$ 纳米片的润滑性质比 2H-MoS$_2$ 微米片的更好,其原因在于前者能更好地调整结构以适应摩擦仪(tribometer)运行过程中接触界面(MoS$_2$ 材料与转动接触界面之间)的变化[9]。元素掺杂也能影响二维 TMDCs 的结构缺陷和力学性能,比如 2H-MoS$_2$ 纳米片表面掺入杂原子 Cr 后,其结构发生畸变,能增大了材料的耐磨性(wear resistance)和表面硬度[10]。对 2H-MoS$_2$ 纳米片施加垂直其表面的压力后,其(滑动)摩擦系数会降低,其原因是硫原子间的库仑作用力会随着外界压力增加而增加,导致 MoS$_2$ 滑移势能面的波纹或褶皱增加[9]。

2.2.3 金属氢氧化物

层状双氢氧化物(LDHs)又称阴离子黏土或类水滑石化合物,其化学式可简写为 $[M_{1-x}^{2+}M_x^{3+}(OH)_2][A^{n-}]_{x/n}\cdot zH_2O$。LDHs 属于离子层状化合物,其层间距约为 1.68nm。大多数情况下,M^{2+} 和 M^{3+} 分别代表二价和三价的金属离子,M^{2+} 和 M^{3+} 的比例影响着层状 LDHs 的表面电荷密度。其中 M^{2+} 主要包括 Mg^{2+}、Zn^{2+}、Ni^{2+},M^{3+} 主要包括 Al^{3+}、Ga^{3+}、Fe^{3+},A^{n-} 主要指 CO_3^{2-}、Cl^-、SO_4^{2-}、HCO_3^-,x 取值范围为 0.2~0.4。少数二维 LDHs 具有特殊的化学组成,其所含的金属离子可以是 M^+ 和 M^{4+} 组合(比如 Li^+ 和 Ti^{4+})。

与 TMDCs 相似,LDHs 具有"三明治"堆积结构。二维 LDHs 的结构一般包含:带正电的类水镁石结构层和与之带电量平衡的补偿层;中间的补偿层一般由阴离子、溶剂分子构成。绝大多数 LDHs 的结构与水滑石[Mg_6Al_2

$(OH)_{16}CO_3 \cdot 4H_2O$ 或 $Mg_{0.75}Al_{0.25}$ $(OH)_2CO_{0.125} \cdot 0.5H_2O]$ 结构类似，部分 Mg^{2+} 被三价的金属离子取代，形成正电荷层和层间阴离子[11,12]。

2.2.4 金属有机框架化合物

金属有机框架化合物（MOF）是由金属离子/团簇和有机配体构成的多孔化合物，具有较大比表面积、超高的孔隙率、功能性的孔道结构、种类多样等优点，在分离纯化等领域应用较为广泛[13]。到目前为止，实验合成的 MOF 材料种类已有两万多种。

MOF 的结构、形貌、孔隙率都具有可控性，利用不同的有机官能团或者单元结构构建或者改性 MOF 就会产生不同的性能，比如 $M_2(COO)_4$ 具有正方形平面几何结构，其中 M 代表 Cu^{2+}、Ni^{2+}、Co^{2+}、Zn^{2+}；而 $Zn_4O[R(COO)_2]_3$ 是具有八面体结构的 MOF。MOF 的特性受其孔结构、有机官能团或金属离子节点的影响，这些有机官能团或者单元结构主要有氨基、羧基、巯基、叠氮化物、丙二腈等。

与块体的三维 MOF 相比，二维 MOF 会有更多的活性位点暴露，在传感分析领域能实现信号放大作用，提高传感检测的灵敏度。二维 MOF 表面的有机配体及其配体的官能团都可调控，是与环境污染物作用的有效位点，保证了传感分析的高选择性。

2.2.5 第四主族元素

第四主族元素主要指硅烯、锗烯和锡烯，其结构与石墨烯的蜂窝状结构（由六元环构成）类似。虽然硅或锗原子多以 sp^3 杂化，形成具有面心立方的金刚石结构，但是将其块体材料的厚度削减，仍可形成二维超薄纳米材料。

由于其母体材料的特殊成键类型，硅烯、锗烯和锡烯被称为准二维纳米材料，其原子并不分布在同一个平面，而是形成具有梯度的两个平面（翘曲二维晶体结构）。其中，硅原子间成键类型包含 sp^2 和 sp^3 两种，sp^3 成键结构导致硅烯的稳定性欠佳，处于热力学亚稳态。在形貌上，硅烯与石墨烯相似，都具有褶皱"火焰状"。硅烯的特殊形貌产生的原因主要包括两方面：单原子层二维材料的表面原子更易受能量涨落的影响，硅烯自身结构或者硅原子排布就存在高低不平的两个晶面。根据上述两个晶面在垂直平面方向上褶皱起伏（Δh）的大小，一般将硅烯的褶皱结构分为低翘曲型（$\Delta h = 0.44Å$）和高翘曲型（$\Delta h = 0.54Å$）。总体而言，硅烯等第四主族元素二维层状材料的可控制备仍是一个较大的挑战，对其结构与性质关系上的研究更多还是局限在理论计算上。

与硅烯相似，锗烯也属于不稳定的单元素类石墨烯材料。最近，格罗宁根大学教授贾斯汀·叶以块体锗为前驱体，通过取代反应生成锗烷，再利用热退火处理去除表面的氢原子，形成二维的锗烯半导体材料[14]。锗烯平面也存在一定的起伏高度的变化或者翘曲高度（Δh），理论计算表明 Δh 位于 $0.64 \sim 0.74 \text{Å}$ 之间。

2.2.6　MXenes

习惯上把二维过渡金属碳化物、过渡金属氮化物和过渡金属碳氮化物统称为MXenes。MXenes 属于准层状结构材料，无明显分层现象或层间隙。MXenes 是由两种或多种不同层状材料以共价键的方式结合，其化学式可用 $M_{n+1}AX_n$（$n=$ 1、2、3）表示；根据各组分比例，$M_{n+1}AX_n$ 可以是 M_2AX、M_3AX_2、M_4AX_3 等，M 为过渡金属（如 Ti、Zr、Hf、V、Nb、Ta、Cr、Sc），A 来源于元素周期表中第 $12 \sim 16$ 纵列（如 Cd、Al、Si、P、S、Ga、Ge、As、In、Sn、Tl、Pb），X 为 C 或/和 N。

MAX 的晶体结构是由 MX 层与 A 层交替排列组成，X 原子填充于 M 原子形成的八面体空隙中，A 原子层通过类插层的方式将结构单元 M-X 分隔开，即按照一层 $M_{n+1}X_n$ 和一层 A 交替排列，其空间群为 $P63/mmc$。MAX 层间的相互作用比范德瓦耳斯力强，但是比 M—X 键（共价键）的作用力弱。

总体而言，MAX 化合物的化学性质稳定，包含了多种强化学键形式：金属键、共价键和离子键，比如 Ti_2AlC、Ti_3AlC_2、Ta_4AlC_3。由于 MAX 化合物中的 A 元素化学性质活泼，因此，块体 MAX 化合物是制备 MXenes 的前驱体。MXenes 制备方法一般基于化学刻蚀法、置换法或者热处理，将 A 层完全或部分刻蚀去除，使得 MA 层间作用力减小（产生层间隙），再利用超声剥离法克服层间作用力（刻蚀产生的），获得单层或少层的 MXenes。

在上述制备过程中，MXenes 表面会引入—OH、—F、=O 等官能团和结构缺陷（比如点缺陷），导致其电子能带结构呈现出金属特性，具有良好的导电性和亲水性。另外，MAX 化合物可通过热处理分解，直接制备二维 MX 纳米材料，其反应过程如下：

$$M_{n+1}AX_n \xrightarrow{\triangle} M_{n+1}X_n + A \qquad (2.1)$$

值得注意的是，用于热处理或热分解法来制备二维 MX 纳米材料，如果温度控制不当，容易导致 MX 层发生重结晶，形成三维非层块体材料。因此，化学刻蚀法在 MXenes 二维纳米材料的制备中使用得更加普遍。

2.2.7　金属单质

金属晶体是金属原子通过各向同性的强金属键构成，具有高对称结构（比如 fcc 和 hcp 晶型），在给予足够高能量下（比如高温、强电子辐射等）金属晶体会生长成规整性高、各向同性形状（isotropic shape）。因此，要保持金属材料的二维形貌是热力学不允许的生长过程，需要从动力学角度去控制二维金属纳米材料的晶面生长速度。例如二维准 Au 纳米片的母体材料结构是立方晶系，其点阵结构属于面心立方体，点群为 O_h，在三方向上（a，$a+b+c$，$a+b$）的对称元素分别为 $4/M$、-3、$2/M$。Au 的原胞尺寸为：$a = 4.0783$Å、$b = 4.0783$Å、$c = 4.0783$Å；$\alpha = 90°$、$\beta = 90°$、$\gamma = 90°$。Au—Au 键长为 4.078Å。除了 Au 晶体外，Cu 和 Ag 晶体结构也属于此类。

2.3　二维纳米材料的性质

二维纳米材料具有超薄的平面结构，因此会产生量子限域效应和表面效应，使得二维纳米材料表现出与体相材料截然不同的力学性能、电学性质、光学性质、热学性质。二维纳米材料的尺寸和维度的变化影响了载流子和声子的能态密度、输运过程。例如二维 MXenes 不仅具有高弹性模量、低密度、良好的热稳定性和抗氧化性能（在此类性质方面与陶瓷相似），而且具有优良的导热、导电、自润滑性能，以及较低的硬度，在高温下具有良好的塑性，能像金属和石墨一样用于机械加工。很多二维层状纳米材料的性质表现出各向异性特征，这些与二维纳米材料的成键类型、原子排布或者对称性有着密切关系。

二维纳米材料的厚度一般小于 10nm，当尺寸达到纳米量级时，就能引起介电和电学性能的突变。由于热涨落，尺寸降低导致结构缺陷增加，二维纳米材料中所束缚的电荷、晶粒和晶界等都会发生改变，即电介质纳米尺寸效应。根据材料的成分、厚度和原子排布的不同，二维纳米材料（类石墨烯材料）的电子能带结构可以表现为超导、金属、半金属、半导体、绝缘体、拓扑绝缘体，比如二维的 Bi_2Se_3、Bi_2Te_3、Sb_2Te_3 表现出拓扑绝缘体。

二维 TMDCs 具有许多优良的光电特性，比如具有较大的开/关电流比（适合构建场发射晶体管）、可见光催化活性（适合应用于比色、荧光、光电传感分析领域）。二维 TMDCs 的性质能通过施加外场调控，包括力场、电场、光场和磁场。力场对二维 TMDCs 的性质调控主要源于应力能调控其能带结构（比如带隙），进而改变其激子行为特征。一般不同材料对所施加的应力场反应不同，MoS_2 中激子向应力较大的地方聚集，而黑磷则相反。光场也能对二维材料中激子行为进行调控，其原理是光学斯塔克效应或 Floquet 理论。利用磁场破坏二维纳米材料的反演对称性，也能实现对谷和激子性质调控的目的。

2.3.1　力学性能

在实际生产实践中，石墨和多层 MoS_2 被用作润滑剂，缓解机械磨损和老化。这主要是得益于层间的范德瓦耳斯力（弱作用力），在外力的作用下很容易产生滑移。石墨烯和类石墨烯二维材料的平面内是由共价键结合形成，其中 σ 键赋予了单层结构良好的力学特性。例如，单层石墨烯是力学性能最好的材料，其断裂强度约 40N/m，为钢材的 100 倍；杨氏模量（Young modulus）和泊松比（Poisson ratio）分别为 1.02TPa 和 0.149。在室温下，石墨烯的热导率的下限为 $(4.84\pm0.44)\times10^3$ W/(m·K)，上限为 $(5.30\pm0.48)\times10^3$ W/(m·K)。此外，单层 MoS_2 面内硬度为 (180 ± 60)N/m，杨氏模量约为 (270 ± 100)TPa。利用溶剂法制备的 $Ti_3C_2T_x$ 纳米片的杨氏模量为 $(0.33+0.03)$TPa，约为石墨烯的 1/3。

早期，二维材料的力学性能主要通过理论计算获得，比如利用分子动力学和连续介质力学（continuum and structural mechanics）等理论方法计算杨氏模量等力学性能。在 2008 年，将原子力显微镜（AFM）用于测试悬浮石墨烯薄膜的力学性能，并取得了突破，通过简化连续介质力学模型，构建了施加载荷与变形几何之间的关系式：

$$F = (\sigma_0^{2D}\pi)\delta + \left(E^{2D}\frac{q^3}{r^2}\right)\delta^3 \tag{2.2}$$

式中　F——施加的点载荷力；

　　　δ——薄膜中心凹陷的深度；

　　　r——孔半径；

　　　q——温度常数；

　　　σ_0^{2D}——二维张力；

　　　E^{2D}——二维弹性模量。

q 与薄膜的泊松比（ν）密切有关，二者关系满足：

$$q = 1/(1.05 - 0.15\nu - 0.16\nu^2) \tag{2.3}$$

根据式(2.2)，在施加载荷的初始阶段，δ 较小，F 与 δ 呈线性关系（$F \sim \delta$），即等式右边第一项占主要部分。当 δ 较大时，F 与 δ^3 呈线性关系，即 $F \sim \delta^3$，故 F 与薄膜的刚度有关。与之相似，利用原子力显微镜探针也可以测试二维层状纳米材料的弹性模量（σ_m^{2D}），根据连续介质力学原理，σ_m^{2D} 与施加的载荷力（F）、探针针尖半径（r_{tip}）和二维弹性模量（E^{2D}）的关系如下：

$$\sigma_m^{2D} = (FE^{2D}/4\pi r_{tip})^{1/2} \tag{2.4}$$

以石墨烯为例，利用此方法可获得其断裂应力为 $55N/m$，是块体石墨的拉伸强度的 0.42 倍（$130N/m \pm 10N/m$）。

二维纳米材料在力学性能上也表现出各向异性。理论预测，单层黑磷的杨氏模量在水平方向上（与晶面平行）为 $41.3GPa$，在垂直平面的方向上为 $106.4GPa$；温度为 $0K$ 时，在沿锯齿形（zigzag）和扶手椅（armchair）方向上，黑磷可承受 27% 和 30% 拉伸应变。当温度上升时，若施加拉伸载荷，黑磷会在小晶粒的地方率先发生脆裂。例如，当温度从 $0K$ 升高到 $450K$，黑磷的断裂强度和应变会降低 60%，从而增加了脆裂的可能性[15]。理论计算表明，由均三嗪构成的 $g\text{-}C_3N_4$，其弹性模量和抗张强度分别为 $(320 \pm 5)GPa$ 和 $40GPa$；由三均三嗪构成的 $g\text{-}C_3N_4$，其弹性模量和抗张强度分别为 $(210 \pm 5)GPa$ 和 $25GPa$[16]；

目前，对二维纳米材料的力学性能理论预测和实验测定值之间，仍然存在一定程度差异（不吻合）。例如，理论计算结果表明：黑磷在扶手椅方向上可承受 48% 拉伸应变，比实验测得的值大。二维纳米材料的制备方法也会对其力学性能有明显的影响，其本质是制备方法或条件影响着材料的结构缺陷。晶面是否能发生滑移，取决于该晶面是否比其他等价晶面具有更高的剪切力，而结构缺陷的产生会影响晶面之间的滑移、材料的塑性形变等方面。

2.3.2　表面化学性质

二维纳米材料对环境污染物的吸附、荧光猝灭特性、光电化学催化活性等皆与其表面化学性质有关。二维纳米材料的表面性质又与其结构缺陷密切相关，很多表面化学反应过程都优先发生在二维纳米材料的结构缺陷处。大量实验表征发现，二维纳米材料的结构缺陷位于低配位数原子区域（配位不饱和），包括面边缘、拐角、台阶等处；由于存在大量的未饱和键，这些位点更倾向于获得或者给出电子，故被作为反应的活性位点。具有理想的或完美晶格的二维纳米材料的平面内不存在缺陷，其化学反应的活性位点主要存在于平面边缘。

二维纳米材料的平面边缘活性位点的种类、数量及其所处的微环境都会影响二维纳米材料与环境污染物之间的作用或识别过程。利用化学剥离法制备二维 $Ti_3C_2(OH/ONa)_xF_{2-x}$，对 Pb^{2+} 的吸附容量为 140mg/g，并且能用于选择性检测 Pb^{2+}；其良好的选择性主要来源于 $Ti_3C_2(OH/ONa)_xF_{2-x}$ 表面的高负电性杂质官能团（—OH、—F、—O—）与 Pb^{2+} 之间的络合作用。对于有机分子的检测，一般还需要考虑有机分子的空间位阻效应对选择性或者其他分析性能的影响。

石墨烯具有电化学窗口宽、电催化活性高等优异的电化学性能，在电化学传感检测领域，能直接电催化氧化或还原多种污染物，比如有机污染物的氧化、重金属离子的还原。污染物在石墨烯表面发生氧化还原过程中，石墨烯自身不会发生腐蚀或化学反应，基于这种直接电化学过程也能构筑多种电化学传感分析方法。由于石墨烯中碳原子带电量为正，且以共价键结合，因此难溶于水，表现为憎水性；石墨烯的表面功能化能提高其水溶性，比如石墨烯与某些有机物通过物理或化学过程修饰后，在其表面引入亲水基团。石墨烯表面功能化包括物理吸附和共价键功能化，后者反应条件更加苛刻，对石墨烯电子结构的调控更加明显。其中石墨烯与特定的修饰物产生共价功能化过程，主要包括：环加成反应（比如甲亚胺叶立德、两性离子中间体、亲二烯体）、自由基加成反应（比如重氮盐、聚乙烯醇）、亲电加成反应、金属有机化学修饰等[17-23]。

二维纳米材料具有超薄的平面结构，能作为基底材料，通过物理或者化学修饰（比如 π-π 键、氢键、范德瓦耳斯力等）担载有机小分子、高分子、生物分子、无机纳米材料等，实现间接的电化学传感检测。这类修饰物往往起到改善二维纳米材料对环境污染物的特异性识别能力。以 MoS_2 纳米片为例，表面的硫原子可以作为 Lewis 碱（富电子的原子）与多种重金属离子络合或选择性吸附，特别是 MoS_2 中硫空穴能特异性吸附 Hg^{2+}；MoS_2 纳米片电极对 Hg^{2+} 检测的灵敏度甚至超过了石墨烯电极。然而，MoS_2 纳米片表面修饰其他有机物后，能显著提高其分析性能，包括可分析的环境污染物种类增多、灵敏度变高等。上述修饰过程基于硫空穴与含氮有机物形成 Mo—N 共价键，或者含硫有机物与 MoS_2 形成 Mo—S 共价键。基于 Lewis 酸-碱反应和"点击"化学（click-chemistry），二维 MoS_2 的惰性表面也能被化学修饰。因此，二维 TMDCs 表面共价功能化比石墨烯容易，在传感分析领域应用更加灵活[24-27]。

二维纳米材料的层数降低，导致层平面边缘的活性位点的数量增加。与此同时，由于热涨落，表面内也会产生一定数量的点缺陷。缺陷的存在或形成不仅仅影响了二维纳米材料的热、化学稳定性（磷烯一般不稳定，易与水蒸气和氧气发生反应，表面被氧化），而且保证二维纳米材料对环境污染物的高选择性（特异性吸附）。除了缺陷的浓度或者密度，缺陷的种类也会影响电极材料的化学性质，比如材料的润湿性、比表面积等。以二维 2H-MoS$_2$ 作为电化学传感材料为例，平面内的硫空穴和平面边缘的钼或硫原子（未成键饱和）对目标物的吸附性能或结合性能不相同，这影响检测的灵敏度（检出电流强度）和过电势（检出峰电流的位置）。除此之外，活性位点或者缺陷所处的化学环境也影响环境污染物和传感材料之间反应过程的快慢（识别事件或过程）。很多研究表明：处在纳米尺度空间内的活性位点，会表现出限域效应，能改变反应的活化能，因此比敞开体系的反应更快。

2.3.3　生物兼容性

纳米材料的大量使用会存在一定的环境健康风险。根据受试对象的差异，二维纳米材料的生物兼容性评估范围可以涵盖基因、细胞、组织和器官以及生物个体或群体。每一种受试对象又可细分为体内（in-vitro）和体外（in-vitro）。

二维纳米材料的组成、形貌、结构缺陷以及表面修饰的原子（元素掺杂或原子缺陷）、单分子、团簇和低维纳米材料的类型都能显著影响细胞毒性，因为细胞的存活率受制于二维纳米材料与生物体界面的作用点、作用方式或者作用效果。例如，二维纳米材料的组成能影响其表面化学性质，特别是亲水性、溶解性和亲电性，而这些又会影响材料与细胞之间电荷转移，特别是氧活性物质的生成及其电荷转移。从最直观的角度分析，二维纳米材料的剂量或浓度、接触时间会影响受试细胞的存活率。一般生物兼容性良好的二维纳米材料，其在多个指标上都会表现为低毒性。例如，利用机械剥离法或化学气相沉积法（CVD）制备二维 MoS$_2$ 纳米片对受试的细胞核基因皆表现出低毒性，即不会造成细胞损伤和基因突变。

针对二维纳米材料的细胞毒性测试法，主要包括 MTT 法、WST-8 法、MTS 法、SRB 法，在本质上皆属于比色法[28]。MTT 法和 WST-8 法的全称分别是 3-（4,5-二甲基噻唑-2）-2,5-二苯基四氮唑溴盐和 2-（2-甲氧基-4-硝苯基）-3-（4-硝苯基）-5-（2,4-二磺基苯）-2H-四唑单钠盐。MTT 法和 WST-8 法具有很多相似之处，皆是通过检测细胞活力（cell viability）获得样品中健康细胞的数目，基于细胞的增殖能力评估二维纳米材料的毒性效应。两种方法的主要过程如下。

将受试活细胞（比如 MCF-7）与二维纳米材料孵化一段时间（比如 24h）后，再加入一定量的 MTT 或 WST-8，发生紫色或者橙黄色的显色反应。若采用 MTT 实验方法还需加入二甲基亚砜溶解甲臜晶体。通过全波长读数仪/超微量分光光度计（MTT 和 WST-8 实验方法所用波长分别为 570nm 和 450nm），利用受试活细胞的吸光度值（OD 值），评估二维纳米材料的细胞毒性效应。

二维 TMDCs 的细胞毒性测试大多采用 MTT 法和 WST-8 法。例如采用 MTT 法和 WST-8 法，将化学剥离法合成的 $2H\text{-}MoS_2$ 纳米片与人体肺癌细胞（A549）孵化 24h，考察细胞毒性。两种实验方法的结果表明，$2H\text{-}MoS_2$ 纳米片的细胞毒性与其尺寸密切相关，尺寸越小细胞毒性越高。总体而言，$2H\text{-}MoS_2$ 纳米片仍属于低毒性的二维纳米材料，即使投加的浓度为 $400\mu g/mL$，A549 的细胞的存活率皆在 60% 以上[29]。

由于很多研究在考察二维纳米材料的毒性与材料结构之间关系时所使用的表征手段不全面，很多结论互相矛盾。例如，化学剥离法（嵌锂剥离法）制备的 $2H\text{-}MoS_2$ 纳米片的细胞毒性与其悬浮液的稳定性有关，一般悬浮液稳定性越高（无团聚和沉降），生物兼容性越好，而先前的研究证实 $2H\text{-}MoS_2$ 纳米片的毒性与其尺寸相关，两种结论存在明显互相矛盾的地方[30]。

2.3.4　电学性质

随着层厚度的减薄，二维纳米材料在垂直方向的量子限域效应越来越明显，即电子的运动最终被限定在二维平面内，显著改变其电子能带结构。例如，随着层数的减薄，石墨变成单层石墨烯，其电子能带结构也从金属态变为狄拉克半金属态（Dirac semimetal）[3]。石墨烯的电子能带在费米能级处的态密度为 0；由于能带在费米能处交叉形成狄拉克点（Dirac point），因此石墨烯中载流子（狄拉克-费米子）的有效质量皆为 0，导致了超高的载流子迁移率，低温下可达 $2\times 10^5 \, cm^2/(V\cdot s)$，载流子的浓度达到 $10^{13} cm^{-2}$。在室温下，石墨烯的电导率是商用硅片的 10 倍，迁移率是硅的 142 倍，载流子在石墨烯中表现为弹道输运特性。

单层石墨烯具有很强的自旋-轨道耦合效应、半整数的反常量子霍尔效应。这种反常量子霍尔效应不需要任何外加磁场，在零磁场中就能实现量子霍尔态。石墨烯减小到纳米尺度时，其六元环仍然能保持良好的稳定性和电学性能，因此石墨烯可用于构建最小的晶体管，这种晶体管的厚度和宽度都只有 1～10 个原子数量级，这使得探索单个电子器件变成了可能。

与石墨烯不同，其他石墨烯族的成员或多或少都存在一定的带隙。氧化石墨烯的带隙与其所含杂原子数量或浓度密切相关。立方的氮化硼与石墨烯的原子排布结构相似，但是属于宽带隙的介电材料，其禁带宽度达到 5.97eV。二维 g-C_3N_4 纳米材料也是属于半导体，其带隙与层厚度密切相关，随着厚度增加带隙降低（位于 2.77～3.13eV）。

二维 TMDC（MX_2）的电学性质具有层数和组成成分依赖的特点。当过渡金属由第四副族（Ti、Zr、Hf）和第六副族（Cr、Mo、W）元素构成时，二维 TMDCs 为宽带隙半导体；当过渡金属由第七副族（Tc、Re）元素构成时，二维 TMDCs 为窄带隙半导体；当过渡金属由第五副族（V、Nb、Ta）元素构成时，二维 TMDCs 表现为金属特性。

二维 TMDCs 还表现出同素异形体特性，且电学性质差别较大。例如，2H-MoS_2 属于半导体，而 1T-MoS_2 属于金属，其电导率是 2H-MoS_2 的 10^7 倍。半导体 2H-MoS_2 的带隙随着层厚度降低变大；当层数变成单层时，其电子能带结构从间接半导体变成直接半导体。1T-MoS_2 纳米片用于场发射晶体管领域，其接触电阻为 200～300Ω·μm（零偏压下），远小于 2H-MoS_2 的接触电阻（0.7～10kΩ·μm）。然而，1T-MoS_2 属于亚稳相，容易自发进行相转变，变成 2H-MoS_2。通过电荷注入，比如层间嵌入外来物（锂离子或分子），2H-MoS_2 也能转化为 1T-MoS_2。另外，二维纳米材料所处外界环境的改变和结构缺陷引入也会影响二维材料性质，例如注入电子、施加应力和晶格畸变等手段都能促使 2H-MoS_2 和 1T-MoS_2 之间发生相转变[31]。除了相变外，部分块体 TMDCs 剥离到单层厚度后，其电子能带结构由间接带隙半导体变为直接带隙半导体[4]。

单层 2H-MoS_2 的价带顶和导带顶都位于 K 点（第一布里渊区），其带隙为 1.9eV，电子迁移速率为 0.1～10cm^2/(V·s)，具有可见光活性。MoS_2 的第一布里渊区的六个顶点包含了 $+K$ 和 $-K$，即能级简并但不等价（在时间反演对称下相互转换），导致了离散的载流子指数，称为谷指数或赝自旋。多层或少层 2H-MoS_2 为间接半导体，价带顶位于 G（Gamma）点。由于空间反演对称性的破缺，其能带 K 空间内出现两种不简并的能谷结构，导致其载流子出现不同方向的电子自旋。WS_2、$MoSe_2$、WSe_2 的电子结构随层厚的变化趋势与 MoS_2 相似，依赖于层数量，其带隙值在 1～2eV 变化，具有可见光活性[32]。

二维 TMDCs 的电子特性还受外环境的影响。例如，2H-MoS_2 纳米片包覆高介电常数的材料（比如 HfO_2），能显著提高电子迁移速率和开/关电流比

（$10^8 \sim 10^{10}$）。1T-MoS$_2$ 与金属材料复合时，能消除肖特基接触电阻，提高电子传递速率，在电化学领域有明显优势。对于悬空的二维 TMDCs，其电子特性受 d 电子构型的影响。2H-MoS$_2$ 的 d 轨道分裂成三个带：d_{z^2}、$d_{x^2-y^2,xy}$、$d_{xz,yz}$；1T-MoS$_2$ 的 d 轨道分裂成 $d_{xy,yz,zx}$ 和 d_{z^2,x^2-y^2}，部分填满的 $d_{xy,yz,zx}$ 轨道导致了 1T-MoS$_2$ 的金属特性。与之相似，轨道半充满导致 2H-NbSe$_2$ 和 1T-ReS$_2$ 的金属特性；轨道的全满导致了 1T-HfS$_2$、2H-MoS$_2$ 和 1T-PtS$_2$ 的半导体特性。2H-MoS$_2$ 和 1T-MoS$_2$ 的电子结构的相似之处是非成键 d 带位于成键和反键带之间，d 轨道中的电子主要填充在 d_{z^2,x^2-y^2} 和 $d_{xy,yz,zx}$。

与二维 TMDCs 相似，MXenes 的导电性主要由过渡金属的 d 轨道电子决定。同族元素 Ti、Zr 和 Hf 对应的含氧 MXenes（Ti$_2$CO$_2$、Zr$_2$CO$_2$ 和 HF$_2$CO$_2$）是能隙分别为 0.24eV、0.88eV 和 1eV 的半导体。黑磷属于直接带隙半导体，其带隙约为 1.5eV，载流子迁移率为 10^4 cm^2/(V·s)。此外，黑磷还具有较高的开/关电流比，能达到 10^4，是良好的场发射晶体管传感器材料。

2.3.5 光学性质

二维纳米材料的光学性质一般用吸收/发射光谱表征。单层石墨烯的电子能带结构表现为零带隙的半金属，其光谱吸收范围涵盖了可见光以及长波红外甚至到太赫兹频率，但是吸收效率较低，仅为 2.3%±0.1%。在光学显微镜下观察石墨烯，结果发现在特定的衬底下石墨烯表现出不同的颜色和对比度，与其层数多少紧密相关。

二维 TMDCs 具有许多独特的光学特性，比如较强的光-物质交互作用（集中在可见光范围）。在三维块体 TMDCs 材料中，只有在低温条件下能观察到激子效应，但在室温下能在二维 TMDCs 纳米材料中观察到两种激子类型，即运动半径大、弱束缚的 Mott-Wannier 激子和运动半径小、紧束缚的 Frankel 激子。

单层 TMDCs（2H 相）是直接半导体，其价带中的电子更易被入射光子激发到导带，处于激发态的电子有部分会回到基态，发射出荧光。二维 TMDCs 的荧光发射性能随着层数降低显著增强；通过调控 TMDCs 的表面态也能提高荧光发射性能。例如，吸附 p-型掺杂物能极大地提高单层 2H-MoS$_2$ 的荧光发射性能，主要原因是带负电三重子（negative trions）、中性激子与掺杂的电子复合[31]。

二维 TMDCs 的激子（电子-空穴对，属于准粒子态）特性对其光学特性影响明显。以 MoS_2 为例，随着层数降低，量子限域效应导致库仑屏蔽作用减弱；介电常数变小导致激子结合能增大，在光谱中产生明显的激子吸收峰，准粒子的寿命变长，达到 100ps。与之相反，层数增加，库仑屏蔽效应逐渐增加，激子能量逐渐蓝移，在荧光光谱上表现为发射峰强度降低。二维 $2H\text{-}MoS_2$ 对可见光波段的吸收远胜于对红外波段的吸收，并且随着入射光波长的增加，其光吸收能力迅速减弱。

对于低维的层状纳米材料，由于其屏蔽效应减弱和限域作用增强，体系中激子作用会显著增强，会影响材料的光吸收、发光和非线性光学等过程。与它们的块体结构相比，它们会表现出不同的能态和光激发特性[33]。在许多半导体体系中，依赖自旋的光选择定律或规则导致电子或空穴自旋极化，而自旋极化又会导致环形极化的激发，从而引起磷光的环形极化（the circular polarization of luminescence）。在单层 MoS_2 中，光选择定律或规则源于 K 点谷（valley）电子的轨道磁动量，它独立于电子的自旋。

二维纳米材料的光学特性还受层间作用的影响，比如层与层之间的堆垛方式、层间或界面的功能化；二维纳米材料的电子能带结构也能表现出光学性质的改变。通过旋转双层石墨烯的层间取向或者角度（约 $1.1°$），产生强的层间耦合作用，在费米能附近的电子能带结构变成平带结构（变平坦），这些扁平带在半填充时表现出绝缘状态（Mott 绝缘体态）[34]。此外，利用分子或原子修饰二维纳米材料的层间间隙，能调控其电子能带结构，从而达到精细调控光学性质的目的。

2.4 总结和展望

二维纳米材料的结构决定了其理化性质。二维纳米材料的力学性能、表面性质、生物兼容性、电学性质和光学性质皆与层厚度、表面结构（缺陷）、层间结构有关。层状纳米材料面内为共价键，层间为范德瓦耳斯力，导致其性质具有各向异性。层厚的降低导致电子的限域，从而导致能带结构变宽，光吸收窗口变窄，载流子的迁移率降低和氧化还原势增强。与此同时，电子能带结构从间接带隙变成直接带隙，量子效率增加。二维纳米材料所处的外环境对其性质也有较大的影响，包括二维纳米材料所处的基底材料和所施加的外场（机械力场、电场、光场、磁场）等。

二维纳米材料具有灵敏的表面态，且理化性质受其表面特性的影响。因此，二维纳米材料的表面和界面功能化的精准构筑和长期稳定的保存是调控其理化性质的前提，也是二维纳米材料在传感分析领域应用的主要挑战之一。

参考文献

[1] Chen Y，Fan Z，Zhang Z，et al. Two-dimensional metal nanomaterials：synthesis，properties，and applications [J]. Chemical Reviews，2018，118 (13).

[2] Zeng Q，Hong W，Wei F，et al. Band engineering for novel two-dimensional atomic layers [J]. Small，2015，11 (16).

[3] Neto A H C，Guinea F，Peres N M R，et al. The electronic properties of graphene [J]. Review of Modern Physics，2009，81 (5934)：109.

[4] Singh A K，Kumar P，Late D J，et al. 2D layered transition metal dichalcogenides (MoS₂)：Synthesis，applications and theoretical aspects [J]. Applied Materials Today，2018，13：242-270.

[5] Long Z，Liang J，Yi H，et al. Size-controlled synthesis of graphene oxide sheets on a large scale using chemical exfoliation [J]. Carbon，2009，47 (14)：3365-3368.

[6] Teter D M，Hemley R J. Low compressibility carbon nitrides [J]. 2001.

[7] Li Y，Yu C，Gan Y，et al. Mapping the elastic properties of two-dimensional MoS₂ via bimodal atomic force microscopy and finite element simulation [J]. Npj Computational Materials，2018.

[8] Akhter M J，Ku W，Mrozek A，et al. Mechanical properties of monolayer MoS₂ with randomly distributed defects [J]. Materials，2020，13 (6).

[9] Oviedo J P，Kc S，Lu N，et al. In situ TEM characterization of shear-stress-induced interlayer sliding in the cross section view of molybdenum disulfide [J]. Acs Nano，2015，9 (2)：1543.

[10] Tedstone A A，Lewis D J，Hao R. et al. Mechanical properties of molybdenum disulfide and the effect of doping：An in situ TEM study [J]. ACS Applied Materials & Interfaces，2015，7 (37)：20829-20834.

[11] Nam，Gwang-Hyeon，Zhang，et al. Recent advances in ultrathin two-dimensional nanomaterials [J]. Chemical Reviews，2017.

[12] Ulibarri R. Layered double hydroxides (LDH) intercalated with metal coordination compounds and oxometalates [J]. Coordination Chemistry Reviews，1999.

[13] Duan J，Li Y，Pan Y，et al. Metal-organic framework nanosheets：An emerging family of multifunctional 2D materials [J]. Coordination chemistry reviews，2019，395 (SEP.)：25-45.

[14] Chen Q，Liang L，Potsi G，et al. Highly conductive metallic state and strong spin-orbit

interaction in annealed germanane [J]. Nano Letters, 2019.

[15] Gamil M, Zeng Q H, Zhang Y Y. Mechanical properties of kirigami phosphorene via molecular dynamics simulation [J]. Physics Letters A, 2020, 384 (30): 126784.

[16] Mortazavi B, Cuniberti G, Rabczuk T. Mechanical properties and thermal conductivity of graphitic carbon nitride: A molecular dynamics study [J]. Computational Materials Science, 2015, 99: 285-289.

[17] Johns J E, Hersam M C. Atomic covalent functionalization of graphene [J]. Acc Chem Res, 2013, 46 (1): 77-86.

[18] Boukhvalov D W, Katsnelson M I. Chemical functionalization of graphene with defects [J]. Nano Letters, 2008.

[19] Schmid M, Papp C, Gottfried J M, et al. Covalent bulk functionalization of graphene [J]. Nature Chemistry, 2011, 3 (4): 279.

[20] Boukhvalov D W, Son Y. Covalent functionalization of strained graphene [J]. Chemphyschem, 2012, 13.

[21] Quintana M, Spyrou K, Grzelczak M, et al. Functionalization of graphene via 1, 3-dipolar cycloaddition [J]. ACS Nano, 2010, 4 (6): 3527-3533.

[22] Quintana M, Vazquez E, Prato M. Organic functionalization of graphene in dispersions [J]. Accounts of Chemical Research, 2013, 46 (1): 138.

[23] Hirsch A, Englert J M, Hauke F. Wet chemical functionalization of graphene [J]. Accounts of Chemical Research, 2013, 46 (1): 87-96.

[24] Voiry D, Goswami A, Kappera R, et al. Covalent functionalization of monolayered transition metal dichalcogenides by phase engineering [J]. Nature Chemistry, 2015, 7 (1): 45.

[25] Voiry D, Goswami A, Kappera R, et al. Covalent functionalization of monolayered transition metal dichalcogenides by phase engineering [J]. Nature Chemistry, 2015, 7 (1): 45.

[26] Presolski S, Pumera M. Covalent functionalization of MoS_2 [J]. Materials Today, 2016.

[27] Gan X, Zhao H, Wong K Y, et al. Covalent functionalization of MoS_2 nanosheets synthesized by liquid phase exfoliation to construct electrochemical sensors for Cd (II) detection [J]. Talanta, 2018, 182: 38-48.

[28] Guiney L M, Xiang W, Tian X, et al. Assessing and mitigating the hazard potential of two-dimensional materials [J]. Acs Nano, 2018: acsnano. 8b02491.

[29] Chng E, Sofer Z, Pumera M. MoS_2 exhibits stronger toxicity with increased exfoliation [J]. Nanoscale, 2014, 6.

[30] Wang X, Mansukhani N D, Guiney L M, et al. Differences in the toxicological potential of 2D versus aggregated molybdenum disulfide in the lung [J]. Small, 2015, 11: 5079-5087.

[31] Birmingham B, Yuan J, Filez M, et al. Probing the effect of chemical dopant phase on photoluminescence of monolayer MoS_2 using in situ raman microspectroscopy [J]. The Journal of Physical Chemistry C, 2019, 123 (25): 15738-15743.

[32] Frisenda R, Molina-Mendoza A J, Mueller T, et al. Atomically thin p-n junctions based on

two-dimensional materials[J]. Chemical Society Reviews，2018：10. 1039. C7CS00880E.

［33］　Liao W M，Zhang J H，Yin S Y，et al. Tailoring exciton and excimer emission in an ex-foliated ultrathin 2D metal-organic framework ［J］. Nature Communications，2018，9 (1)：2401.

［34］　Cao Y，Fa Temi V，Fa Ng S，et al. Unconventional superconductivity in magic-angle graphene superlattices ［J］. Nature，2018，556.

第 **3** 章

二维纳米材料的制备和表征方法

3.1 引言

对二维纳米材料的厚度和缺陷（点缺陷、线缺陷、面缺陷）的表征是连接性质与结构参数之间的桥梁，有利于加深对材料性质的认识和理性设计传感材料的结构。由于能量的涨落，二维纳米材料都或多或少存在一些缺陷；即使温度为0K，晶体中也不是所有原子都严格按照周期性规整排列。而二维纳米材料的制备方法对晶体材料中缺陷的影响更加明显，特别是晶体的质量（缺陷密度）、体相或表面的原子分布，从而影响材料的总体性质。二维纳米材料的诸多性质都严重依赖其厚度，因此探讨不同材料的具体合成方法和表征手段是了解材料性质、可控设计材料的前提条件。

本章主要介绍二维纳米材料的合成方法以及不同合成方法所制备的二维纳米材料所对应的最适传感分析应用领域。此外，二维纳米材料的理化性质严重依赖于厚度和表面特性，因此本章选取了最典型、有效的表征二维纳米材料的方法。

3.2 二维纳米材料的制备方法

物理学家 Laudau 和 Peierls 曾断言严格的二维晶体在室温下不存在，主要由于热力学不稳定性[1,2]。此结论受到凝聚态物理学家 Mermin 的支持，并用一组综合性的实验对其进行了扩展和补充[3]，认为厚度降低导致熔点温度下降，使其无法在室温下稳定存在[4]。

直至 2004 年，英国曼彻斯特大学物理学家安德烈·盖姆（Andre Geim）和康斯坦丁·诺沃肖洛夫（Konstantin Novoselov）采用机械剥离法首次成功制备了单原子层厚度的石墨烯（graphene）[5,6]。石墨烯的成功剥离标志着二维层状材料（two dimensional layered materials，2DLMs）的诞生，表明单个原子层的材料能稳定存在[7]。

现代纳米材料的制备方法很多都可以用于制备二维纳米材料，主要包括水热/溶剂热法、微波合成法、超声电化学法、限域合成法、化学气相沉积法、原子层沉积技术、原子层刻蚀法、脉冲激光沉积技术、分子束外延法、磁控溅射法、蒸发沉积法、提拉晶体生长法等。本质上，这些制备方法只包含两类：自上而下法和自下而上法（如图 3.1 所示）。

对于二维纳米材料的制备方法，自上而下法一般包括：机械剥离法、液相剥离法、化学剥离法、电化学刻蚀法等。自下而上法主要包括化学气相沉积法、湿化学法等。层状二维纳米材料和非层状二维纳米材料的晶体生长热力学不同。由于非层状材料的制备缺乏各向异性生长的本征驱动力，非层状二维纳米材料的制备仍然面临巨大的挑战。非层状二维纳米材料没有层间隙，靠共价键结合，其形貌和结构并不是热动力学所支持，因此易采用自下而上的合成法，比如化学气相沉积法、水热法或溶剂热等，并且在制备的过程中，一般会用到盖帽剂（capping agents）降低总体自由能，从而控制晶体形核和长大的动力学。与之相反，层状材料几乎能利用所有的制备方法获得。

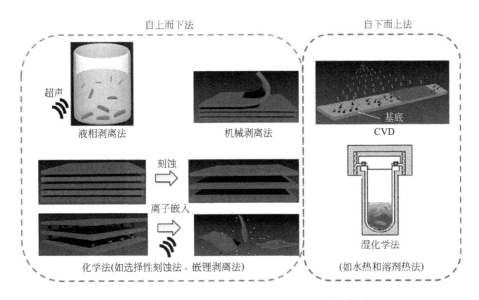

图 3.1　二维纳米材料的主要制备方法及其示意图

3.2.1 自上而下法

自上而下的制备方法是从块状的母体材料出发，通过不断削减其尺寸（主要是厚度），获得二维纳米材料。对于层状母体材料，层间是弱范德瓦耳斯力结合，因此能利用机械剥离法、化学剥离法、液相剥离法、电化学嵌锂剥离法制备出二维层状纳米材料。然而，非层状母体材料（比如块体的金属、氮化物和氮化物）的层间结合力为共价键结合且无明显的层边界，结构力学性能非常稳定和均一，因此机械剥离法、液相剥离法、电化学嵌锂剥离法等很难克服共价键作用力，无法实现块体材料的减薄，只能借助材料化学刻蚀。例如，通过利用强腐蚀性的溶剂（比如氢氟酸）或者施加高偏压刻蚀或移除块体材料中化学性质活泼层，人为制造出层边界和缝隙，然后再利用超声等方法促使层间分离，形成薄层二维材料。

3.2.1.1 机械剥离法

机械剥离法最早是用于合成石墨烯，其制备过程如图 3.1 所示，利用透明胶带将粘在基底上的石墨粉反复剥离，最终留在透明胶带上的部分材料就是单层或多层的石墨烯[8]。与石墨烯结构相似，二维材料皆能用此方法制备，但是产物的产率不高、厚度不均一。因为透明胶带的剥离能量为 $(0.32\pm0.03)J/m^2$，故仅能克服范德瓦耳斯力，所需前驱体材料为层状结构的母体材料[9]。

除了透明胶带外，利用研磨棒的滑动摩擦也能实现层状材料的分离[10]。到目前为止，利用机械剥离法制备出多种二维纳米材料，包括单层石墨烯、BN、某些 TMDCs、多元复杂氧化物、MOF、过渡金属卤氧化物等[9,11]。机械剥离法也具有操作方便、形成的产物具有晶体质量高（缺陷少）、表面清洁高等优点，完好地保留了材料的内在特性。机械剥离法制备清洁的（表面无其他修饰）二维纳米材料被广泛用于研究二维纳米材料的本征特性，比如独特的力学性能、光电性质等。在传感检测领域，机械剥离法制备的二维纳米材料主要用于场发射晶体管传感分析领域。

3.2.1.2 液相剥离法

液相剥离法典型过程是：将块体层材料与合适的溶剂混合，借助溶剂与材料表面之间的作用力，在超声辅助下实现剥离。在此过程中，溶剂分子一般会分布在母体材料的表面或者层间，溶液的表面张力倾向将最外层的材料“拽入”溶剂中。只要溶剂选择合适，溶剂分子与层状材料之间的表面张力足够克服层间的范德瓦耳斯力，实现层与层之间分离。液相剥离法是二维纳米材料的常用制备方法，在高质量、宏量制备上有较大潜力。

液相剥离法制备二维纳米材料所面临的核心问题是剥离溶剂的选择[12]。例如，合适的剥离溶剂能够高效剥离块体 2H-MoS$_2$，同时能长时间保存形成的 2H-MoS$_2$ 纳米片悬浮液，不会在短时间内发生团聚和沉淀。合适的剥离溶剂需要满足两个要求：能高效剥离层状的母体材料（较高的剥离效率），能保持形成的单层或少层二维纳米材料悬浮液长期稳定（较长稳定时间或存储寿命，能有效防止二维纳米材料堆垛和团聚）。材料的剥离效率与溶剂的表面张力有关，待剥离的材料溶于剥离溶剂，其溶解性由混合或混溶自由能（ΔG_{mix}）决定，满足如下关系：

$$\Delta G_{mix} = \Delta H_{mix} - T \Delta S_{mix} \tag{3.1}$$

式中　ΔH_{mix}——混合焓；

　　　ΔS_{mix}——混合熵；

　　　T——温度。

基于溶解过程动力学，当溶剂分子与材料作用后，系统整体的吉布斯自由能降低，即 ΔG_{mix} 为负数，表明块体层材料能与溶剂混合，促进层状材料的剥离。

在上述悬浮液体系中，二维纳米片是溶质。对于尺寸较大的溶质（纳米片的平均尺寸达到几百纳米），其 ΔS_{mix} 很小，这就意味着 ΔH_{mix} 应尽可能地低，从而保证剥离的能量最小化，获得最大的分散浓度。单位体积的 ΔH_{mix} 满足如下关系：

$$\frac{\Delta H_{mix}}{V} = \frac{2}{T_{NS}} (\sqrt{\gamma_S} - \sqrt{\gamma_{NS}})^2 \phi \tag{3.2}$$

式中　γ_S——溶剂的总表面能；

　　　γ_{NS}——纳米片的总表面能；

　　　T_{NS}——纳米片的平均厚度；

　　　ϕ——被分散纳米片的体积分数；

　　　V——溶剂的体积。

由式(3.2)可知，剥离溶剂的表面张力或表面能和纳米片越接近，分散纳米片所需能耗或者能量代价越小，即剥离效率高，这类似于"相似相容原理"。

二维 WS$_2$、MoS$_2$、MoSe$_2$、MoTe$_2$ 和黑磷的表面张力约 40mJ/m^2，与之具有相似表面张力的溶剂主要有：N,N-二甲基甲酰胺（DMF）或 N-甲基吡咯烷酮（NMP）。理论上，在 N,N-二甲基甲酰胺或 N-甲基吡咯烷酮中将获得最佳的剥离效果。然而，很多溶剂具有相似的表面张力，用于剥离相同的层状材料，其剥离效果却大相径庭[13,14]。例如，与 N-甲基吡咯烷酮相比，吡啶（pyridine）的表面张力更接近石墨烯，但是 N-甲基吡咯烷酮的剥离效果更好。因此，筛选合适溶剂除了考虑溶剂的总表面张力，还需要考虑表面张力的分量与二维纳米材料的表面张力之间的关系。

对石墨烯、WS_2、h-BN、MoS_2、$MoSe_2$、Bi_2Se_3、TaS_2、SnS_2 等二维纳米材料剥离效率与剥离溶剂的表面张力关系的研究显示：除了溶剂的总表面张力，表面张力的两个分量（极化分量和色散分量）也必须和被剥离材料的表面张力分量匹配[13]。溶剂的表面张力包括了极性和非极性分量（诱导力），根据 WORK（Wendt、Owen、Rabel 和 Kaelble 四人的首字母）理论，固/液界面表面张力包括极化和色散两个分量所做的贡献[13]。因此，固/液界面总的表面张力不仅包括了固/气、液/气间作用，而且包含了固/液间相互作用。固/液界面总的表面张力（σ_{sl}）可由如下等式描述：

$$\sigma_{sl} = \sigma_s + \sigma_l - 2\left(\sqrt{\sigma_s^d \sigma_l^d} + \sqrt{\sigma_s^p \sigma_l^p}\right) \tag{3.3}$$

$$\sigma_s = \sigma_s^d + \sigma_s^p \tag{3.4}$$

$$\sigma_l = \sigma_l^d + \sigma_l^p \tag{3.5}$$

$$\sigma_{sl} = \sigma_s^d + \sigma_s^p + \sigma_l^d + \sigma_l^p - 2\left(\sqrt{\sigma_s^d \sigma_l^d} + \sqrt{\sigma_s^p \sigma_l^p}\right) \tag{3.6}$$

式中　σ_s——待剥离固体的表面张力（与空气接触）；

　　　σ_l——液体的表面张力；

　　　p——极性分量；

　　　d——色散分量。

由式（3.3）～式（3.6）可知，σ_{sl} 越小，剥离效率越高。σ_{sl} 也可以写成另外一种形式：

$$\sigma_{sl} = (\sigma_s^p/\sigma_s^d + 1)\sigma_s^d + (\sigma_l^p/\sigma_l^d)\sigma_l - 2\left(\sqrt{\sigma_s^d \sigma_l^d} + \sqrt{\sigma_s^p \sigma_l^p}\right) \tag{3.7}$$

$$\sigma_{sl} = (\sigma_s^p/\sigma_s^d + 1)\sigma_s^d + (\sigma_l^p/\sigma_l^d)\sigma_l - 2\left(\sqrt{\sigma_s^d \sigma_l^d} + \sqrt{\sigma_s^p \sigma_l^p}\right) \tag{3.8}$$

$$\sigma_{sl} = \left[\sqrt{\sigma_s^d}\sqrt{(\sigma_s^p/\sigma_s^d + 1)} - \sqrt{\sigma_l^d}\sqrt{(\sigma_l^p/\sigma_l^d + 1)}\right]^2$$
$$+ 2\sqrt{\sigma_s^d \sigma_l^d}\left[\sqrt{(\sigma_l^p/\sigma_l^d + 1)}\sqrt{(\sigma_s^p/\sigma_s^d + 1)} - \sqrt{(\sigma_l^p/\sigma_l^d) \cdot (\sigma_s^p/\sigma_s^d)} - 1\right] \tag{3.9}$$

由上式可知，σ_s^p 与 σ_l^p、σ_s^d 与 σ_l^p 越接近，剥离效率越高[13]。理论上，若选择合适的剥离溶剂，二维层状纳米材料皆能通过液相剥离法合成。目前利用该方法合成的二维纳米材料主要包括：石墨烯、h-BN、黑磷、过渡金属硫化物（MoS_2、WS_2、$MoSe_2$、$NbSe_2$、$TaSe_2$、$NiTe_2$、$MoTe_2$）、金属氧化物、金属有机骨架材料（MOFs）。另外，经过改良后的液相剥离法，能满足商业化宏量制备要求。例如，将超声辅助剥离装置变成叶片旋转切割（类似果汁机里的旋转刀片），可制备出体积为几百毫升到几百升的二维纳米材料悬浮液，其制备原理是高速旋转的刀片切割层状块体材料，促使层分离。与机械剥离法相比，在平衡产物的质量（结构缺陷少）和产量上，液相剥离法最具优势；与溶剂热或水热等湿化学法相比，液相剥离法合成的二维纳米材料的晶体质量高、缺陷少。

根据 WORK 原则，用于剥离 $2H\text{-}MoS_2$ 纳米片的最合适剥离溶剂应为 N，N-二甲基甲酰胺，然而有些研究表明最佳溶剂是 N-甲基吡咯烷酮，这种分歧源于剥离溶剂中的水和溶解氧，其含量对剥离效率似乎也有重大的影响；在一定范围内，含水量越大，剥离的效果越好[15,16]。NMP 中少量的水能保证提高 $2H\text{-}MoS_2$ 纳米片溶液的化学稳定性，防止 $2H\text{-}MoS_2$ 纳米片的碎片化。溶解氧的存在也对剥离起到积极的作用；例如以 NMP 为剥离溶剂，氧气的存在会将 NMP 转化为 N-甲基琥珀酰亚胺，能导致块体 $2H\text{-}MoS_2$ 边缘氧化，促进 $2H\text{-}MoS_2$ 纳米片的层间分离。

3.2.1.3　化学剥离法

化学剥离法与液相剥离法相似，二者之间的主要区别在于两方面：①是否存在电荷转移；②溶剂与待剥离材料的作用位点。化学剥离法是利用分子或离子在待剥离材料的层间隙作用（插层效应），导致电子发生转移，电子受体一般是层状二维纳米材料，电子供体为插层物，因此属于化学反应；而液相剥离法是溶剂分子在待剥离材料的表面作用，即利用表面张力促使二维纳米材料层间分离，总体上属于物理作用。

化学剥离法的典型过程包括：通过化学反应（比如嵌锂反应）、层状母体材料（待剥离材料）层间插入小分子后，比如氨气分子、短链胺、锂离子、低碳醇类，在超声辅助剥离下实现层间分离。因此，化学剥离法涉及插层过程，会导致层间膨胀和晶格畸变，从而能大幅度降低层间范德瓦耳斯力，有利于后续的超声剥离母体材料。

利用化学剥离法制备二维纳米材料，最典型的例子是嵌锂超声辅助剥离法。嵌锂过程可分为有机化学反应嵌锂和电化学嵌锂。有机化学反应嵌锂法是在无水无氧条件下，通过正丁基锂与层状母体材料反应，促使锂离子进入层间隙；由于反应过程剧烈，会伴随有大量的氢气产生，因此制备过程需在低温、无水、无氧条件下进行，并且嵌锂速率缓慢，反应一般持续三天或更长；进入层间的锂原子会发生电荷的转移，将电子注入二维纳米材料的框架里（比如 S-Mo-S），导致层状材料产生相转变和缺陷。电化学嵌锂与有机化学反应嵌锂的区别在于驱动力不同, 电化学嵌锂是通过电势差, 促进锂的插层反应, 这种现象最早在锂离子电池中被观察到。与机械剥离法相比, 化学剥离法的效率明显更高, 层厚度更薄 (主要是单层结构)、尺寸更均一。然而, 化学剥离法会造成结构缺陷, 比如相转变, 不利于研究二维纳米材料的本征性质。

另外一种化学剥离法是借助强酸 (比如 HF)、强碱 (比如 NaOH) 和强氧化剂或者施加较高的电压, 优先刻蚀去除非层状材料中性质活泼的那层材料 (比如 Ti_3AlC 中 Al 原子层), 形成层间隙, 并借助超声等手段迫使这种准层状材料发生层间分离, 该方法常用来制备 MXenes, 刻蚀剂的浓度、温度和反应时间决定 MXenes 的最终特性。

早在 2011 年, 日本学者就利用 HF 选择性刻蚀去除三元层状化合物 Ti_3AlC_2 中 Al 原子层, 获得具有层缝隙的前驱体, 然后借助超声剥离获得 Ti_3C_2 纳米片, Ti_3C_2 纳米片表面还含有一定量的 F 和 O 原子, 具体反应过程如下:

$$2Ti_3AlC_2 + 6HF = 2AlF_3 + 3H_2 + 2Ti_3C_2 \tag{3.10}$$

$$Ti_3C_2 + 2H_2O = Ti_3C_2(OH)_2 + H_2 \tag{3.11}$$

$$Ti_3C_2 + 2HF = Ti_3C_2F_2 + H_2 \tag{3.12}$$

HF 刻蚀的效率高, 但是毒性和腐蚀性强, 因此 HF 逐渐被 HCl 和含氟盐所取代, 比如 NH_4HF_2、LiF、NaF、KF、FeF_3 与 HCl 的组合, 同样也能达到预想的剥离效果。上述替代 HF 的溶液不仅起到刻蚀作用, 而且伴随着阳离子 (Li^+、Na^+、NH_4^+ 等) 插层过程, 因此更有利于层间分离。除二维层状纳米材料之外, 无氟刻蚀方法和熔融氟盐刻蚀法也广泛用于制备非层状或者准层状二维纳米材料。在制备不同成分的非层状或者准层状二维纳米材料时, 需要相应选择与之对应的最佳方法, 才能满足不同需求, 具体可参考化学刻蚀法的优缺点, 见表 3.1[17]。上述化学刻蚀剥离方法被拓展应用在制备 Ti_2C、V_2C、Nb_2C、Mo_2C、Ta_4C_3 等二维非层状材料[18]。

表 3.1 不同化学刻蚀法用于制备 MXenes 的优缺点

方法	试剂	适用范围	表面官能团
HF 刻蚀	HF	$M_nX_{n-1}T_x$	—F、—OH、═O
改性酸刻蚀	$LiF/NaF/KF/FeF_3/$ NH_4HF_2 和 HCl	$Ti_3C_2T_x$	—F、—OH、═O
熔融氟盐刻蚀	$LiF + NaF + KF$	$Ti_4N_3T_x$	—F、—OH、═O
无氟刻蚀	NaOH	$Ti_3C_2T_x$	—OH、═O
	TMAOH	$Ti_3C_2T_x$	—OH、—Al(OH)$_4$
	$NH_4Cl + $ TMAOH	$Ti_3C_2T_x$	—OH、═O

3.2.2　自下而上法

自下而上法是指利用前驱体材料的形核、生长制备二维材料。一般该晶体生长机理包括两种；第一种是 Ostwald 熟化机制，即大核吃小核[19]；另外一种是取向生长法，由微小的圆形纳米粒子或晶核彼此之间黏合、取向纠正和质量分布（或调整），这种生长机制在电子显微镜实时观察纳米带和纳米片生长动力学过程中被证实[20,21]。

几乎所有的二维纳米材料（层状和非层状）都能利用自下而上合成策略制备；对于非层状材料，比如硅烯、锗烯等，一般采用化学气相沉积法、分子束外延等方法。对于层状二维纳米材料，一般采用水热或溶剂热制备，有利于形成催化活性高、形貌可控的二维纳米材料。

3.2.2.1　湿化学合成法

湿化学合成法主要包括有机配体辅助生长（organic ligand-assisted growth）法、水热法、溶剂热法、共沉淀法、光化学合成法等。有机配体辅助生长法常使用具有长链结构的有机物作为盖帽剂，改变晶体生长的总体表面能。金属原子或离子与有机配体所形成的中间产物，作为软模板促进二维平面的形成；长链的有机配体能产生空间位阻效应，使原本属于高比表面能的晶面生长速度变慢，改变总体生长热力学，同时调控形成晶体的表面性质。例如，为了获得热力学非稳态的二维金属纳米材料，需要加入盖帽剂控制其生长过程。总体而言，二维金属纳米材料的合成方法包括：有机配体控制生长法、小分子调控合成法、二维模板限域生长法、多元醇合成法、种子生长法、光化学合成法、水热/溶剂热合成法、晶相转变法、纳米粒子组装法等技术方法。绝大多数制备方法属于自下而上法。这些方法能制备多种结构的二维金属纳米材料，比如面心立方（fcc）金纳米盘、密排六方（hcp）钴纳米盘、面心立方 PtCu 合金纳米片。

有机配体辅助生长法在调控二维金属有机框架化合物（MOFs）中常用到，一般涉及可溶性的无机盐和有机配体在极性溶剂中发生络合反应。用于合成二维 MOF 的配体主要有：异烟酸（isonicotinic acid）、1,4-苯二羧酸（1,4-benzene dicarboxylic acid）、2,2-二甲基琥珀酸（2,2-dimethylsuccinic acid）、4,4-联吡啶（4,4-bipyridine）、1,3,5-苯三磷酸[22,23]。所使用的盖帽剂主要包括：十六烷基三甲基溴化铵、十八烷基三甲基溴化铵、十八烷基三甲基氯化铵、二（2-乙基己基）磺基琥珀酸钠、十二烷基硫酸钠等。

利用水热和溶剂热反应能制备大部分二维纳米材料。例如，单晶 GeS 纳米片和 GeSe 纳米片能在 GeI_4、六甲基二硅氮烷、油胺、油酸构成的混合溶剂中生长制备。根据前驱体的差异（比如十二烷基硫醇或三辛基硒化膦），能相应地生长成六边形形貌的 GeS 纳米片和 GeSe 纳米片[24]。六甲基二硅氮烷的加入对 GeS 和 GeSe 纳米片的制备至关重要，这种合成路线避免使用高毒、易燃、昂贵的烷基膦类化合物[24]。此外，以氧化钼和 KSCN 为前驱体，通过水热反应可以制备 MoS_2 纳米片[25]。

光化学合成法制备的二维纳米材料的原理是利用太阳光辐射，使溶剂（比如甲醇）或者辅助催化剂（比如 TiO_2、SnP）中产生超氧自由基或乙氧基，实现对二维纳米材料前驱体的还原。该合成法多用于制备二维金属纳米材料，比如 Au、Ag 纳米片。另外一种光化学合成路线需要加入种子晶体（一般是纳米粒子）。例如，制备二维 Ag 纳米材料，需要在光反应体系中加入 Ag 纳米粒子，当太阳光辐射反应溶液时，会产生等离子体共振效应，形成高能的电子-空穴对，从而能够催化溶液中 Ag^+ 粒子与还原溶剂（柠檬酸盐）之间的反应，形核生长成球形的 Ag 纳米粒子，Ag 纳米粒子在一些稳定剂的作用下形成二维 Ag 纳米材料。常用的稳定剂主要有柠檬酸钠和二水合双（对-磺酰苯基）苯基膦化二钾盐；光生电荷除了参与还原 Ag^+ 外，还会氧化 Ag 纳米粒子。光化学合成二维纳米材料容易受溶液的 pH、光源（强度和光谱范围）以及辅助催化剂的影响[26]。

3.2.2.2 气相沉积法

气相沉积法包括物理气相沉积和化学气相沉积；物理气相沉积（PVD）又可以分为热蒸镀和阴极溅射两种。PVD 是将蒸发源和衬底材料放在密闭且真空的环境中（气压约为 10^{-5} mmHg，1mmHg＝0.1333224kPa），将母体材料蒸发沉积在衬底上，形成超薄二维材料。此合成法主要包括三个过程：母体材料的升华、在衬底上沉积、沉积的粒子间键合。根据蒸发源或者能量源可分为：电阻加热、闪急蒸发、电弧蒸发、激光蒸发、电子轰击、射频加热等。2012 年，Vogt 及其合作者使用分子束外延法在 Ag（111）表面生长出了单层硅烯[27]。2014 年 Davila 及其合作者还通过分子束外延法成功的在 Au（111）表面上制备出了单层锗烯[28]。

另外一种制备方法是化学气相沉积法（CVD），常用于生长大尺寸二维纳米材料，其尺寸可达到毫米级以上。此方法通过控制反应腔体内部条件使化学反应在衬底附近或衬底上进行，反应过程中的副产物能从系统中去除，从而合成高质量的薄膜。在衬底上生长的薄膜质量与衬底温度、气体压强、反应材料的浓度、气体流速等因素有关。利用 CVD 制备二维纳米材料，主要利用分解反应和氧化还原反应两类，其反应的机理如下：

分解反应：　　　$AB_{(g)} \longrightarrow A_{(s)} + B_{(g)}$　　　　　　　　　　(3.13)

氧化还原反应：$AB_{(g)} + C_{(g)} \longrightarrow A_{(s)} + BC_{(g)}$　　　　　　(3.14)

CVD 制备石墨烯，以分解反应为主。具体而言，以含碳气体（比如甲烷、乙烯）为碳源，同时加入一定量的氢气，在金属衬底上生长石墨烯。而二维 TMDCs 一般基于氧化还原反应制备。以二维 MoS_2 的制备为例，利用单质硫的蒸气还原氧化钼获得[29]。

二维纳米薄膜生长的质量（单晶、多晶和非晶）取决于衬底的性质，特别是衬底的温度和晶格参数。一般衬底的温度升高，二维纳米薄膜的质量改善；衬底的晶格参数应该和二维材料的晶格参数匹配，否则在生长的过程中存在张力，也导致低质量的非晶生长（根据薄膜定向生长理论）。

3.3　二维纳米材料的表征方法

二维纳米材料的结构决定其性质，特别是厚度和表/界面结构对二维纳米材料的传感检测性能影响显著。二维纳米材料的体相结构（主要是原子排布和缺陷）、厚度主要影响二维纳米材料的本征特性，比如电导率、光吸收、光生电荷的转移或输运，这对于电化学传感、光电传感、比色传感等分析方法的性能都有显著影响。此外，二维纳米材料的表面缺陷主要影响牵涉到表面反应的性质，比如表面吸附和脱附、涉及表面电荷转移的催化反应，很多传感检测过程（环境污染物和传感元之间的识别过程）都受传感材料表面性质的制约或影响。

因此，为了深刻认识二维纳米材料的结构和性质之间的关系或规律，需要有合适的表征手段。由于二维纳米材料的理化性质及其在传感分析领域中的应用都与二维纳米材料的层厚度和缺陷有关，本章重点介绍一些实用、有效的表征方法，主要针对层厚度和缺陷表征，包括层数量、表面原子配位数、缺陷的类型、缺陷所处的环境。这些与二维纳米材料的电子结构、声子结构及电子/声子的运输过程和表面化学反应过程密切相关。

3.3.1　X 射线衍射光谱

X 射线衍射（XRD）光谱主要表征固体的晶格结构、晶格参数和几何结构，以及材料的缺陷。X 射线的产生是由加速电子碰撞靶材产生短波长光子辐射，X

射线的波长与加速电压反相关, 电压越大波长越短。电子的加速电压（V）和产生的 X 射线的波长（λ_0）满足如下关系式:

$$\lambda_0 = \frac{1.24}{V} \tag{3.15}$$

根据空间结构, 晶体总共包含了 7 个晶系、14 种点阵、32 个点群、230 个空间群; 由于晶体的格点间距与 X 射线的波长相当, 因此晶体可作为一个光栅, 与 X 射线发生衍射（晶格的振动或者热运动不会影响）, 从而能用于确定晶体的空间群结构。

与块体的母体材料相比, 二维纳米材料厚度降低, 晶面之间的衍射强度下降, 因此其 XRD 中特征峰的强度会明显降低, 甚至会消失。另一方面, 厚度降低导致二维纳米材料的结构缺陷增加, 因此 XRD 中特征吸收峰的噪声增强, 即特征峰的外形表现不如块体材料的特征峰光滑和尖锐。以块体 TiS_2 和 TiS_2 纳米片为例, 块体 TiS_2 的特征峰非常尖锐, 三个最强峰分别来源于晶面（001）、（002）、（011）; TiS_2 纳米片的 XRD 中, 只能观察到一个衍射峰, 即衍射强度最强的（001）晶面, 其他特征峰都消失, 同时（001）晶面衍射峰也发生宽化[30]。

3.3.2 拉曼光谱

基于非弹性散射的拉曼光谱, 能表征分子或晶格的振动, 反映材料的成键特征和结构特征, 被称为 "物质的指纹信息"。拉曼光谱中特征吸收峰的强度、峰位、峰位的漂移、峰宽等参数皆隐藏着材料的结构信息。拉曼光谱是一种非损表征方法, 在二维纳米材料表征领域有着应用优势（灵敏、所需样品少）, 特别是对二维纳米材料的厚度、表面缺陷表征。

二维 TMDCs 的拉曼振动模式包括 3 个声学支和 6 个光学支。由于范德瓦耳斯力和介电屏蔽效应, 少层和多层 TMDCs 的特征峰会出现不同程度的漂移, 因此拉曼光谱中特征峰的位置和形状能反映二维纳米材料的厚度、激子性质。

在实际的拉曼测量中, 只有拉曼散射强度（S）不为零时, 才能测试到对应的拉曼振动峰（具有拉曼活性）, 因此只能探测到二维 TMDCs 的部分特征峰, 比如 A_{1g} 和 E_{2g}^1。S 与拉曼张量（$\widetilde{R}$, 三阶对角矩阵元）的关系式如下:

$$S \propto |e_i \widetilde{R} e_s|^2 = \left| (x \quad y \quad z) \begin{pmatrix} \alpha_{xx} & \alpha_{xy} & \alpha_{xz} \\ \alpha_{yx} & \alpha_{yy} & \alpha_{yz} \\ \alpha_{zx} & \alpha_{zy} & \alpha_{zz} \end{pmatrix} \begin{pmatrix} x \\ y \\ z \end{pmatrix} \right|^2 \tag{3.16}$$

式中　S——拉曼散射强度;

e_i——入射光的偏振矢量；

e_s——散射光的偏振矢量；

$\tilde{R}$——三阶对角矩阵元；

对于二维纳米材料的拉曼光谱测量，X、Y 轴分别是入射光和散射光的偏振方向（与二维纳米材料的水平面平行）。层厚度、缺陷的浓度、所接触的基底材料等都会影响二维纳米材料的特征吸收峰的强度和位置。例如，奇数层和偶数层的 2H-MoS$_2$ 的拉曼活性模（A$_{1g}$ 和 E$_{2g}^1$）具有不同表现形式。当二维 2H-MoS$_2$ 层厚度连续增加时，由于范德瓦耳斯力逐渐变强，A$_{1g}$ 振动模所对应的特征峰发生红移，而 E$_{2g}^1$ 对应的特征峰向相反的方向移动，原因是长程库仑相互作用的介电屏蔽比短程的范德瓦耳斯力强。与之相似，随着层厚度的增加，二维 MoSe$_2$、WS$_2$ 和 WSe$_2$ 的 A$_{1g}$ 和 E$_{2g}^1$ 也会向着相反方向发生位移。与二维 TM-DCs 不同，二维黑磷具有各向异性特性，即扶手椅型方向的晶格参数依赖层数变化，而其他方向的晶格参数则几乎保持不变。因此，只有面内振动模 A$_g^2$ 随厚度增加向着低波数方向偏移。

拉曼光谱也特别适合表征二维碳材料，在相同激发波长下，碳材料的特征峰强度明显高于其他二维纳米材料的拉曼特征峰。二维石墨烯家族的拉曼光谱一般主要含有 D 峰、G 峰和 2D 峰（G$'$峰）。D 峰的强度（I_D）、G 峰与 G$'$峰的强度比值（$I_G/I_{G'}$）和 G 峰的峰形都能反映二维碳材料的层厚和结构缺陷的变化。例如，单层石墨烯的 G$'$峰具有完美的洛伦兹峰形；当层厚度小于 10 层，I_G 与层厚度具有明显的线性相关。此外，拉曼光谱还可用于表征石墨烯材料的结构缺陷，包括缺陷的类型和含量，比如区分碳材料中 sp^2 和 sp^3 的成分含量、点缺陷。含有缺陷的石墨烯会在 $1350\mathrm{cm}^{-1}$ 和 $1620\mathrm{cm}^{-1}$ 处出现 D 峰和 G 峰，并且 D 峰和 G 峰的强度比值（I_D/I_G）能反映石墨烯中缺陷的密度（n_D），且满足如下关系：

$$n_D = (7.3 \pm 2.2) \times 10^9 E_L^4 (I_D/I_G) \tag{3.17}$$

式中　E_L——入射激光的能量；

I_D——D 峰的强度值；

I_G——G 峰的强度值；

n_D——石墨烯中缺陷的密度。

3.3.3　紫外可见吸收光谱

紫外可见吸收光谱不仅能检测二维纳米材料表面的官能团类型、结构，而且能反映二维纳米材料的电子结构特性。利用有机物修饰二维纳米材料，实现对其理化性质的调控，是目前研究常用的策略。紫外可见吸收光谱对有机官能团的振动模式表征具有得天独厚的优势。例如，利用紫外可见吸收光谱能很好表征石墨烯或石墨烯氧化物表面的共价功能修饰，获得表面结构对其性能的影响规律。紫外可见吸收光谱的表征可在溶液和空气两种介质中进行。前者一般将二维纳米材料置于可混溶的溶剂中（比如水、乙醇、甲酰胺、N，N-二甲基甲酰胺），并且溶剂的吸收峰对二维纳米材料无干扰。在空气环境中，更多实用的模式是散射而不是吸收，散射模式能用于测定二维纳米材料的带隙。

以二维 MoS_2 为例，在甲酰胺、N，N-二甲基甲酰胺、N-甲基吡咯烷酮中剥离制备的 MoS_2 纳米片具有相似的紫外可见吸收光谱，皆会出现四个特征峰：依次为 A、B、C、D 四个吸收峰（从长波到短波），其中 A 峰和 B 峰代表第一布里渊区的激子跃迁吸收峰，C 峰和 D 峰代表光学跃迁吸收峰。另外，A 峰和 B 峰能反映 2H-MoS_2 纳米片的厚度（N_{MoS_2}）和尺寸[$L(\mu m)$]，具体关系式如下：

$$N_{MoS_2} = 2.3 \times 10^{36} e^{-54,888/\lambda_A} \tag{3.18}$$

$$L = \frac{3.5 E_{xt,B}/E_{xt,345} - 0.14}{11.5 - E_{xt,B}/E_{xt,345}} \tag{3.19}$$

式中　N_{MoS_2}——2H-MoS_2 纳米片的厚度；

　　　　λ_A——吸收峰 A 的位置；

　　　$E_{xt,B}$——吸收峰 B 的强度；

　　$E_{xt,345}$——吸收峰位置在 345nm 处的峰强度。

随着厚度的增加，λ_A 出现红移现象（波长变长）。计算 2H-MoS_2 纳米片的厚度时，需将紫外可见吸收光谱中的 B 峰进行归一化，即计算 B 峰强度与 $\lambda=$ 345nm 处的峰强度之比（$E_{xt,B}/E_{xt,345}$）；一般层数越多，$E_{xt,B}/E_{xt,345}$ 值越大。

3.3.4　能谱分析

能谱在原子水平上高效分析二维纳米材料的点缺陷。能谱分析主要包括 X 射线能谱分析、电子能量损失谱和 X 射线吸收精细结构谱（XAFS）。这类表征方法对原子局域结构、配位数、电子结构等因素非常敏感，能确定原子与周围原子之键长、成键类型、化学成分和无序度，进而获得精细的结构模型。

X 射线能谱分析（EDS）和电子能量损失能谱（EELS）一般是透射电子显微镜所带的设备，二者研究的对象分别是入射电子（电子辐照）与样品作用后产生的二次电子激发过程（弹性散射）和初次电子激发过程（非弹性散射），分别适合检测低原子系数元素和高原子系数元素。EDS 和 EELS 常用于分析二维纳米材料的元素分布，其探针扫描方式包括点、线和面区域。对比二维纳米材料表面元素分布随时空的变化，能间接获得表面结构缺陷，特指原子空位或者空穴。例如，二维 TMDCs（化学式 MX_2）表面的 X 元素极易逃逸其表面，形成 X 空穴；通过 EDS 扫描二维 TMDCs 表面的 X 元素的分布变化，能获得表面点缺陷分布情况。EELS 能探测二维纳米材料的原子间成键类型变化，比如石墨烯的 EELS 谱［C K（1s）］中出现碳空位或者发生元素取代，sp^2 碳原子的 π^* 和 σ^* 峰位置发生漂移（低能方向）。层数的降低也会导致 π^* 和 σ^* 峰的强度减弱和发生宽化[31]。

X 射线吸收精细结构谱（XAFS）基于吸收原子周围最近邻的几个配位壳层原子的短程作用，不依赖于二维纳米材料的晶体结构，能给出吸收原子近邻配位原子的种类、键长、配位数及无序度因子等精细结构信息，是研究二维纳米材料的局部原子结构和特殊原子化学态的强大工具[32]。例如，XAFS［$k^2\chi(k)$ 振荡曲线］能分辨出 CeO_2 纳米片表面的凹坑；与块体 CeO_2 和无结构缺陷的 CeO_2 纳米片相比，表面含凹坑的 CeO_2 纳米片的特征峰会表现出强度变低，朝着低半径（R）方向偏移，即 Ce—O、Ce—Ce、Ce—O—O、Ce—Ce—O 的键长和配位数都是降低的，是一种表面弛豫和重构现象，表明无序度的增加[33]。

3.4　总结和展望

二维纳米材料的制备方法分为自上而下法和自下而上法。由于制备方法较大程度影响二维纳米材料的表面特性、晶型等理化性质，因此不同合成法所获得的二维纳米材料在传感领域的应用方向不同。例如，机械剥离法制备二维纳米材料更适合在场发射晶体管传感分析领域；水热法或溶剂热法制备的二维纳米材料更适合用于电化学分析领域。目前，二维纳米材料的可控、宏量制备及其表/界面修饰或功能化，仍然充满挑战。除制备方法外，二维纳米材料表/界面的快速准确的表征，深刻认识表/界面反应过程（环境污染物与二维纳米材料之间的作用），也值得深入研究，对于理性筛选或设计检测环境污染物的传感元具有重大的意义。将分析方法和原位表征方法相结合，借助理论计算（比如第一原理计算方法），也能深入认识分析物与传感材料在微观水平的作用机制。

参考文献

[1] Landau L. Zur Theorie der phasenumwandlungen Ⅱ [J]. Physikalische Zeitschrift der Sowjetunion, 1937, 11: 26-35.

[2] Zhuiykov S. Nanostructured two-dimensional materials [J]. Modeling Characterization & Production of Nanomaterials, 2015: 477-524.

[3] Mermin N D. Crystalline order in two dimensions [J]. Physical Review, 1968.

[4] Venables J, Spiller G. Nucleation and growth of thin films [J]. Springer, Boston, 1983.

[5] Geim A K, Novoselov K S. The rise of graphene, nanoscience and technology: a collection of reviews from Nature Journals [J]. London, 2010.

[6] Novoselov K S, Geim A K, Morozov S V, et al. Electric field effect in atomically thin carbon films [J]. Science, 306.

[7] 张先坤. 二维 MoS_2 光电性能的缺陷调控研究 [D]. 北京科技大学, 2019.

[8] Yi M, Shen Z. A review on mechanical exfoliation for the scalable production of graphene [J]. Journal of Materials Chemistry A, 2015, 3 (22): 11700-11715.

[9] Miao N, Xu B, Zhu L, et al. 2D Intrinsic ferromagnets from van der Waals antiferromagnets [J]. Journal of the American Chemical Society, 2018, 140 (7): 2417-2420.

[10] Liao W M, Zhang J H, Yin S Y, et al. Tailoring exciton and excimer emission in an exfoliated ultrathin 2D metal-organic framework [J]. Nature Communications, 2018, 9 (1): 2401.

[11] Sandilands L J, Reijnders A A, Su A H, et al. two-dimensional atomic crystals [J]. Physical Review B, 2014, 90 (8): 081402.

[12] Coleman J N, Lotya M, O'Neill A, et al. Two-dimensional nanosheets produced by liquid exfoliation of layered materials [J]. Science, 2011, 331 (6017): 568-571.

[13] Shen J, He Y, Wu J, et al. Liquid phase exfoliation of two-dimensional materials by directly probing and matching surface tension components [J]. Nano Letters, 2015, 15 (8): 5449-54.

[14] Hernandez Y, Nicolosi V, Lotya M. High-yield production of graphene by liquid-phase exfoliation of graphite [J]. Nature Nanotechnology [J]. 3 (2008) 563-568.

[15] Jawaid A, D Nepal, Park K, et al. Mechanism for liquid phase exfoliation of MoS_2 [J]. Chemistry of Materials, 2015, 28 (1).

[16] Arunachalam, Vaishali, Gupta, et al. Liquid-phase exfoliation of MoS_2 nanosheets: the critical role of trace water [J]. Journal of physical chemistry letters, 2016.

[17] 董旭晟, 赵瑞正, 孙彬, 等. MXenes 的表面改性及其在碱金属离子电池中应用的研究进展 [J]. 功能材料, 2020, 51 (09): 37-50.

[18] Naguib M, Kurtoglu M, Presser V, et al. Two-dimensional nanocrystals: two-dimensional nanocrystals produced by exfoliation of Ti_3AlC_2 (Adv. Mater. 37/2011) [J]. Advanced Materials, 2011, 23 (37): 4207-4207.

[19] Glasner, K, Otto, et al. Ostwald ripening of droplets: The role of migration [J]. European Journal of Applied Mathematics, 2009.

[20] Liao H G, Cui L, Whitelam S, et al. Real-time imaging of Pt_3Fe nanorod growth in

solution. [J]. Science，2012，336 (6084)：1011-1014.

[21] Schliehe C，Juarez B H，Pelletier M，et al. Ultra-thin PbS sheets by two-dimensional o-riented attachment [J]. Science，2011.

[22] Zhao，Meiting，Huang，et al. Two-dimensional metal-organic framework nanosheets：synthesis and applications [J]. Chemical Society Reviews，2018.

[23] Cheng K，Li Y，Gao Z，et al. Two-dimensional metal organic framework for effective gas absorption [J]. Inorganic Chemistry Communications，2018.

[24] Dimitri I I. Single-crystal colloidal nanosheets of GeS and GeSe [J]. Journal of the A-merican Chemical Society，2010，132 (43)：15170-15172.

[25] Matte H S，Gomathi A，Manna A K，et al. MoS_2 and WS_2 analogues of graphene [J]. Angewandte Chemie，2010，122.

[26] Chen Y，Fan Z，Zhang Z，et al. Two-dimensional metal nanomaterials：synthesis，properties，and applications [J]. Chemical Reviews，2018，118 (13).

[27] Vogt P，Padova P D，Quaresima C，et al. Silicene：compelling experimental evidence for graphenelike two-dimensional silicon [J]. Physical Review Letters，2012，108 (15)：155501.

[28] ME Dávila，Xian L，Cahangirov S，et al. Germanene：a novel two-dimensional germa-nium allotrope akin to graphene and silicene [J]. New Journal of Physics，2014，16 (9)：3579-3587.

[29] Luo B，Gang L，Wang L. Recent advances in 2D materials for photocatalysis [J]. Nanoscale，2016，8.

[30] Gan X. R. ，Zhao H. M. ，et al. Three-dimensional porous HxTiS₂ nanosheet-polyaniline nanocomposite electrodes for directly detecting trace Cu (II) Ions [J]. Analytical Chem-istry，2015.

[31] Suenaga K，Koshino M. Atom-by-atom spectroscopy at graphene edge [J]. Nature，2010，468 (7327)：1088-1090.

[32] Sun Y，Gao S，Lei F，et al. Atomically-thin two-dimensional sheets for understanding active sites in catalysis [J]. Chemical Society Reviews，2015.

[33] Sun Y，Liu Q，Gao S，et al. Pits confined in ultrathin cerium (Ⅳ) oxide for studying catalytic centers in carbon monoxide oxidation [J]. Nature Communications，2012，4.

第 **4** 章

基于二维纳米材料的环境污染物传感分析法

4.1 引言

传感材料的设计决定了传感分析性能。对于化学传感器和生物传感器,传感材料的设计内容略有差别,生物传感器还需要考虑生物传感元的固定方式。在后续章节中,传感材料(负载在信号转化器表面)的设计包含了传感元和放大器两部分。虽然构建传感材料和信号放大器需要不同材料,然而在很多情况下二者很难清晰区分,故统称为传感材料。例如,石墨烯作为传感元检测重金属离子,高选择性是源于石墨烯表面的杂原子官能团,与此同时石墨烯也能起到信号放大作用。

纳米材料被广泛用于构建传感材料,其优势在于比表面积大、易功能化、反应活性高等,能显著提高分析性能,实现高通量的实时分析检测。对于电化学传感分析,纳米电极材料能增大对环境污染物(比如重金属离子)的吸附容量和电极/溶液界面的电场强度(约 10^8 V/cm),加快电极/溶液界面的反应过程,显著提高传感分析性能[1]。纳米材料作为基底,能担载更多的传感元,特别是以生物分子作为传感元时,从而增强环境污染物的检测信号强度。很多纳米材料还具有良好的生物兼容性和低环境风险,能用于生物体内检测,比如血液或尿液中重金属离子浓度。

在诸多的低维纳米材料中,二维纳米材料不仅具有其他低维纳米材料的优点,而且具有独一无二的优势,特别是灵敏的表面态。此优势得益于二维纳米材料的单原子层超薄平面结构,对外来物的作用非常敏感,比如二维 MoS_2 表面吸附金属离子会造成 p 型或 n 型掺杂效应。因此,二维纳米材料作为传感元,能从根本上提高传感检测的灵敏度；很多宽带隙的半导体二维纳米材料（比如 n-BN 纳米片）也被用于电化学传感分析领域，并且取得很好的分析效果。

以二维纳米材料或者功能化的二维纳米材料（基于表面掺杂、分子修饰或者与其他低维纳米材料复合等手段形成的）为传感材料，正成为环境污染物的特异性分析领域的研究热点[2]。对于一个传感检测系统，传感材料扮演着两种角色：信号放大或转换以及特异性识别。这两种角色可以由不同的纳米材料实现，也可以由同种纳米材料实现，因此本书中传感元的构建包括了传感材料及其信号放大的设计。以电化学传感检测法为例，如果需要不同的纳米材料实现上述功能，传感材料一般基于表面功能化的二维纳米材料，而非原始的二维纳米材料；这种构建策略在生物传感检测法中最常见，比如二维纳米材料的表面共价修饰了某些探针分子（比如 DNA、RNA、蛋白质、细胞、酶等）；在此传感系统中，作为基底的二维纳米材料主要起到信号放大作用。因此，传感材料的设计目标是在保证选择性的基础上，尽可能改善其灵敏度、检出限、稳定性和重现性。

4.2　环境污染物传感分析法的原理和分类

典型的传感检测装置或原理包括三部分：传感元、转换器和放大器。

传感元也可被称为敏感元、传感探针或敏感元件，具有能选择性地识别待测目标物或污染物的能力。转换器主要是将环境污染物与传感元之间的识别过程转化为电、光信号，并以离散或连续的数字表达出来。根据传感元的类别，传感检测法可分为生物传感法和化学传感法。前者涉及生物大分子材料的使用，生化反应的特异性和高效性（反应动力学过程快）保证了生物传感法的高选择性和灵敏度，不过很多生化反应易受温度、pH 等环境条件的干扰，因此其稳定性和重现性仍亟待解决。生物传感法除指传感材料中含有生物分子外，也可特指环境污染物是生物大分子（比如细菌）的传感分析法。

非生物传感检测法或化学传感法所用传感材料主要由无机材料、有机材料及其复合材料构成，无生物大分子参与。化学传感法的高选择性主要基于酸-碱反应、聚合反应、络合反应、链式反应等过程的特异性。与生物检测法相比，化学检测法具有更佳的稳定性和重现性，但是灵敏度相对欠佳。生物传感检测法，一般不涉及直接的电子得失。因此，对于电化学生物传感法，需在传感元与环境污染物特异性识别过程中，加入电化学指示剂，产生氧化还原反应，将生物传感元与待测污染物之间的作用，转化为直接的电信号，从而反映待测污染物的浓度和形态。与之不同，化学传感检测法可以不用额外加入电化学指示剂，但是电解质中也含有物质扮演着"电子穿梭体"的角色，比如 $[Fe(CN)_6]^{3-}/[Fe(CN)_6]^{2-}$。

转换器是将传感元和待测污染物之间的识别信号转化为光、电信号。根据转化的信号不同，将传感检测法分为电化学传感分析法、荧光传感分析法、比色传感分析法、光电传感分析法、电化学发光传感分析法、场发射晶体管传感分析法。它们都具有共同的特点，即通过识别元素与环境污染物特异性的作用，产生信号的变化，并且这种变化在一定浓度范围内与环境污染物的浓度成线性相关。

4.2.1 电化学传感分析法

电化学传感分析法主要测试电信号随环境污染物浓度的变化。根据所测的电信号不同，电化学传感器或分析法又分为电阻、电压、电势、电流、电容型。电阻型或者电导型传感器是测定目标物前后，电极传感材料的电阻或阻抗发生变化。电阻的来源包括了离子导电电阻和电子导电电阻。离子导电电阻是溶液组成成分变化所引起的，电子导电电阻是电极材料的电子能带结构变化所导致的。电压、电容或电位型的电化学分析方法一般测定电极材料在检测环境污染物前后或者不同浓度的环境污染物的非法拉第电势，即在零电流下的电动势（无氧化还原电流）。这种分析方法常针对生物体内某种成分的分析，电流型与电压型的传感器呈互补关系。电流型的传感器测定法拉第过程产生的电流值，即外电路所施加的电势达到了环境污染物的氧化还原电位，形成氧化还原电流，并测定峰电流强度与环境污染物的浓度关系。

最常用的电化学传感器是基于电流的测量值，即电流强度随环境污染物浓度的变化。电流值的测试又包括很多方法，比如循环伏安法（CV）、线性扫描伏安法（LSV）、方波伏安法（SWV）、差分脉冲伏安法（DPV）、方波阳极溶出伏安法（SWASV）等。其中，SWV、DPV、SWASV 皆是 CV 或 LSV 的衍生方法，但具有更好的分析灵敏度。例如，DPV 是在 LSV 的基础上添加电压脉冲，能在电势改变之前测量电流，通过这种方式来减小充电电流的影响；SWASV 加入预沉积过程，对于重金属离子的检测，能起到信号放大作用，显著提高对痕量重金属离子检测性能，特别是灵敏度和检出限。

4.2.2 荧光传感分析法

荧光传感分析法属于光致发光光谱分析方法。与传统荧光分析方法相比，荧光传感分析法中发光的产生、湮灭、寿命及其强度的渐变，与环境污染物浓度、化学态、荧光材料特性等因素息息相关，是由环境污染物与荧光传感材料之间特异性作用所引发的发光现象。荧光传感分析法的性能一方面受传感材料设计的影响，另一方面还受探测器或者探测技术的影响，本书主要探讨传感材料的设计对荧光传感检测性能的影响。

纳米材料发射光一般包括五种类型：荧光、磷光、共振辐射、瑞利散射、拉曼光。非辐射发射光主要指化学发光，产生激发态分子（或者其他形式）的能量来源于化学反应能，而不是光辐射，因此称之为非辐射发射光。一般地，荧光是由激发单线态返回基态时所产生的辐射光，寿命较短（$10^{-8} \sim 10^{-7}$ s）；在水或空气介质中都可以检测到发光材料的荧光，一般在水体中所检测到的荧光强度相对较弱。

以有机物作为荧光材料，化学键的不饱和度或者共轭程度越高，跃迁所需要能量（激发能）越低，荧光发射能力越强。一般地，芳香族化合物的荧光发射性能明显高于饱和碳氢化合物；然而当激发光的能量较高时，有机荧光材料（传统的荧光发光材料）就会发生分子键断裂或解离（比如形成分子碎片），无法产生荧光，即出现荧光漂白现象，这是传统荧光染料分子的不足之处。除了有机物外，一些小尺寸的半导体纳米材料、碳纳米材料，比如半导体量子点、碳量子点，具有更好的荧光发射性能，其荧光强度和稳定性更佳。这类无机纳米材料的荧光发光性能主要受其缺陷控制。例如，碳量子点的荧光发光性能主要受共轭 π 结构、表面态、边缘态和本征态的影响。

根据二维纳米材料在荧光发光过程所扮演的角色，荧光传感检测法的策略包括两种。第一种策略，二维纳米材料作为荧光猝灭剂，与荧光发光基团之间发生电荷和能量转移；传感材料与待测目标物作用后，荧光发生猝灭或不同程度的降低，其猝灭机制一般遵循荧光共振能量转移。第二种策略，二维纳米材料自身具有良好的发光性能，当二维纳米材料与环境污染物作用后，其荧光发射性能降低或消失（发生猝灭）。第一种策略在荧光生物传感分析法中较常见，特别是在带荧光发光基团修饰的 DNA 作为探针的分析方法中最为典型。第二种策略一般运用较少，因为原始的二维纳米材料的发光性能欠佳，很少被直接用作荧光传感材料，一般需要对其进行改性或者功能化。

4.2.3　光电传感分析法

光电传感分析法与光催化过程相似，区别之处在于光电传感分析法还要保证对环境污染物良好的选择性，而光电催化过程一般无差别氧化或还原环境污染物或者其他对象，从而实现降解或者合成过程。

光电传感分析法一般分为两类：直接光催化氧化或还原检测法、间接光催化氧化或还原检测法。前者和光催化过程无本质的区别，皆通过光辐射半导体材料产生光生电子和空穴对，实现对环境污染物的还原或氧化，其对环境污染物的选择性主要源于环境污染物在光催化剂的缺陷处产生的选择性吸附。间接光催化氧化或还原检测法利用适配子、酶等作为生物探针或传感元，当探针与环境污染物作用后，这种特异性识别过程产生探针分子的结构变化，导致光电传感材料的载流子输运性能的改变，从而建立起光电信号（一般是光电流）和环境污染物浓度和形态之间的关系，达到定量分析环境污染物的目的。

4.2.4　电化学发光传感分析法

电化学发光传感分析法和光电传感分析法具有诸多相似之处，都是实现了光与电之间的转换。然而，二者的驱动力不同，电化学发光传感分析法是利用调控外接电势实现发光现象，光电传感分析法是利用光辐射产生电荷分离或光电流现象。另一方面，电化学发光传感分析法涉及光发射过程，因此与荧光传感检测法有几分相似，即二者都存在激发态的形成和退激发过程（从激发态回到本征态）。

电化学发光过程遵循两个主要机制：湮灭机制和共反应剂机制。

湮灭机制是指在施加一定的外电势后，在电极表面附近同时形成强氧化物种（$D^+ \cdot$）和强还原物种（$A^- \cdot$），二者碰撞发生湮灭反应并形成激发态，再经过退激发过程产生电化学发光，其总体的反应过程如下：

$$A^- \cdot + D^+ \cdot \longrightarrow A^- \cdot + D \tag{4.1}$$

共反应剂机制是指共反应剂形成的中间物与电化学发光基团作用产生激发态的电化学还原物种或氧化物种。基于共反应剂机制，实现电化学发光传感分析过程，最具代表性的例子是 $Ru(bpy)_3^{2+}$ 的电化学发光过程。$Ru(bpy)_3^{2+}$ 的作用是将电能转变成辐射能（产生激发态物种），它常以三丙胺（TPrA）作为共反应剂，二者之间存在电荷和能量的传递或转移。

4.2.5　比色传感分析法

比色传感分析法能做到肉眼可视，能快速、定性检测目标物，具有其他分析方法无法媲美的优势，很多商业化的分析方法都采用比色传感检测法（比如 pH 试纸、早孕试纸）。传统的比色传感检测法是以有机染料作为传感元，与环境污染物特异性作用，产生显色反应。有机染料分子的摩尔吸光系数低，因此导致比色传感分析法的灵敏度不够。

基于无机纳米材料及其复合材料的比色传感分析法结合了催化反应过程和光吸收测定（紫外分光光度法）过程。其中，催化反应一般基于传感材料的类酶活性（比如类过氧化氢酶），与环境污染物作用后（可能是络合反应、氧化还原反应等）产生"颜色"变化（或称为显色反应），此变化具有很好的稳定性，且随着环境污染物浓度而产生相应的肉眼可观察到的变化，实现对环境污染物的快速检测。

比色传感分析法一般要借助紫外分光光度计，才能实现对环境污染物的定量分析。基于纳米材料（包括二维纳米材料）的比色传感分析法利用光-物质作用这一环节，很多纳米材料的吸光性能与组成、尺寸、形状等因素有关，利用纳米材料与环境污染物作用前后对上述因素的影响，就能实现对环境污染物的定量检测。为了保证纳米材料对环境污染物的高选择性，需要对其表面进行功能化（比如修饰小分子、生物大分子）。

4.2.6　场效应晶体管传感分析法

场效应晶体管（FETs）包含源电极、漏电极、栅电极，在源电极和漏电极间存在一层敏感膜，一般将其称为沟道材料；设计合适的沟道材料，能与环境污染物选择性作用，且环境污染物的浓度与电流存在某种线性关系，从而实现对环境污染物的定量检测，这就是场效应晶体管传感器的原理。

场效应晶体管传感分析法与电化学传感分析法相似，都是检测的电信号。二者的区别在于：电化学传感分析法研究的重点是电极/溶液界面电化学反应，而场效应晶体管传感分析法侧重于沟道材料中载流子的迁移行为（或沟道材料的电导）。除了沟道材料与环境污染物相互作用会影响电导，调控栅电压（V_G）也能改变转换层的电子数量，从而控制沟道材料的电导。场效应晶体管传感器检测方式包括：顶栅结构、背栅结构和液栅结构，其中背栅结构和液栅结构使用更加普遍。场效应晶体管传感分析法所能检测的环境介质或者使用场景更加广泛，可以检测在水溶液中的污染物，也可以检测空气中的污染物。

4.3　环境污染物传感分析法的性能评估

传感分析方法或传感分析系统的性能评估指标主要包括：选择性、检出限、稳定性和重现性，它们与传感元的设计、传感元的固定方式、测试方法的选择等因素密切有关。对于实际使用过程中的传感器，某个影响因素并不只会对某个传感性能指标产生影响，而是全方位、相互关联的影响。例如，利用环境污染物与传感元之间的物理作用，而不是化学作用，构建或筛选传感元，原则上对传感器的选择性有较大影响，但实际上对稳定性和重现性也会有影响。

对于具体的某种传感分析方法，影响因素会变得更加复杂，比如利用方波阳极溶出伏安法检测重金属离子，需要优化或者考虑的因素包括：负载传感元的电极、缓冲溶液的种类、缓冲液的 pH、电沉积的电压和时间、反应的温度等。荧光传感分析法首先需要考虑在溶液中检测还是在空气中检测（在此情况下荧光传感材料制备成薄膜）。传感元中含有生物材料的传感分析系统，还需要考虑传感元的固定方式，比如酶的固定或者包埋方式，它会影响酶的反应活性和寿命，从而进一步影响传感分析法的检测限或灵敏度、稳定性和重现性。一般通过化学法固定的生物传感元比物理法具有更好的稳定性和重现性。对于光电传感分析法，除考虑传感元固定方式外，还需要考虑光生空穴对传感元光腐蚀等问题。

4.3.1　选择性

选择性或者特异性是评价传感器性能优劣的最重要、最基本的指标。传感元对环境污染物的选择依赖传感元的结构设计。若环境污染物与传感元之间的识别过程或作用过程是基于物理作用，比如静电吸附，则选择性一般较差。与之相反，若环境污染物与传感元之间的识别过程或作用过程是基于生化反应，比如路易斯酸碱反应、DNA 杂交反应、酶-底物反应等，则选择性一般较高。传感分析方法设计的相当一部分内容都是关于如何设计传感元，保证分析方法的选择性。

4.3.2　灵敏度和检出限

传感分析方法的灵敏度一般定义为：当目标环境污染物出现或者浓度变化后，检出信号随之产生相应变化所需的时间。对于电化学传感器，检出信号（比如氧化还原峰电流）与环境污染物浓度之间存在一个线性范围，满足线性拟合方程，其斜率与电极面积的比值作为灵敏度的评价指标。因此，斜率越大，代表峰电流随环境污染物浓度变化越快，反应越灵敏。

传感分析方法的检出限一般有两种评估标准：实验检出限和理论检出限。前者一般指通过实验能测定出来的最低浓度；后者一般将 3 倍的信噪比（$3S/N$）

作为检出限，这种方法被广泛用于估计传感器的检出限，一般会远低于实验测定的检测限。

4.3.3　稳定性和重现性

与化学传感分析法相比，生物传感分析法中传感元含有生物成分，比如酶、适配子等，更容易受检测条件（比如温度和 pH）的影响，因此需要评估其稳定性和重现性。当然，并不是所有的化学传感器都具有更好的稳定性和重现性。影响生物传感器的稳定性和重现性的主要因素就是传感元的固定方式，可分为表面吸附、微囊包封法、截留法、共价键固定和交联法，实际传感元的固定方法可能涉及多种策略，比如通过交联法与吸附法、微胶囊法连用实现传感元的有效固定。以电化学传感分析性能评估为例，在实验上分析传感分析法的稳定性一般是将传感材料在暗处储存一定时间（比如半年或一年），然后评估分析性能的变化（与未储存前的检测信号对比）。还是以电化学传感分析法为例，重现性一般是利用多个不同的工作电极（负载有传感材料）检测相同浓度的目标物，对比检测信号的变化情况，评估电化学传感分析法的重现性。

4.3.4　线性范围

传感分析法的线性范围相当于量程，线性范围越宽预示着可分析的浓度梯度范围越大，也表明该分析方法的应用潜力越大，适用性越好。以电化学传感分析性能评估为例，环境污染物浓度（C）和检出信号（比如电信号，I）呈线性关系（$C \sim I$），并不意味环境污染物浓度只是单纯与检出信号满足线性回归方程，可能与检出信号的其他形式呈线性相关（比如，$C \sim \lg I$ 或 $C \sim \ln I$）。

4.3.5　实用性

一般实验室设计的传感器是在人工设计的环境或介质中对传感分析性能进行评估，但是实际的水环境成分复杂，在实验室模拟参数下无法全面涵盖所有水质状况，进行全面考察，因此需要评估该传感分析法对实际水环境中污染物的检测精度和实用性。以电化学传感器为例，电解质的组成、pH 都是人为设定或配置好，而实际环境中待测样品成分比较复杂，并不符合实验中所设定的最佳条件，因此需要以实际水环境中的样品为分析目标，并将分析的结果与传统的分析方法（比如光谱、质谱等）对比，用于评估传感分析法的实用性。对于重金属离子的检查，一般需要同电感耦合等离子体质谱进行比较，考察传感分析方法的实用性或准确性。

4.4 环境污染物传感分析法的设计策略

原始的（pristine）或未功能化的二维纳米材料仍然存在一些不足，比如易堆垛、面内无催化活性、稳定性欠佳（比如 1T 相和单层二维纳米材料）、能带结构与环境污染物的氧化还原电位不匹配（在光电传感分析领域受限），这些都会或多或少限制原始的二维纳米材料直接用于传感分析领域。

在应用中，原始的二维纳米材料在传感分析领域所面临的最大挑战是重堆垛或团聚（源于层间的范德瓦耳斯力、π-π 相互作用力、静电力等）。表面态或界面调制成为控制二维纳米材料的本征物理性能的新途径。表面化学修饰方法，包括表面缺陷工程、表面结构扭曲、晶面工程（高指数晶面的调控和生长）、表面原子或基团吸附或取代、不同材料之间的复合等，能有效调制二维纳米材料的电子结构、表面所带电荷、润湿性（亲水性）、表面活性位点数量和类型，从而实现对其本征物性的调控。通过吸附、润湿、静电吸引、分子相互扩散、范德瓦耳斯力等方式，将二维纳米材料与其他低维纳米材料复合，形成界面，产生新性质，同时弥补各组分材料的弱势，从而提高二维材料基传感器的分析性能，满足实际应用中各种要求。

总体而言，根据二维纳米材料改性后的维度变化，二维纳米材料的表面修饰或功能化主要包括三种策略：原子水平的修饰、分子水平的修饰、与其他低维纳米材料复合[3-6]。

4.4.1 原子水平修饰

在原子水平上对二维纳米材料进行修饰包括两种策略：加入原子和去除原子。"加入原子"是直接对二维纳米材料进行原子掺杂，包括非金属和金属元素掺杂，元素或原子掺杂一般在二维纳米材料的制备或者形核生长过程中进行，也有对二维纳米材料后续处理实现掺杂的，比如热处理。由于二维纳米材料超薄平面结构在后续掺杂的过程容易受到破坏，特别是单层的二维纳米材料，因此在制备过程中进行原位掺杂的方法更加普遍。"去除原子"一般采用刻蚀法（比如电化学刻蚀、高能电子刻蚀、等离子体刻蚀等）去除二维纳米材料表面的原子，形成原子空穴或者凹坑。

很多晶体生长技术和合成方法皆可实现对二维纳米材料进行异原子掺杂，比如单晶生长、分子束外延（MBE）、化学气相沉积（CVD）、煅烧等方法[7]。例如，将硼源、氮源和碳源按"蒸发-混合-沉积"三步工艺法，能形成三元化合物（BCN），其中硼、氮、碳之间化学计量比可通过控制碳源（甲烷等烷烃）、硼和氮源（如氨硼烷、硼酸、氨气）的加入量，通过化学气相沉积法，灵活形成 BCN、BC_2N、BC_4N 等多种三元化合物。对于晶体结构相似的二维纳米材料，能通过大量原子取代或掺杂实现材料成分和性质的显著改变。例如，以石墨烯为模板，利用高温拓扑化学反应将石墨烯中的碳原子全部替换为 B 和 N 原子，可以制备立方晶型的 BN（h-BN），或者部分取代碳原子可以形成 h-BCN 三元化合物[8]。

材料的结构决定性质，在原子水平尺度对二维纳米材料进行修饰或改性，根据修饰对象（石墨烯和类石墨烯二维纳米材料）和修饰物（不同元素）的不同，对本体材料的性质调控也存在着不同的效果。以二维过渡金属硫化物（MX_2）为例，在原子水平上，对其进行化学掺杂能改变局域电子特性。块体材料（层状）掺杂后一般会增加载流子浓度；与对应的块体材料相比，层数降低，导致超薄二维纳米材料的介电屏蔽效应降低，浅掺杂并不会增强二维纳米材料的载流子浓度。以第 6 主族的过渡金属硫化物（MX_2，M＝Mo、W，X＝S、Se、Te）为例，掺杂会导致量子限域效应的影响降低，在电子能带结构图中形成的掺杂态远离带边缘，从而导致载流子的电离能增大，热活化率降低，即需要更多的掺杂原子才能有效提高二维纳米材料的电导；这里的热活化率指在室温下单个掺杂原子所导致的自由载流子数量。对于 TMDCs 的导电性，为了获得中等水平的提升，其掺杂浓度需大于 1%[9]。

二维层状纳米材料的原子取代位置包括表面和体相，这两种情况在具有"三明治"的二维纳米材料中皆普遍存在，比如过渡金属硫化物（X—M—X），因此杂原子的取代位置包含 X 和 M 两种位点。根据取代位点和杂原子的类别，原子掺杂的二维 TMDCs 可以包括三种类别：n-型取代、p-型取代、等电子掺杂。以掺杂原子取代过渡金属 M 为例，由于 M 处于中心层（上下表面分别含有一层 X），其掺杂过程一般需要在初始反应时加入掺杂原子的前驱体。一般地，Re、Mn、Fe、Co、Cu 等原子替换过渡金属硫化物（MX_2）中 M 会造成 n-型掺杂效应，Nb、V、Y、Zr、Zn 等原子代替 M 会造成 p-型掺杂效应。除此之外，当杂原子与 M 具有相同价电子构型时，可以形成等电子掺杂，比如 W 掺杂的 $MoSe_2$（$Mo_{1-x}W_xSe$）和 Mo 掺杂的 WS_2。不同于 n-型和 p-型取代掺杂，等电子掺杂可以有效抑制本征缺陷，比如位错；这与传统半导体掺杂效应相似（比如 In 掺杂的 GaAs 和 Te 掺杂的 Sb_2Se_3）。

与之相似，二维 TMDCs 表面两层 X 也能被取代，形成 n-型取代、p-型取代和等电子掺杂。理论计算表明，第 5、6 和 7 主族元素都能取代 X 形成稳定的三元过渡金属硫化物，比如 $MoS_{2-x}Se_x$、$WS_{2-x}Se_x$、$WSe_{2-x}Te_x$、$MoS_{2-x}O_x$；其中氮族原子掺杂能形成 p-型掺杂，而卤素原子掺杂可以形成 n-型掺杂（比如 $WS_{2-x}Cl_x$、$MoS_{2-x}Cl_x$）。由于能量涨落，二维 TMDCs 中存在 X 空穴，可以促进上述杂原子的取代反应，这类掺杂的 TMDCs 在场发射晶体管传感领域具有较好的应用潜力。卤素原子取代二维 TMDCs 中 X 后，能用于构建场发射晶体管传感器，增加沟道材料的载流子迁移速率，降低接触电阻。

等电子掺杂主要指第 6 主族或第 16 族（标记为 Z）元素通过单原子或双原子取代二维 TMDCs 中 X 形成的三元化合物（$MX_{2-n}Z_n$）；杂原子 Z 与 X 具有相似的电负性（electronegativity），形成的初级晶胞与未掺杂的二维 TMDCs 具有相同的几何结构（比如三方晶系），等电子掺杂前后的电子能带结构具有一定的相似性，但是等电子掺杂可以对二维纳米材料的光、电性质进行持续和渐进的调控[9]。

4.4.2　分子水平修饰

二维纳米材料在分子水平的修饰主要指利用有机小分子、高分子、生物分子或者某些有机官能团、有机配体修饰其表面；这类修饰过程一般基于修饰物与二维纳米材料之间的物理或化学相互作用。以石墨烯家族为例，石墨烯和氧化石墨烯的物理修饰法主要包括 π-π 键作用、氢键作用、离子键作用、静电作用；化学修饰法主要包括碳骨架改性、羟基功能化、羧基功能化和环氧基功能化。绝对干净的石墨烯（表面无杂质官能团的）的制备、表面修饰或功能化过程很少见。事实上，石墨烯在制备过程中无可避免地引入杂质官能团；另一方面，即使制备出高纯度（原子水平级别）的石墨烯，由于碳原子的化学惰性（得失电子难度相当），其改性过程仍然麻烦，绝对干净石墨烯的改性只能从碳骨架修饰入手，因此研究中所用石墨烯及其改性或者修饰实际上是石墨烯氧化物。总体而言，碳骨架改性方法较少用，绝大部分的修饰或改性都是基于石墨烯氧化物或者含有缺陷的石墨烯（比如空位和少量的氧原子）。

石墨烯的物理改性更易进行，主要原因是石墨烯的大 π 键，易与芳香族化合物（比如生物分子和有机分子）之间通过 π-π 相互作用进行复合。例如，1-芘丁酸（PB）或磺酸化聚苯胺修饰石墨烯，芘-1-磺酸盐或 3,4,9,10-苝二酰亚胺二苯磺酸修饰氧化石墨烯。氧化石墨烯中羧基、羟基等含氧基团与盐酸阿霉素、DNA 中羟基和氨基等官能团通过氢键进行复合，与阴离子型表面活性剂（如十二烷基苯磺酸钠）通过离子键相互作用进行复合。

利用物理法修饰、改性二维纳米材料，不涉及化学键生成或电子交换，因此二维纳米材料中电子行为没有受到较大干扰（周期性未受到破坏），保持了二维纳米材料本体结构，同时改善了部分表面性质，比如溶解性、亲水性或分散性。物理法修饰二维纳米材料作为传感材料，在界面电荷传递、结构和化学性质的稳定等方面仍欠佳，因此无法克服传感分析性能稳定性差、灵敏度低等弱点。

石墨烯的表面化学修饰主要通过碳碳双键进行加成反应，实现碳骨架改性。此反应过程一般需要自由基进攻才能活化，因此该方法反应能垒较高。上述改性过程中，经常涉及"点击"化学反应，即碳原子-杂原子成键（C—X—C）。例如，叠氮基聚乙二醇羧酸与石墨烯发生点击化学反应，形成 C—N 共价键修饰[10]。绝大部分石墨烯的共价修饰过程需事先利用强酸或者其他氧化剂、等离子体或者电子束活化石墨烯表面，形成结构缺陷或者含氧官能团，然后对其表面进行修饰，有利于提高修饰的成功率。例如，酰卤或异氰酸酯（比如环戊基聚乙二醇甲醚）与氧化石墨烯的羟基发生取代和酯化反应[11]；含有氨基和羟基的有机化合物（比如聚乙烯亚胺、炔丙醇）与氧化石墨烯表面羟基发生脱水反应，形成酯或者酰胺键[12]；含有氨基或巯基的有机化合物（比如巯基乙胺、2-氨基蒽醌）与氧化石墨烯上的环氧基发生亲核开环反应[13,14]。

与石墨烯、石墨烯氧化物等石墨烯族二维材料相比，二维 TMDCs（MX$_2$）的表面原子是极性原子（带较强的负电荷）并含有一定量的空穴，因此在分子水平上实现化学修饰更容易。很多含巯基的有机分子（比如乙酸硫氨酸、巯基修饰的聚乙二醇）可以与含未配对的过渡金属原子（空穴处）以 M—S 共价键的形式成键，并且其制备过程简单，无需强酸、强氧化剂预处理二维 TMDCs 的表面。

目前，有多种方法能对过渡金属硫化物表面进行功能化，比如液相剥离法、点击化学反应、路易斯酸碱反应等方法。在这些制备方法中，液相剥离法最具应用前景，能平衡二维纳米材料的质量（无缺陷）和数量。例如，液相剥离法合成的 2H-MoS$_2$ 纳米片的缺陷少，同时产量也能满足实际需求。块体 2H-MoS$_2$ 与乙酸硫氨酸混合，并借助超声辅助的液相剥离法可以制备出有机分子垂直修饰的 2H-MoS$_2$ 纳米片。表面功能化将提高 2H-MoS$_2$ 在水体中的稳定性，可有效对抗强酸介质对材料性能的影响，调控其电催化活性、在溶液中的稳定性、抗氧化性能、水溶性和导电性等。利用改进的液相剥离法，即剥离动力来源于高速旋转的刀片，而不是溶剂表面张力和超声剥离，将显著提高二维 TMDCs 的产率。在高速旋转和切割下（类似于榨汁机的刀片），块体层状材料变成了尺寸分布不一的纳米片，实现了量产。

　　具有金属相结构的二维 TMDCs（如 1T-MoS$_2$、1T-TiSe$_2$、1T-WS$_2$）属于亚稳态材料，特别是其边缘和晶界暴露在空气中率先发生"老化"，最终导致表面褶皱增大、荧光发射性能消失等现象，这种结构退化会逐步延伸到整个材料[3]。当表面修饰有机分子后（如 2-碘乙酰胺、碘代甲烷），可以钝化其表面活性位点和缓解、阻止相转变，显著改善热稳定性，比如 2-碘乙酰胺修饰的 1T-MoS$_2$ 纳米片能耐受 200℃ 的高温而不发生相转变[4]。理论计算表明单层 1T-MoS$_2$ 表面吸附有机官能团（如—CH$_3$）且覆盖度超过 25% 时，其稳定性超过 2H-MoS$_2$，且随着覆盖度的增加稳定性进一步提高[5]。

　　此外，通过表面化学修饰二维 TMDCs 可进一步增加其可塑性。例如，巯基修饰的 1T-MoS$_2$ 纳米片可以进一步接入烷基链增加其稳定性，也可以接入四甘醇增加其生物兼容性[6]。不同的有机物（比如巯基丙酸、硫代甘油、半胱氨酸）修饰的过渡金属硫化物（比如 MoS$_2$、WS$_2$）都能表现出上述的效果，其原因是有机物或者其他外来物的（共价）修饰可以显著调控二维过渡金属硫化物的电子能带结构，比如 1T-MoS$_2$ 纳米片表面通过亲电反应修饰上有机分子后（比如碘甲烷），其行为表现为 2H-MoS$_2$[15]。与 2H-MoS$_2$ 相比，1T-MoS$_2$ 的金属性和 4d 轨道的半充满态（Mo 原子）导致其更易被有机物分子或官能团功能化。与 2H-MoS$_2$ 的表面功能化相似，二维 1T-MoS$_2$ 的表面功能化也能显著改善其性能，特别是稳定性和电化学性能。二维 1T-MoS$_2$ 被聚吡咯共价修饰后，在电化学性能上产生协同效应，其电荷转移电阻（0.46Ω）小于聚吡咯（4.21Ω）、二维 MoS$_2$（0.55Ω）和石墨烯/聚吡咯复合材料（3.82Ω）的测试值。

　　利用表面修饰和功能化能灵活调控二维 TMDCs 的电化学性质、稳定性和对待测污染物的选择性。以二维 MoS$_2$ 为例，Mo—S 极性键、硫空穴、边缘配位不饱和硫原子使得表面功能化更易进行，通过液相剥离法或与特定的有机溶剂直接反应，皆能实现二维 MoS$_2$ 的表面化学修饰。例如，二维 MoS$_2$ 与含氮有机物通过 Mo—N（配位）共价键复合，与含硫有机物通过 Mo—S 共价键复合；基于 Lewis 酸-碱反应和点击化学，二维 MoS$_2$ 的惰性表面也能被化学修饰。研究证实，在甲酰胺、N,N-二甲基甲酰胺和 N-甲基吡咯烷酮中分别剥离块体 2H-

MoS_2，皆可形成溶剂分子共价功能化（Mo—N 共价键）的 MoS_2 纳米片；诸如此类的表面功能化能改善 $2H\text{-}MoS_2$ 纳米片的亲水性、电催化活性和对重金属离子的选择性。

4.4.3　混合维度的纳米复合材料

在原子或分子尺度上对二维纳米材料进行改性或修饰只能一定程度地改善其理化性质，但是某些传感器（比如光电传感材料）需要强烈改变传感材料的电子能带结构，比如带隙、导带低和价带顶的位置，才能获得满意的光电学性质，包括光吸收窗口、光量子效率等。在光电传感分析领域，存在一个矛盾，一般通过原子或分子水平的改性很难克服。一方面，光电传感材料具有较宽的光吸收窗口，特别是对可见光的吸收，因为紫外光激发传感材料产生强氧化的空穴以及衍生的羟基自由基，会影响传感材料的寿命。常用的策略是降低传感材料的带隙；然而，在拓展光电传感材料对光响应范围的同时，也会降低光生电子和空穴的还原或氧化能力，这样会导致基于直接光电催化的光电传感器的性能显著降低。在原子或分子尺度上对二维纳米材料进行改性或修饰，对二维纳米材料的电子能带结构的调控非常有限，而二维纳米材料作为良好的基底材料，与其他低维纳米材料复合形成界面，可以更加灵活调控其能带结构和电荷输运行为，增强其光活性，提高量子效率。

从尺度或者维度的角度分类，二维（2D）纳米材料与其他低维纳米材料复合，可以形成 0D/2D、1D/2D、2D/2D 及其各种混合维度的复合纳米材料。由于上述复合材料的界面特性和能带匹配结构的不同，形成的复合材料的光电特性也不一样。以上述复合材料在光电传感领域的应用为例，提高光电传感分析法的灵敏度实际上也需要提高光量子产率；若以光电流作为检出信号，则需要调控光生载流子的行为，降低光生电子和空穴的复合概率。

根据低维纳米材料和二维纳米材料能带结构匹配特点，二者形成的复合材料（作为光电传感材料），可以分为四类：肖特基异质结、Ⅰ型异质结、Ⅱ型异质结、Z-型异质结。肖特基异质结一般是金属和半导体材料接触形成的复合材料。Ⅰ型异质结由两种半导体材料构成，一种半导体的导带底（CBM）和价带顶（VBM）分别比另一种半导体的更负和更正，因此受激发形成的载流子在界面分离时，载流子的氧化还原势也相应降低。与Ⅰ型异质结相似，Ⅱ型异质结中电荷有效分离也是以降低载流子的氧化还原电势为代价，在Ⅱ型异质结中，两种半导体的 CBM 和 VBM 呈现交错状。与肖特基异质结、Ⅰ型和Ⅱ型异质结不一样，

Z-型异质结可以保留光生电子和空穴的高还原和氧化能力，同时还具有良好光致电荷分离效率。

以二维纳米材料与其他低维纳米材料复合形成的光电传感材料，根据不同的维度和材料成分，各组分所起的作用也不一样。以二维 TMDCs 为例，零维纳米材料与之复合，形成二维-零维（2D-0D）杂化纳米异质结，能为二维 TMDCs 提供更多的反应活性位点，促进光生载流子分离，二者之间产生协同效应。依据成分和尺寸，零维纳米材料在 2D-0D 复合材料体系中扮演着不同角色。零维过渡金属纳米粒子能改善和活化光化学反应的能垒，比如有机物的降解和重金属离子的还原，这有利于提高基于直接光催化反应的光电传感器的分析性能。0D 贵金属纳米粒子能作为可见光吸收剂和热氧化还原反应的活性中心，产生局域表面等离子体共振效应（LSPR），从而有效提高光转换效率，克服光电传感材料的光学极限，即入射光的能量必须大于等于半导体带隙。有些金属氧化物也具有 LSPR，如重掺杂的半导体 WO_{3-x}、$Cu_{2-x}S$、MoO_{3-x}；由于这些材料含有阴离子空穴，产生表面等离激元，因此扩大二维 TMDCs 的光吸收范围，产生更多的激子，并促进光生载流子的有效分离。除了组分外，0D 纳米材料的尺寸也会影响光活性：从纳米粒子到团簇再到单原子结构，尺寸减小增大了活性位点的暴露量，改善了光吸收性能（当半径小于玻尔半径时），但同时降低了其稳定性；而二维纳米材料作为基底材料，能调控这些小尺寸的稳定性。

与 2D-0D 体系相比，2D-1D 具有更大界面接触面积，更有利于光致电荷的分离。1D 纳米材料是电子有效传递和光激发的最小维度；尽管 1D 纳米材料的短径向不利于载流子的分离，但是使用高导电性的 1D 纳米材料，比如碳纳米管，能作为"电子引线"，改善光致电荷的分离效果。2D-1D 杂化纳米异质结能整合各自优点，在光催化性能上产生协同效应。例如 1D 纳米材料能有效防止 2D 纳米材料的堆垛，提高光电材料的回收率；2D 纳米材料修饰在 1D 纳米材料的表面能有利于 2D 纳米材料的活性位点的暴露，形成的界面有利于促进载流子的分离和电荷传递，提高催化性能的稳定性。

2D 层状材料之间利用范德瓦耳斯力可以形成种类更加丰富的杂化异质结，特别是垂直堆垛形成的范德瓦耳斯异质结。与 2D-0D 和 2D-1D 杂化异质结相比，2D-2D 杂化异质结界面耦合效应更加明显，具有更优良的光生载流子的分离效果；不同组成或原子排布的层状材料通过交替堆垛，可以充分吸收光能量，提高光量子效率。此外，二维纳米材料的氧化还原势和其他理化性质可以通过改变层状材料层组成、数量和堆垛次序加以调控，另外，2D-2D 杂化异质制备无需考虑晶格匹配问题，在材料的制备上更加灵活。

4.5　总结和展望

二维纳米材料在不同的传感分析领域的应用源于其理化性质的多样性。二维纳米材料的表面精准修饰能显著影响基于二维纳米材料的传感分析法的性能，特别是选择性。因此，二维纳米材料的表面可控修饰是扩展其应用范围最有效的手段之一。虽然对二维纳米材料基传感分析性能的调控取得长足进展，但是传感分析法的稳定性仍是悬而未决的问题。此问题不仅仅在于传感材料的制备、组装等过程，更重要的是器件的组装，工艺流程或步骤越多，最终形成的传感分析仪器越无法形成标准化。此外，基于直接电化学反应或光电化学反应的传感分析方法，对环境污染物与传感材料之间的特异性作用机制研究很少，甚至对选择性的考察被忽略。

参考文献

[1]　Gao C，Yu X Y，Xiong S Q，et al. Electrochemical detection of arsenic（Ⅲ）completely free from noble metal：Fe_3O_4 microspheres-room temperature ionic liquid composite showing better performance than gold [J]. Anal Chem，2013，85：2673-2680.

[2]　Zhou W Y，Liu J Y，Song J Y，et al. Surface-electronic-state-modulated，single-crystalline（001）TiO_2 nanosheets for sensitive electrochemical sensing of heavy-metal ions [J]. Anal Chem，2017，89：3386-3394.

[3]　Gao J，Li B，Tan J，et al. Aging of transition metal dichalcogenide monolayers [J]. ACS Nano，2016，10：2628-2635.

[4]　Voiry D，Goswami A，Kappera R，et al. Covalent functionalization of monolayered transition metal dichalcogenides by phase engineering [J]. Nature Chemistry，2015，7：45-49.

[5]　Tang Q，Jiang D E. Stabilization and band-gap tuning of the 1T-MoS_2 monolayer by covalent functionalization [J]. Chemistry of Materials，2015，27：3743-3748.

[6]　Pandit S，Karunakaran S，Boda S K，et al. High antibacterial activity of functionalized chemically exfoliated MoS_2 [J]. Acs Applied Materials & Interfaces，2016，8：31567-31573.

[7]　Zeng Q，Wang H，Fu W，et al. Band engineering for novel two-dimensional atomic layers [J]. Small，2015，11：1868-1884.

[8]　Gong Y，Shi G，Zhang Z，et al. Direct chemical conversion of graphene to boron- and nitrogen- and carbon-containing atomic layers [J]. Nat Commun，2014，5：3193.

[9]   Loh L，Zhang Z，Bosman M，et al. Substitutional doping in 2D transition metal dichalco-genides [J]. Nano Research，2020.

[10]   Jin Z，McNicholas T P，Shih C J，et al. Click chemistry on solution-dispersed graphene and monolayer CVD graphene [J]. Chemistry of Materials，2011，23：3362-3370.

[11]   Yuan J C，Chen G H，Weng W G，et al. One-step functionalization of graphene with cy-clopentadienyl-capped macromolecules via Diels-Alder "click" chemistry [J]. Journal of Materials Chemistry，2012，22：7929-7936.

[12]   Yang H，Kwon Y，Kwon T，et al. Click preparation of CuPt nanorod-anchored graphene oxide as a catalyst in water [J]. Small，2012，8：3161-3168.

[13]   Wu Q，Sun Y Q，Bai H，et al. High-performance supercapacitor electrodes based on gra-phene hydrogels modified with 2-aminoanthraquinone moieties [J]. Physical Chemistry Chemical Physics，2011，13：11193-11198.

[14]   Zhou H，Wang X，Yu P，et al. Sensitive and selective voltammetric measurement of Hg^{2+} by rational covalent functionalization of graphene oxide with cysteamine [J]. Ana-lyst，2012，137：305-308.

[15]   Presolski S，Pumera M. Covalent functionalization of MoS_2 [J]. Materials Today，2016，19：140-145.

第**5**章

环境污染物的电化学传感分析法

5.1　引言

　　随着电化学表征技术的发展，特别是与纳米材料、分子生物学等技术的交叉融通，电化学技术在环境监测和水处理等领域具有巨大的应用潜力。利用电化学氧化或还原过程能实现水中污染物的深度处理，与化学法处理水体相比（比如氯气、臭氧等），可以避免产生一些有毒有害的副产物。将电化学分析方法与纳米材料、生物材料相结合，能用于定量检测水体中痕量的污染物。从电极/溶液界面电荷传递过程的角度分析，电化学传感器检测环境污染物与电化学处理水中的污染物是一脉相承的关系。

　　电化学传感分析技术是电化学在环境监测领域应用之一，它是将环境污染物与传感元之间的特异性识别信号转化为电信号（比如电流、电压、电阻、电容），在特定的范围内环境污染物浓度与电信号的强度成线性关系。根据电极与待测污染物之间作用机制，电化学传感分析技术可分为两大类：直接电化学过程和间接电化学过程。直接电化学传感分析过程与电化学去除污染物过程极为相似，二者都是对电极施加较大的过电位用于氧化或还原污染物，二者的细微差别在于电化学传感分析技术需保证电极材料对环境污染物具有高度的选择性；这种选择性可能来源于电极材料的结构缺陷、表面杂质原子或官能团、表面修饰的其他材料和环境污染物之间的物理化学作用或吸附，这种吸附会导致电极材料电化学性质的改变，从而产生电信号随环境污染物浓度改变的现象。

　　直接电化学传感分析过程是指环境污染物和传感元之间的识别过程涉及直接的电子得失。直接电化学传感分析法中所使用的电极材料一般利用表面功能化的二维纳米材料。例如，利用液相剥离法，在三种含氮有机溶剂中（N-甲基吡咯烷酮、N,N-二甲基甲酰胺、甲酰胺）剥离形成的 2H-MoS_2 纳米片，对溶液中的 Cd^{2+} 具有良好的选择性，而其他重金属离子的存在并不会对 Cd^{2+} 的选择性分析造成显著的干扰，红外吸收光谱和紫外可见吸收光谱结果表明：2H-MoS_2 纳米片表面三种溶剂分子对 Cd^{2+} 的络合作用（羧基上的氧原子）表征了高选择性。它们的传感元不含有生物元素（比如 DNA、RNA、酶、蛋白质、细胞等），但仍然表现出良好的选择性，这源于不同环境污染物在电极材料表面吸附能的差异，从而导致氧化还原电位的差异（如图 5.1 所示）。

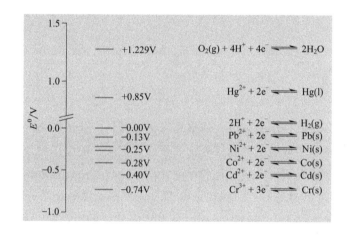

图 5.1　常见重金属离子的标准氧化还原电位

间接电化学传感分析过程是指环境污染物和传感元之间的识别过程无直接的电子得失，为了获得检测信号需要额外加入电化学指示剂或者氧化还原反应标记物（redox marker），实现对环境污染物的定量分析，这种策略在电化学生物传感分析法中较常使用[1]。诸如 DNA 杂交、酶-底物等反应没有直接的电子转移，因此需要加入电化学指示剂保证后续的氧化还原反应，获得电信号的同时，反映环境污染物与传感元之间的作用。常见的电化学指示剂包括：铁氰化钾离子、六氨合钌离子等，它们的共同点是多价态性、能与传感元特异性作用，从而反映环境污染物与传感元作用前后的结构变化。例如，六氨合钌离子［标记为 $Ru(NH_3)_6^{3+}$ 或 ReHex］能与适配子中磷酸骨架产生静电吸引力，因此电极表面的适配子的密度/浓度与六氨合钌离子的氧化还原信号成正比，环境污染物的浓度信息能间接通过六氨合钌离子的电信号反映。值得注意的是，缓冲液中 $Ru(NH_3)_6^{3+}$ 的氧化还原电位位于 $-0.1 \sim -0.3V$，适配子的长度和密度会略微

影响 $Ru(NH_3)_6^{3+}$ 的氧化还原电位（存在电势漂移）[2,3]。

电极材料与环境污染物作用过程中，依据电极材料所起的作用或对传感分析性能的影响，可以分为两种情况。

第一种情况是，传感材料或者电极材料同时起到信号放大作用和选择性识别环境污染物。在此种情况下，电极材料一般由单一成分构成且导电性能良好或者是经过简单的功能化（比如元素掺杂、结构缺陷），而非复合纳米材料。这类电极材料一般以金属纳米粒子、导电聚合物、碳材料等作为组分，在原子或分子尺度上或多或少存在改性或修饰，比如原子级别的结构缺陷（原子空穴、凹坑）。这种电化学传感分析法一般基于环境污染物和传感材料之间的直接电化学氧化还原过程，其选择性或特异性源于目标环境污染物、干扰物在电极材料表面或界面发生氧化还原反应的化学势不同，即不同分析物在传感材料的活性位点上的结合能不一样。这种电化学传感分析法的性能主要由电极材料的导电性能、活性位点的数量、类型和所处微环境决定。为了增强此类电化学传感器的检测性能，需理性调控电极材料的维度、组成和原子排布，从而最终实现对电极/溶液界面的质量传递和电荷传递性能调控，在后续章节将对此内容进行详细介绍。

第二种情况是，电极材料由复合材料构成，电信号的放大、对环境污染物的识别过程往往由电极材料不同组分完成。例如，石墨烯和氧化铁纳米粒子构成的复合电极材料用于检测水体中重金属离子，一般氧化铁的存在保证了对重金属离子的高选择性，而石墨烯的存在保证了高灵敏度，这类非生物传感器很少见。事实上，第二种情况在电化学生物传感器中更常见，即电极材料的生物材料部分作为传感元，比如适配子、酶、抗体、抗原等；传感元与环境污染物之间的识别过程常常依据 DNA 杂交反应、抗体与抗原反应、酶和底物的反应等；电极材料的剩余部分（如二维纳米材料及其复合材料）起到电化学信号放大作用、担载传感元（作为基底材料），这一部分材料常具有良好的导电性能、稳定性能、生物兼容性，能为传感元的固定（特别是生物传感元）提供良好的微环境，促进电子传递。此类电化学传感法的构建策略是基于某种特异性的反应，传感元和环境污染物之间的识别过程无电荷传递或转移，其电信号的产生需要额外加入多价态的离子（比如铁氰根离子、六氨合钌离子）作为电信号指示剂，这些电化学指示剂能与传感元特异性作用，从而间接反映环境污染物浓度，因此这类电化学传感检测法一般是基于间接电化学氧化还原反应。

无论基于何种策略构建电化学传感器，其性能提高或改善的核心问题和任务是工作电极的设计。传统的微电极作为工作电极，其分析性能并不理想，特别是对于检测一些超快反应过程束手无策。随着纳米科学和技术的发展，特别是纳米材料的可控制备、原位表征的进步，合理设计纳米材料的形貌、微结构和组成，将其修饰在高导电电极上（如玻碳电极、金电极），赋予传统电极新功能和特性，具有更加明显的优势：

① 由于法拉第电流与电极的活性面积成正比，纳米材料修饰的电极（简称为纳米电极）能消除由欧姆降导致的结果失真；纳米电极可用于检测在导电性能差的介质中发生的反应；

② 纳米电极有更小的 RC 时间常数（R 代表电阻、C 代表电容）；

③ 纳米电极能探测超快的电子传递动力学过程、耦合反应动力学过程；

④ 纳米电极能促进质量传递过程，促使负载相同量的传感元与更多的目标物反应；电极尺寸从宏观到微观甚至是纳米尺度，电极的边缘收敛扩散效应变得显著，而收敛扩散能显著提高质量传递过程，使得电流密度高于大尺寸或平板电极的电流密度。

5.2　电极反应的一般过程

为了精准、可控调控电化学分析性能，需要深入电极过程，包括反应动力学和热力学过程。电化学传感检测过程与电化学催化反应过程有诸多相似之处，电极反应过程决定着电传感性能。一般地，电极反应主要包括三部分：环境污染物在电解质主体中的迁移、电极/溶液界面反应过程、电子在电极材料本体中迁移。这三个过程是相辅相成、互相影响的。相对而言最重要的反应过程是电极/溶液界面的反应过程。环境污染物在电解质主体中的迁移过程主要涉及质量传递过程，它会影响界面反应过程的进行；质量传递速率过慢，会形成较大的过电位。如式(5.1) 右边三项表明，电流密度受电迁移、对流和扩散三种传质过程的影响。质量传递方程及其与电流密度的关系可分别由式(5.1) 和式(5.2) 描述：

$$J_j(x) = -D_j [\partial C_j(x)/\partial x] - D_j C_j [z_j F/(RT)] [\partial \phi(x)/\partial x] + C_j v(x) \tag{5.1}$$

$$-J_j = i_j/(z_j FA) \tag{5.2}$$

式中　J_j——j 物质的电流密度或者流量（不带电荷）；

　　　C_j——j 物质的浓度；

　　　D_j——j 物质的扩散系数；

　　　F——法拉第常数；

　　　R——摩尔气体常数；

　　　T——温度；

A——电极面积；

$\phi(x)$——电势梯度；

$v(x)$——扩散速率；

i_{j}——j 物质的电流；

z_{j}——j 物质所带电荷数。

若只考虑扩散和对流作用，则总的电流 i 可以用式(5.3) 和式(5.4) 表示：

$$i = \sum_{\mathrm{j}} i_{\mathrm{j}} \tag{5.3}$$

$$i = (F^2 A / RT)\,[\partial\phi(x)/\partial x] \sum_{\mathrm{j}} z_{\mathrm{j}}^2 D_{\mathrm{j}} C_{\mathrm{j}} + FA \sum_{\mathrm{j}} z_{\mathrm{j}}^2 D_{\mathrm{j}} C_{\mathrm{j}}\,[\partial C_{\mathrm{j}}(x)/\partial x]$$

$$\tag{5.4}$$

因为检测分析过程持续反应时间短、反应物浓度特别低、大量的支持电解质存在，离电极较远的本体溶液中浓度梯度一般较小，因此在绝大多数情况下，电解质在本体溶液中的质量传递并未考虑在内。与之相反，电极/溶液界面的电子传递和质量传递过程会严重影响传感检测的灵敏度、选择性、稳定性和重现性。

5.2.1　电极/溶液界面的质量传递

在不考虑搅拌时，电极/溶液界面处的质量传递主要包括迁移和扩散，无需考察对流对传质的影响。当没有搅拌且溶液中存在大量支持电解质（大部分电化学传感检测法属于此情况），比如在电解质溶液加入大量的氯化钾，在这种情况下影响电极附近的质量传递的因素仅限于扩散，随着反应的进行，电极附近待测分析物的浓度降低，导致检测电流信号与 $t^{1/2}$ 呈相关性，具体时间-电流（$i\sim t$）关系如下：

$$i(t) = \frac{nFAD^{1/2}C^*}{\pi^{1/2} t^{1/2}} \tag{5.5}$$

式中　C^*——环境污染物的初始浓度（在本体溶液中浓度）。

由于二维纳米材料修饰的基底电极，无法做到单分子层修饰（即单层的二维纳米材料平铺在电极表面），而是随机堆垛或者有一定厚度，无法避免产生三维多孔结构，从而会形成电极材料的外表面和内表面。若把二维纳米材料表面作为一层薄膜，在这种情况下，二维纳米材料层间堆垛形成的多孔结构必须考虑膜内传质和反应动力学。理论上，其传质过程包括了溶液主体中扩散、多孔内表面的扩散，二者相互关联。环境污染物在电极材料外表面（ϕ^-）和电极材料多孔内表面（ϕ^+）存在一个分配系数（κ），

$$\kappa = \frac{C(\phi^-)}{C(\phi^+)} \tag{5.6}$$

当电极过程完全依赖电极材料多孔内表面的环境污染物扩散时，环境污染物扩散电流（i_s）可以表示为如下关系：

$$i_s = \frac{nFAD_p\kappa C^*}{l} \tag{5.7}$$

式中　D_p——环境污染物在电极材料内表面的扩散系数；

　　　l——修饰在电极表面材料的厚度。

5.2.2　电极/溶液界面的电荷传递

不论是在电极材料的外表面还是在多孔内表面，电极/溶液界面的电子转移反应都是属于无辐射电子重排，因此电子的转移过程属于等能量状态，即对等电子转移。在电子转移的过程中，反应物和产物具有相同的构型，这与 Frank-Condon 原理相似。环境污染物在电极材料表面或界面上反应，形成生成物，其首要步骤是在活性位点处的吸附，即反应物的活化过程，反应速率（k_f）与活化能（$\Delta G_f^{\neq}$）的关系如下：

$$k_f = K_p \nu_n \kappa_{el} \exp\left[\frac{-\Delta G_f^{\neq}}{(RT)}\right] \tag{5.8}$$

式中　K_p——前置平衡常数，即电极材料活性位点上的反应物浓度与本体溶液中的浓度之比；

　　　ν_n——核频率因子，环境污染物翻越能垒、被活化的频率；

　　　κ_{el}——电子传输系数，与电子隧穿的概率有关，一般取值为 1。

5.2.3　电极材料的电化学性质表征

除电极材料的电分析性能表征外，电极材料的本体电化学性质也可作为电分析性能的重要筛选指标。电化学性质表征的内容主要包括电荷传递动力学、质量传递动力学、电极材料的活性面积等。这些指标参数都存在某种关联，在一定程度上能相互促进。

5.2.3.1　电极/溶液界面电荷传递动力学

表征电极材料/溶液界面反应的快慢，需要研究电荷传递动力学。研究电极的电化学性质，常以溶液中 $[Ru(NH_3)_6]^{3+/2+}$ 和铁氰根/亚铁氰根离子等作为电化学指示剂，这些离子在电极材料表面的反应属于外球反应，即不会进入内霍姆斯层，不会影响内霍姆斯层内的特异性吸附，因此对电极材料表面官能团性质并不敏感，但能反映电极材料的能带结构变化（比如 DOS）。电极界面/溶液的电荷传递动力学可以根据电极材料的 CV 中氧化还原峰电势差（ΔE_p）定性表征，即氧化还原峰电势差越小，电极/溶液界面反应过程越快；而定量表征需计算电子传递的速率常数 k_0，具体表达如式（5.9）所示：

$$k_0 = 2.18 \left(\frac{\alpha z F D v}{RT} \right)^{1/2} e^{\left[\alpha^2 F/(RT) \right] Z \Delta E_p} \tag{5.9}$$

式中　α——传递系数，对于铁氰根/亚铁氰根离子的反应体系，一般取值 0.5；

　　　z——反应电荷数；

　　　F——法拉第常数；

　　　D——电解质中氧化还原反应活性物质（比如 $[Ru(NH_3)_6]^{3+/2+}$）的扩
　　　　　散系数；

　　　T——热力学温度；

　　　R——摩尔气体常数；

　　　v——扫描速率。

另一种方法是基于 Nicholson 方法计算电子传递的速率常数 k_0，与归一化的动力学常数（ψ）密切相关，具体关系式如式（5.10）所示：

$$\psi = k_0 v^{-0.5} \sqrt{\frac{RT}{\pi n F D}} \tag{5.10}$$

式（5.10）中所有参数的意义与式（5.9）相同，此处不赘述。式（5.10）中 ψ 可通过式（5.11）计算，具体如下：

$$\psi = \frac{(-0.6288 + 0.0021 z \Delta E_p)}{(1 - 0.017 z \Delta E_p)} \tag{5.11}$$

式（5.11）再次阐明 ψ 与 ΔE_p 紧密相关。从定性分析角度，一般 ΔE_p 越小，k_0 越大。以表征 MoS_2 纳米片电极材料为例，将在 NMP、DMF 和甲酰胺中超声剥离合成的 MoS_2 纳米片与块体 MoS_2 相比较（如图 5.2 所示），从 CV 图 [如图 5.2(a)] 可知，与块体 MoS_2 相比，三种 MoS_2 纳米片的峰电流（I_p）更高，ΔE_p 更小。根据式（5.9）~式（5.11）可知，工作电极/溶液界面的电子传递动力学更快。

除 CV 外，交流阻抗谱（EIS）也能表征电极/溶液界面的电子传递动力学过程。典型的交流阻抗谱包括两部分：半圆代表电极/溶液界面的电荷传递阻力（R_{CT}），直线部分代表 Warburg 阻抗（Z_w）。如图 5.2(b) 中等效电路所示，除了电荷传递和质量传递的阻抗，还包括溶液内阻 R_E 和双电层电容 C_d。从交流阻抗谱的半圆大小可知，在 NMP、DMF 和甲酰胺溶液中剥离合成的 MoS_2 纳米片作为工作电极材料，其电子传递阻力分别是 1083Ω、855Ω 和 676Ω，要远小于块体 MoS_2 的电子传递阻力（3406Ω）。MoS_2 纳米片层数和尺寸降低所导致的结构缺陷或活性位点增多，MoS_2 纳米片表面化学修饰的溶剂分子增加了电荷密度或剩余电荷，这些都会改变双电层结构，特别是界面电场。与 NMP 和 DMF 相比，以甲酰胺作为剥离溶剂制备的 MoS_2 纳米片具有更佳的电子传递性能。

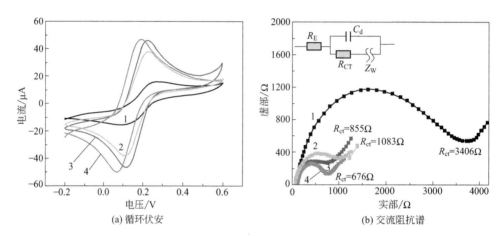

(a) 循环伏安　　　　　　　　　(b) 交流阻抗谱

图 5.2　块体 MoS_2 和 MoS_2 纳米片修饰 GCE 的电化学性质表征

1—块体 MoS_2；2、3 和 4—在 NMP、DMF 和甲酰胺中超声剥离合成的 MoS_2 纳米片

5.2.3.2　电极材料的活性面积

根据 Randles-Sevcik 等式 ［式（5.12）］，峰电流（I_P）和电极的活性面积（A）关系如下：

$$I_P = 2.69 \times 10^5 A D^{1/2} n^{3/2} v^{1/2} C \tag{5.12}$$

式中　A——电极的活性表面积；

　　　　n——参与氧化还原反应的电子数；

　　　　F——法拉第常数；

　　　　D——电解质中氧化还原反应活性物质（如 $[Fe(CN)_6]^{3-}$ 和 $[Fe(CN)_6]^{4-}$）的扩散系数；

　　　　C——本体溶液中电化学反应的浓度；

　　　　v——扫描速率，V/s。

5.2.3.3　电极材料的可润湿面积

工作电极在制备的过程常利用"滴涂法"制备，即将含有二维纳米材料或二维纳米材料基复合材料悬浮液滴在干净电极表面，经过一定时间在空气中自然干燥，形成具有一定稳定性的工作电极。上述悬浮液在蒸发干燥的过程中，形成一种随机堆垛的三维多孔结构，而电极表面的粗糙度会影响电极的性能。虽然电极材料的可润湿面积不完全是电活性面积，但是电活性面积一定是可润湿的面积。这也是电极表面的粗糙度（P）和孔数量对电极性能有影响的本质原因[4]。根据电极表面粗糙度的定义：

$$P = \frac{\alpha(2000\mathrm{mV/s})}{\alpha(50\mathrm{mV/s})} \tag{5.13}$$

$$\alpha = \frac{I_{ox}}{\sqrt{v}} \tag{5.14}$$

式中　　　　　　　　　P——电极表面粗糙度；

$\alpha(2000\mathrm{mV/s})$、$\alpha(50\mathrm{mV/s})$——扫描速率为 2000mV/s 和 50mV/s 时的函数值；

I_{ox}——氧化峰电流；

v——扫描速率。

5.2.3.4　固-固界面电荷传递

基于二维纳米材料的电化学传感器，其探针分子一般修饰在二维纳米材料的表面，因此二维纳米材料与探针分子（比如有机分子、生物分子）之间的电荷传递性能将显著影响其分析性能。

$$k_f = \frac{2\pi\rho_M(E_F)}{h}\left[\frac{\pi}{\lambda k_B T}\right]^{1/2}\int_{-\infty}^{\infty}\left[H_{DA}(\varepsilon)\right]^2$$

$$\times \exp\left[-\frac{(\lambda + (E_{app} - E^0)e - \varepsilon)}{4\lambda k_B T}\right]f(\varepsilon)\,\mathrm{d}\varepsilon \tag{5.15}$$

式中　k_f——非辐射电子传递常数；

$\rho_M(E_F)$——有效电子态密度；

$H_{DA}(\varepsilon)$——电子耦合；

h——普朗克常数；

k_B——玻耳兹曼常数；

T——热力学温度；

E_{app}——施加的电势；

E^0——电解质中氧化还原物种的电势；

ε——电极所处的能量状态，与费米能相对；

e——元电荷；

$f(\varepsilon)$——占据态的费米-狄拉克分布。

由式（5.15）可知，若表面或界面功能化增加 $\rho_M(E_F)$ 和 $H_{DA}(\varepsilon)$，将促进二维纳米材料与修饰物（比如有机分子）界面的 k_f，从而提高电化学传感分析性能。

二维纳米材料不仅具有低维纳米材料（纳米粒子、纳米团簇、纳米点或量子点）共同的优点，比如催化活性高（表面效应）、比表面积大等，而且它们的超薄平面结构还表现出灵敏的表面态，对外来物的作用特别敏感，比如表面吸附离子或者有机物就会造成相变和电子能带结构的改变。因此，二维纳米材料在传感分析领域有较大的应用潜力。目前在电化学分析领域，应用较为广泛的二维纳米材料主要包括过渡金属硫化物、石墨烯族、过渡金属碳或氮化物（MXenes）。

5.3　二维 TMDC 基电化学传感器

层状过渡金属硫化物（TMDCs）绝大多数都是属于半导体材料，而且随着层数降低，其带隙增大，似乎不适合作电极材料。然而，与块体 TMDCs 相比，二维 TMDCs 仍表现出良好的电催化活性，最主要的原因是层数的降低导致催化活性位点增多。为了提高二维 TMDCs 的电化学传感分析性能，首要的问题是提高其导电性能，常见的做法是将二维 TMDCs 与高导电性纳米材料复合，比如碳纳米材料、金属纳米材料、导电聚合物，或者实现 TMDCs 的相转变（半导体到金属相）。此外，通过提高二维 TMDCs 的活性位点数量（平面内）改善其分析性能，比如通过对二维 TMDCs 刻蚀形成多孔结构，可以显著提高其催化活性[5]。上述策略主要针对基于直接电化学氧化还原反应的电化学分析方法，即电化学非生物传感法。在电化学生物传感检测法中，二维 TMDCs 只是作为基底材料，其导电性差这一缺点能被生化反应的高效、快速性所克服，而二维 TMDCs 的优良生物兼容性在传感分析中大放异彩。

总体而言，原始的和未功能化的二维 TMDCs 很少被直接用于电极传感材料，仅在重金属离子电化学分析中有少量的应用研究。其应用原理在于，在检测过程中重金属离子在二维 TMDCs 表面析出，形成单质金属，从而与二维 TMDCs 形成纳米异质结。在二维 TMDCs 的能带结构会引入杂质态（位于禁带中），其带隙是降低的，因此有利于改善其电导，提高电化学传感分析性能。此外，二维 TMDCs 含有原子空穴和富电子的硫族元素，能保证对重金属离子的高选择性（基于软硬酸碱理论），从而实现对水体中重金属离子的定量检测。

在实际应用中，一般将二维 TMDCs 与其他纳米材料复合，比如零维的纳米粒子、一维的纳米线或二维的纳米片，表面功能化可精细调控二维层状纳米材料的电子结构，进一步提高二维层状纳米材料的可塑性和应用范围，在多种理化性质上产生协同效应，提高传感分析性能。例如，硫代巴比妥酸功能化 MoS_2 纳米片能显著改善其水溶性和电催化性能[6]；理论计算表明，1T′-MoS_2 吸附硫代巴比妥酸后会发生相转变，变成金属相的硫化钼（1T-MoS_2），增强电子传输性能。因此在电化学分析领域，大部分的电化学传感材料都基于二维 TMDCs 基复合材料。

5.3.1　水体中重金属离子的检测

在 MoS_2 的三种同素异形体结构中，层状 2H-MoS_2 表现最为稳定，活性位点主要分布在平面边缘，而面内皆完全成键，表现为化学惰性；当层数降低至单层结构，由于能量起伏，表面硫原子部分会脱离晶格生成硫空穴，成为潜在的活性位点[7]。因此，利用简单的液相剥离法也能制备表面共价功能化的二维 2H-MoS_2，从而能调控二维 MoS_2 的理化性质。

在 NMP、DMF 和甲酰胺三种溶剂中剥离块体 MoS_2，形成表面溶剂分子功能化的 MoS_2 纳米片。X 射线光电子能谱分析结果表明，上述三种溶剂与 MoS_2 纳米片皆形成 Mo—N 共价键，但是它们成键的键长不同。利用密度泛函理论（DFT）计算了 DMF、甲酰胺和 NMP 三种溶剂分子在 MoS_2 纳米片表面形成的 Mo—N 共价键的键长，分别为 2.305Å、2.269Å、2.284Å，表面吸附能分别为 −0.048eV、−0.06 eV 和 −0.25eV。根据分态密度（PDOS），Mo—N 共价键的形成原因是 Mo 原子中 5s 轨道与 N 原子的 2p 轨道的杂化。

将上述三种 MoS_2 纳米片作为工作电极材料，皆能选择性地检测 Cd^{2+}。其中，在 DMF 中超声剥离获得的 MoS_2 纳米片检出电信号最强。当待测样品液中（醋酸-醋酸钠缓冲液）同时含有 Cu^{2+}、Ni^{2+}、Pb^{2+}、Cd^{2+} 和 Hg^{2+} 五种重金属离子时，在电势为 −0.7V 处出现了唯一的电信号特征峰，属于 Cd^{2+} 的特征峰。因此，以该材料修饰 GCE 作为工作电极（MoS_2-DMF/GCE）能用于定量检测 Cd^{2+}。

在最优的实验操作参数下（pH＝5、0.1mol/L 醋酸-醋酸钠作为缓冲液，沉

积电压为 $-0.6V$，沉积时间为 90s），利用方波阳极溶出伏安法定量检测一系列不同浓度梯度的 Cd^{2+} 缓冲液（0.2nmol/L～50μmol/L），获得该电化学传感检测法的线性范围和灵敏度，分别为 2nmol/L～20μmol/L 和 0.2nmol/L（基于 3S/N）。

在上述电极材料中，DMF 溶剂分子与 MoS_2 纳米片表面硫空穴作用，形成 Mo—N 共价键，作为 Cd^{2+} 的探针。利用红外吸收光谱表征，对比分析 MoS_2 纳米片检测 Cd^{2+} 前后表面官能团振动和成分的变化，发现只有羰基振动峰的峰形和峰位置发生了改变。上述实验结果说明，Cd^{2+} 与 DMF 中羰基选择性地作用，产生了 Cd^{2+} 的检出信号峰，而 Cu^{2+}、Ni^{2+}、Cd^{2+} 和 Hg^{2+} 未被检测到，主要原因是它们与羰基结合力相对较弱。此外，利用 DFT 理论计算考察 DMF 分子表面静电势分布（ESP）和自然键轨道（NBO）电荷分析，进一步确定水合 Cd^{2+} 可能的作用位点。ESP 结果表明：与其他原子相比，DMF 中 N 和 O 原子的电子云密度更大；N 和 O 原子的 NBO 电荷分别为 -0.501 和 -0.622，说明 O 原子更易受到 Cd^{2+} 的攻击；此外 Cd^{2+} 与 DMF 形成的复合体的总体能量最低（$-1.55 \times 10^5 eV$）。上述结果都证实：Cd^{2+} 结合的位点是 DMF 的羰基上氧原子。

二维 2H-TMDCs 皆是半导体，与其他高导电材料相比，其电子输运性能无法满足实际要求。目前，常用的手段是将具有 2H 晶相的二维 TMDCs 转变成 1T 相，或者将 2H 晶相的二维 TMDCs 与高导电性纳米材料复合（比如金属纳米粒子、碳材料和导电聚合物），形成的高导电 1T-TMDCs 或者 TMDCs 基复合纳米材料，能快速将界面反应的电荷传输到工作电极上，起到信号放大功能[8]。

二维 TMDCs 和其他低维纳米材料复合不仅能调控电子能带结构或功函，而且能产生新的特性，弥补各组分的不足之处，比如 Au 纳米粒子能防止 2H-MoS_2 纳米片和 WS_2 纳米片的堆垛；其他贵金属纳米粒子（比如 Pt、Pd 和 Rh 等）或过渡金属纳米粒子与二维纳米材料复合也能产生协同效应[9]。金属纳米粒子能作为传感元的固定基质，特别是用于固定生物传感元（比如适配子），改善传感检测信号的强度（传感元的密度变大）。贵金属或过渡金属纳米粒子具有良好的导电性能，能作为电子引线，降低电子传递阻力，提高传感检测的灵敏度。以 MoS_2 纳米片为例，其表面修饰 Au、Ag、Pd、Pt 等贵金属纳米粒子后，电子能带结构表现出 p 型掺杂效应；MoS_2 纳米片与某些过渡金属纳米粒子复合后，也能产生 p 型或 n 型掺杂效应，例如与 Sc 纳米粒子复合产生 p 型掺杂效应、与钇（Y）纳米粒子复合产生 n 型掺杂效应。总体而言，与纳米粒子的复合能增强二维纳米材料的稳定性能，能增强抵抗环境的腐蚀和氧化的能力，广泛应用于电化学传感分析领域[9]。目前，类似的研究工作很多，无法面面俱到，此处将重点介绍笔者课题组的相关工作。

利用表面含有氢原子的 TiS_2 纳米片与聚苯胺的复合材料作为电极材料，实现对铜离子的定量检测。与硫化钼（MoS_2）相似，层状块体 TiS_2 也是窄带隙半导体材料（约 1eV），存在同质多晶结构[10]。二维 TiS_2 的相结构和电子能带结构也受其结构缺陷、外环境（施加压力和电场等）的影响。通过嵌锂剥离法制备的 TiS_2 纳米片，容易导致相转变和缺陷，其优势是提高催化活性位点的密度。其制备过程如下：

在无水、无氧条件下，利用正丁基锂与块体 TiS_2 反应 3 天（60 ℃），形成嵌锂复合物（$Li_x TiS_2$），然后超声剥离和水解，可制备表面氢化的 TiS_2（$H_x TiS_2$）超薄纳米片，其反应过程如下：

$$TiS_2（块体）+正丁基锂 \longrightarrow Li_y TiS_2 + 辛烷 \tag{5.16}$$

$$Li_y TiS_2 + H_2O \longrightarrow H_x TiS_2 + LiOH \tag{5.17}$$

傅里叶变换红外光谱（FTIR）、X 射线光电子能谱（XPS）证实形成 TiS_2 纳米片的表面含有氢原子，即 FTIR 有 S—H 振动吸收峰，XPS 有少量的 Ti^{3+} 特征峰（部分 Ti^{4+} 被氢原子取代）。值得注意的是，TiS_2 纳米片表面的氢原子含量与嵌锂反应时间成正相关；当嵌锂时间为 12h 时，所获得的 $H_x TiS_2$ 纳米片为 $H_{0.515} TiS_2$。氢原子的融入极大提高了 S—Ti—S 框架中电子的关联作用，从而显著改善 TiS_2 纳米片的导电性能。利用四探针测试 $H_{0.515} TiS_2$ 纳米片的电导率，能达到 $6.76 \times 10^4 S/m$，优于各种方法制备的石墨烯薄膜，比如利用真空过滤制备的石墨烯薄膜（约 $7.75 \times 10^3 S/m$）、Langmuir-Blodgett 方法自组装形成的石墨烯薄膜（$4.17 \times 10^4 S/m$）、蘸涂法自组装形成的石墨烯薄膜（$5.5 \times 10^4 S/m$）[11]。

利用扫描电子显微镜（SEM）、透射电子显微镜（TEM）表征 $H_{0.515} TiS_2$ 纳米片和块体 TiS_2 的形貌。结果表明：形成 $H_{0.515} TiS_2$ 超薄纳米片的尺寸和厚度比前驱体（块体 TiS_2）更小；其中尺寸从 $10^0 \sim 10^1 \mu m$ 级降到 $\leqslant 10^0 \mu m$ 级。通过对比块体 TiS_2 和 $H_{0.515} TiS_2$ 纳米片的 XRD 谱图，发现最强衍射峰（001）晶面的强度变弱，衍射峰的半峰宽变大，再次印证了层厚度和尺寸皆降低。

$H_{0.515} TiS_2$ 纳米片具有良好的导电性能，促进电荷传递，但是仍易堆垛且界面具有较大的电子传递势垒。$H_{0.515} TiS_2$ 纳米片的表面存在一定量的氢原子，若直接用于检测重金属离子，表面的氢原子（带正电荷）会弱化 $H_{0.515} TiS_2$ 纳米片与重金属离子之间的作用力。$H_{0.515}TiS_2$ 纳米片易被氧化，转变为 TiO_2 纳米片。为了克服 $H_{0.515}TiS_2$ 纳米片的弱势需要对其进行功能化。

导电聚合物及其衍生物被广泛用于构建化学传感器和生物传感器，比如聚乙炔（polyacetylene）、聚苯胺（PANI）、聚吡咯（polypyrrole）、聚噻吩（polythiophene）、聚异丙苯、聚对苯乙烯等[12-14]。例如，含氮导电聚合物（如聚苯胺和聚吡咯）能选择性地识别 Cu^{2+}、Pd^{2+} 等，含硫导电聚合物（如聚噻吩）能选择性地识别 Hg^{2+}、Cd^{2+} 等。另外，导电聚合物具有较大的重金属离子吸附容量和良好的电子传导性能，作为电极材料能起到电信号放大的作用，提高电化学分析的灵敏度。某些导电聚合物（如聚苯胺、聚吡咯、聚噻吩）还具有优良的生物兼容性、环境稳定性和催化活性，能保证电极材料的生物兼容性。因此利用导电聚合物化学修饰二维 TMDCs，不仅能增强结构稳定性，降低层间接触电阻，提高电子传输性能，而且为重金属离子的特异性吸附提供了更多的作用位点，等同于活化二维 TMDCs 的惰性平面；导电聚合物的修饰还能调控二维 TMDCs 的表面电荷，增大其层间距离，防止再堆垛。

二维 TMDCs 与导电聚合物的复合实现了电极材料上的成分和表面特性调控，改善电极材料的电子传递性能，提高对环境污染物的选择性，这也是绝大多数电化学传感分析领域常用的策略。然而，除电子传递过程外，影响电极/溶液界面反应过程的因素还有质量传递。根据极限电流（I_L）的描述方程：

$$I_L = nFc^*Ak_m \tag{5.18}$$

式中　I_L——极限电流；

　　　n——电子数目；

　　　F——法拉第常数；

　　　c^*——反应物的浓度（在本体溶液中）；

　　　A——电极活性面积；

　　　k_m——质量传递系数。

当传感元确定后，同时提高电极/溶液界面的质量传递和电荷传递才能显著改善电化学传感检测的灵敏度、检出限等性能指标。将电极材料制备成三维多孔结构的形貌能提高重金属离子在电极内、外表面的质量传递过程，从而提高电化学分析性能。相关的结论在锂离子电池研究中早已被证实，比如三维多孔结构的材料能促进质量传递、提高电催化活性[15,16]。

一般无机纳米材料与有机材料复合产物，其形貌与各组分之间的比例存在一定的相关性。为了调控 $H_{0.515}TiS_2$ 纳米片与导电聚合物复合后的形貌，利用原位聚合反应，通过改变 $H_{0.515}TiS_2$ 纳米片与苯胺之间的比例（质量比分别为 1：

3.5、1∶1.5 和 1∶0.5），实现对形成的复合材料形貌的有效调控。与纯聚苯胺的形貌（棒状）相比，吸附在 $H_x TiS_2$ 超薄纳米片表面的聚苯胺从薄膜（包覆层）变成纳米纤维（针尖状）。当 $H_x TiS_2$ 纳米片和苯胺的质量比为 1∶1.5 时，形貌为三维多孔结构的复合材料（标记为 $S_{1∶1.5}$）。值得注意的是，$H_{0.515} TiS_2$ 纳米片和 PANI 复合前后，其晶体结构未发生改变，只有 {100} 族晶面暴露在外。

利用聚苯胺的交联作用，将 $H_x TiS_2$ 纳米片组装形成三维多孔结构材料能提高其活性面积，改善电极过程的质量传递和电子传递性能，具有更好的电学稳定性和催化活性。虽然三维多孔电极材料很少用于电化学分析领域，特别是有关三维多孔形貌对电分析性能的研究，然而有关三维多孔结构的电极在能源领域研究更加广泛，特别是锂离子电池。大量的研究表明三维多孔电极材料能显著促进质量传递，同时也能提高电极的活性面积、电荷传递性能[16-18]。

由二维纳米材料组装成三维多孔材料，包括了两种策略。第一种策略是二维纳米材料的自组装，主要依靠静电力、范德瓦耳斯力等物理作用力（未成键），因此相对而言形成的多孔结构不稳定，并且二维纳米材料之间的电子传递仍然存在很强的能垒，无法充分发挥三维多孔结构在电化学反应过程中的优势。第二种策略是利用有机物等交联剂组装二维纳米材料，形成三维多孔材料。在诸多有机聚合物中，导电聚合物能与二维纳米材料共价复合，这种强化学键的存在能促进电子的长程传递，显著降低二维纳米材料层间的电子传递过程的势垒；共价键修饰或功能化还能保证电极材料的稳定性，将其作为工作电极材料能进一步提高电极的稳定性、导电性和传感分析性能。

以三维多孔结构的 $H_x TiS_2$ 纳米片-PANI 复合材料修饰的玻碳电极（$H_x TiS_2$-PANI/GCE）为工作电极，饱和甘汞电极作为参考电极，铂丝电极作为对电极，利用循环伏安法（CV）表征其电化学性能及其分析性能（如图 5.3 所示）。与石墨烯（化学还原石墨烯氧化物 rGO）、$H_x TiS_2$ 纳米片、PANI 修饰的 GCE 相比，三种 $H_x TiS_2$-PANI/GCE 皆能表现出更佳的电催化性能。在 $H_x TiS_2$-PANI 复合电极材料中，PANI 的加入对电极材料峰电流的增强更加明显。随着 $H_x TiS_2$ 纳米片含量增加，电极材料的稳定性显著提高。其中，$H_x TiS_2$ 纳米片/GCE 的峰电流甚至比 rGO/GCE 强，主要原因是 $H_x TiS_2$ 纳米片的电子迁移速率远高于石墨烯（化学还原法制备的）。根据 Randles-Sevcik 等式，可获得电极材料的电活性面积，依次为：PANI/GCE($0.5358cm^2$)＞$S_{1∶3.5}$/GCE($0.4270cm^2$)＞$S_{1∶1.5}$/GCE($0.2249cm^2$)＞$S_{1∶0.5}$/GCE($0.1756cm^2$)＞GRO/GCE($0.1144cm^2$)＞GCE($0.0351cm^2$)。

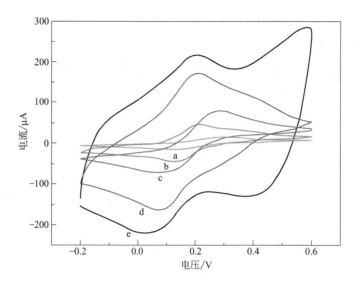

图 5.3　循环伏安曲线（一）

a—玻碳电极（GCE）；b—rGO/GCE；c—$H_x TiS_2$ 纳米片/GCE；d—$S_{1:3.5}$/GCE；e—PANI/GCE

电解质溶液为铁氰化钾与氯化钠的混合液

以 GCE 和 $H_x TiS_2$ 纳米片/GCE 作为参考电极，进一步考察 $H_x TiS_2$-PA-NI/GCE（$S_{1:0.5}$/GCE、$S_{1:1.5}$/GCE、$S_{1:3.5}$/GCE）的电化学性能（如图 5.4 所示）。通过对比考察氧化还原峰电流可知，$H_x TiS_2$-PANI/GCE 具有更好的电

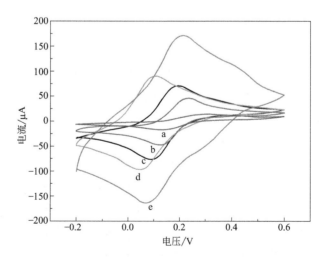

图 5.4　循环伏安曲线（二）

a—玻碳电极（GCE）；b—$H_x TiS_2$ 纳米片/GCE；c—$S_{1:0.5}$/GCE；d—$S_{1:1.5}$/GCE；e—$S_{1:3.5}$/GCE

催化活性，说明 $H_x TiS_2$ 纳米片和 PANI 复合在电化学性能上具有协同效应。在 CV 测试曲线中，$H_x TiS_2$-PANI/GCE 的氧化还原峰电流强度要明显高于 GCE、$H_x TiS_2$ 纳米片/GCE。随着复合电极材料中 $H_x TiS_2$ 纳米片含量增多，氧化还原峰电流逐渐减弱，这归结于电活性面积降低和导电性能变弱。二维 $H_x TiS_2$ 纳米片的活性位点处于平面边缘（大量的未饱和成键的原子），而平面内是催化惰性，PANI 的存在有利于增大 $H_x TiS_2$ 纳米片平面内的吸附位点，提高电极材料对 Cu^{2+} 吸附的面积，从而提高灵敏度。

从 CV 曲线所围成的面积可知，复合电极材料中 PANI 含量越大，其电容也越大，说明电活性面积和吸附性能更好。因此，$H_x TiS_2$ 纳米片和 PANI 之间的最佳比例为 1∶1.5，形成的复合电极材料兼顾了稳定性和电催化活性。根据 Nicholson 法，电极的氧化还原峰电势差 ΔE_P 与电极界面的电子传递动力学有关，其中 ΔE_P 越小表示界面电子传递速率越快。根据 CV 中 ΔE_P 可知，$H_x TiS_2$ 纳米片的存在有利于提高复合电极材料与溶液界面的电子传递性能。

此外，利用 $H_x TiS_2$-PANI/GCE 同时检测五种典型的重金属离子（Hg^{2+}、Cd^{2+}、Ni^{2+}、Cu^{2+} 和 Pb^{2+}）和单独检测可能的干扰物（Cd^{2+}、Hg^{2+}、Co^{2+}、Mg^{2+}、Mn^{2+}、Ni^{2+}、Pb^{2+}、Fe^{3+} 和 Ca^{2+}）。方波阳极溶出伏安法测试曲线中只有 Cu^{2+} 的检出信号峰存在，且信号最强，表明三维多孔 $H_x TiS_2$ 纳米片-PNAI 复合电极材料对 Cu^{2+} 有良好的选择性。为了考察电极材料对 Cu^{2+} 的选择性识别机制，通过红外吸收光谱和紫外可见吸收光谱表征了三维多孔 $H_x TiS_2$ 纳米片-PNAI 复合电极材料检测 Cu^{2+} 前后的表面组成和结构的变化，发现其特异性识别能力源于 PANI 中亚氨基上 N 原子与 Cu^{2+} 的络合作用。

传感分析性能的考察主要包括选择性、线性范围、稳定性、重现性和对实际水样的检测性能。对于重金属离子的电化学分析方法主要有：微分脉冲伏安法（DPV），方波伏安法（SWV）、方波阳极溶出伏安法（SWASV）。与 DPV 和 SWV 相比，SWASV 测试方法含有对金属离子的预富集过程，有利于提高电分析的灵敏度。该测试方法受多个因素的影响，需要对电化学参数进行优化，主要包括电解质溶液的种类和 pH、电沉积的电压和沉积时间。电解质溶液的种类和 pH 会影响金属离子的水合氛围、电极表面的双电层结构、电极/溶液界面质量传递和电荷传递过程。对于可逆电化学反应过程，电解质的 pH 与检出电势复合关系如下

$$E_{f,eff}^0 = E_f^0(A/B) - 2.303 \times \frac{mRT}{nF} \times pH \tag{5.19}$$

式中　$E_{f,eff}^0$——有效形式电势；

$E_f^0(A/B)$——电活性物质 A 和 B 转化过程的标准电势；

m——反应所涉及质子的计量数；

n——反应所涉及电子的计量数；

R——摩尔气体常数；

T——反应温度；

F——法拉第常数；

pH——电解质溶液的 pH。

当 $m=n$ 时，反应温度为 25℃，电解质溶液的 pH 变化一个单位，电势将漂移 59mV。

除此之外，电沉积的电压和时间主要影响电极表面的金属富集量，即金属离子被还原成金属单质。金属富集量太多，后续的氧化过程就不能完全将富集的金属单质去除，影响准确性，并且也延长了反应时间。常用的重金属离子的缓冲溶液为 NH_4Cl-HCl、柠檬酸-柠檬酸钠、PBS、醋酸-醋酸钠，pH 调控可以用稀盐酸实现。优化三维多孔 H_xTiS_2 纳米片-PANI 复合电极材料检测铜离子的实验条件，获得最佳试验参数为：0.1mol/L 的醋酸-醋酸钠作为缓冲液、pH＝5.0、沉积电压－1.0V、沉积时间为 60s。

在上述最佳实验参数下，利用工作电极 $S_{1:1.5}$/GCE 检测不同浓度的 Cu^{2+}。随着 Cu^{2+} 浓度的增加（0～5000nmol/L），SWASV 测试法获得的峰电流增大（图 5.5），氧化峰电流的位置向正电势方向略微漂移，主要原因是溶液中 Cu^{2+}

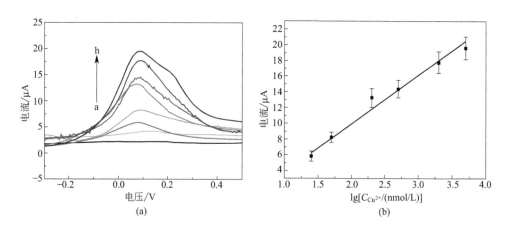

图 5.5　$S_{1:1.5}$/GCE 检测不同浓度的 Cu^{2+} 所获得的 SWASV 曲线（a）和相应的线性范围（b）

待测 Cu^{2+} 的浓度（a～h）分别为：0、5nmol/L、25nmol/L、50nmol/L、

200nmol/L、500nmol/L、2000nmol/L、5000nmol/L

的浓度引起了迁移速率、电极/溶液界面的质量和电荷传递动力学发生变化。根据 Cu^{2+} 浓度和峰电流之间的关系，可拟合出二者的线性回归方程 $I = -2.4063 + 6.1718 \lg C_{Cu^{2+}}$，从而获得检测的线性范围为 25nmol/L～5μmol/L，检出限为 0.7nmol/L（信噪比为 3，即 $S/N = 3$）。将工作电极用于检测实际水样（包括自来水和凌水水库）中 Cu^{2+} 的浓度，其检测结果与传统分析方法 ICP-MS 所检测的结果具有较好的符合度。该传感方法对 Cu^{2+} 的回收率为 $105\%～118\%$，具有良好的使用前景。

除了聚苯胺，很多含氮有机物皆可作为 Cu^{2+} 的电化学传感探针，比如 4-氨基-6-羟基-2-巯基嘧啶一水合物、L-半胱氨酸、水杨醛吖嗪、聚吡咯等[19-24]。如上述提及，PANI 对 Cu^{2+} 选择性识别能力源于亚氨基中 N 与 Cu^{2+} 的络合作用；密度泛函理论研究了对巯基苯胺（PATP）的电化学氧化产物的结构，结果表明 PATP 在酸性、中性和碱性的缓冲液中皆可形成含有亚氨基的二聚物。先前的实验证实含有亚氨基的有机物能作为 Cu^{2+} 的传感探针，其选择性机制一般源于 Cu^{2+} 与亚氨基中氮原子的络合作用。因此，利用 Au-S 共价键将 PATP 修饰在 Au 纳米粒子表面，并与 $H_x TiS_2$ 纳米片复合，可用于定量检测溶液中的 Cu^{2+}。

通过共沉淀法，在 $H_x TiS_2$ 纳米片溶液中，利用柠檬酸钠还原氯金酸溶液（Au 纳米粒子的前驱体），即可形成 $Au\text{-}H_x TiS_2$ 复合纳米材料（图 5.6）。透射电子显微镜（TEM）图片 [图 5.6(a)] 显示 Au 纳米粒子会选择性地在 $H_x TiS_2$ 纳米片的边缘成核和生长；高倍 TEM 图片 [图 5.6(b)] 显示 Au 纳米粒子的（111）晶面暴露在外，其晶面间距为 2.4Å；$H_x TiS_2$ 纳米片的（010）晶面暴露、晶面间距为 3.07Å。$H_x TiS_2$ 纳米片平面边缘的硫原子具有很多未成键的孤

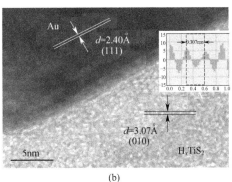

(a)　　　　　　　　　　　　　　　(b)

图 5.6　Au-$H_x TiS_2$ 复合材料的 TEM（a）和 HRTEM（b）图片

对电子，能为 Au 的异相成核和长大提供附着位点。事实上，其他 TMDCs 作为 Au 纳米粒子生长基底时，也存在着相同的现象，即择优取向生长。然而，$H_x TiS_2$ 纳米片表面的 Au 纳米粒子会随前驱体的浓度增加，Au 纳米粒子发生团聚，粒径变大。当其他条件不变，所加入的氯金酸体积为 1.5mL 时，形成的 Au-$H_x TiS_2$ 复合材料（记作 $S_{1.5}$）的电催化活性最高。

　　Au 纳米粒子还能防止 $H_x TiS_2$ 纳米片层间堆垛，保证 $H_x TiS_2$ 纳米片优良的电学性能；PATP 的包覆有效防止 $H_x TiS_2$ 纳米片的表面氧化，因此利用 Au—S 共价键将 PATP 固定在 Au 纳米粒子的表面。循环伏安曲线 ［图 5.7(a)］ 表明 GCE 修饰 $H_x TiS_2$ 纳米片后，$[Fe(CN)_6]^{3+}/[Fe(CN)_6]^{2+}$ 的氧化还原峰电流强度明显提高，表明 $H_x TiS_2$ 纳米片具有良好导电性能；而 Au 纳米粒子-$H_x TiS_2$ 纳米片复合材料（$S_{1.5}$）表现出更强电催化活性，表明 Au 纳米粒子的加入促进了电子传递性能，改善了 $H_x TiS_2$ 纳米片的电化学性能。另外，PATP/Au/GCE 和 PATP/$S_{1.5}$/GCE 在电势范围 $-0.2 \sim 0.6V$ 内未观察到 $[Fe(CN)_6]^{3+}/[Fe(CN)_6]^{2+}$ 的氧化还原峰电流，这是由于 PATP 的电聚合产物阻碍了电子传递。然而，从循环伏安曲线所包围的面积可证实 PATP 的存在能增大吸附容量。通过交流阻抗谱图（EIS）分析，可知 PATP 的存在会导致 EIS 中半圆的直径变大，表明界面电子传递阻力变大；与之相反的是，Au 纳米粒子和 $H_x TiS_2$ 纳米片的存在能促进界面电子传递。

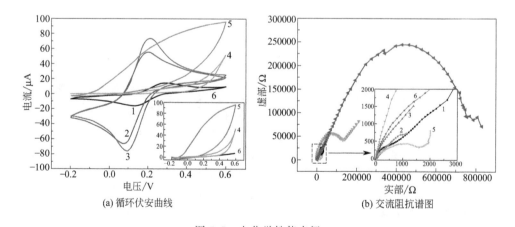

(a) 循环伏安曲线　　　　　　　　(b) 交流阻抗谱图

图 5.7　电化学性能表征

1—GCE；2—$H_x TiS_2$/GCE；3—$S_{1.5}$/GCE；4—PATP/Au/GCE；5—PATP/$S_{1.5}$/GCE；

6—检测铜离子后的 PATP/$S_{1.5}$/GCE；电解质溶液为 0.1mol/L KCl、

2.5mmol/L $K_3[Fe(CN)_6]$、2.5mmol/L $K_4[Fe(CN)_6]$

紫外可见吸收光谱和红外吸收光谱表征电极材料检测 Cu^{2+} 前后的成分和结构，其结果显示：PATP 的紫外可见吸收光谱在 341nm 和 398nm 处有两个很强的吸收峰，分别对应含 S、N 的发色官能团的 n→π* 电子跃迁；$PATP/S_{1.5}$ 的紫外可见吸收光谱在 557nm 处产生了一个新峰，对应于 Au 纳米粒子的共振吸收峰，可推测 Au 纳米粒子的平均粒径为 80nm。与此同时，位于 398nm 的特征峰漂移到 406nm 处，产生这种共振吸收红移的主要原因是：PATP 化学吸附在 Au 纳米粒子表面后导致振动结构发生了变化。$PATP/S_{1.5}$ 检测 Cu^{2+} 后，位于约 400nm 处代表 n→π* 电子跃迁的吸收峰消失，而在 301nm 处出现新的吸收峰，归属于 π→π* 电子跃迁。这是 PATP 电氧化形成的聚合物和 Cu^{2+} 作用，导致六元环（苯环）振动模式发生改变，Cu^{2+} 能作为电子受体（electron acceptors），与含氮的发色官能团作用，导致吸收光谱的蓝移。

通过对比 PATP 修饰在 Au 纳米粒子表面前后的红外吸收光谱，发现二者的红外吸收光谱特征峰的位置并没有发生漂移，则说明 Au 纳米粒子表面吸附的 PATP 并非是单层。然而，$PATP/S_{1.5}$ 检测 Cu^{2+} 后，位于 $1050cm^{-1}$、$1110cm^{-1}$、$1050cm^{-1}$、$1639cm^{-1}$ 处的特征峰发生红移或出现了特征峰，表明 Cu^{2+} 作用位点是亚氨基。PATP 电化学氧化过程是基于 PATP 分子按"头-尾"（N-C-4）和"头-肩"（N-C-2）方式聚合，最终形成含有亚氨基的三聚物。

为了获得最佳传感分析性能，需优化 SWASV 的实验参数，主要包括沉积电压、沉积时间、缓冲溶液的 pH 值和缓冲溶液的种类。具体的可参考相关文献，优化后的实验参数为：沉积电压为 -0.6V，沉积时间为 120s，缓冲液为 0.1mol/L 的醋酸-醋酸钠（pH=7）。另外，PATP 的浓度及其在 Au 纳米表面的孵化时间（incubation time）也会影响传感元的密度和整个工作电极的导电性，二者存在一个最佳的平衡值，即 45min 和 100mmol/L。在最佳优化条件下，利用工作电极 $PATP/S_{1.5}/GCE$ 检测含 Cu^{2+} 缓冲液样品，其浓度范围为 0～5μmol/L。如图 5.8 所示，随着缓冲液中 Cu^{2+} 的浓度增加，峰电流的强度是增大的。根据 Cu^{2+} 的浓度与峰电流的关系，可知该工作电极检测 Cu^{2+} 的线性范围为 0.2nmol/L～5mmol/L，所满足的线性回归关系为：$I = 6.76677 + 5.3111lgC_{Cu^{2+}}$，其线性相关系数（R）为 0.994，检出限为 0.09nmol/L。检测性能满足世界卫生组织和美国环保署设定的饮用水中 Cu^{2+} 最低检测限标准：31mmol/L 和 20mmol/L。

利用工作电极 $PATP/S_{1.5}/GCE$ 检测水体中可能存在的干扰金属离子，用于评估传感法的选择性。在氧化还原电势约为 0V 处，只有 Cu^{2+} 的检出信号峰，

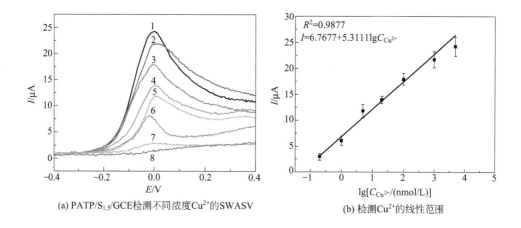

(a) PATP/S$_{1.5}$/GCE检测不同浓度Cu^{2+}的SWASV (b) 检测Cu^{2+}的线性范围

图 5.8　PATP/S$_{1.5}$/GCE 检测不同浓度的 Cu^{2+} 所获得的

SWASV 曲线（a）和相应的线性范围（b）

1—5000nmol/L；2—1000nmol/L；3—100nmol/L；4—20nmol/L；

5—5nmol/L；6—1nmol/L；7—0.2nmol/L；8—0

而其他的干扰金属离子包括 Cd^{2+}、Mg^{2+}、Hg^{2+}、Ni^{2+}、Pb^{2+}、Ca^{2+}、Fe^{3+} 和 Co^{2+} 均未被检测到电信号。PATP 的电氧化产物对 Cu^{2+} 的特异性主要源于不同水合金属离子的空间位阻效应和结合能的差异，即含氮官能团的结构变化（比如—NH$_2$、—NH—和—N$=$）对 Cu^{2+} 的特异性识别过程也存在影响。将工作电极在黑暗处、室温下储存 30 天后，测试其对 Cu^{2+} 检测性能，通过对比储存前后 Cu^{2+} 检出的峰电流变化，评估工作电极的稳定性，结果显示电极的峰电流波动<2.8%，满足实际测试所需的准确度。利用 10 个不同的工作电极检测 5mmol/L Cu^{2+}，其检测峰电流的相对标准偏差为 8.5%，表明工作电极具有良好的重现性。此外，该工作电极用于检测来至湖水、自来水等实际水样中的 Cu^{2+}，其检测值与利用 ICP-MS 测得值具有很好吻合度，表明它具有良好的实用性。

5.3.2　水体中有机物的检测

MoS$_2$ 纳米片表面含有一定量的硫空穴，很多含巯基的有机分子（比如乙酸硫氨酸、巯基修饰的聚乙二醇）易与未配对的 Mo 原子（硫空穴处）以共价键结合。上述功能化过程简单，无需强酸强氧化剂预处理 MoS$_2$ 纳米片表面。例如，块体 2H-MoS$_2$ 与乙酸硫氨酸混合后，经过液相剥离后，能形成有机分子垂直修饰的 2H-MoS$_2$ 纳米片。另外，某些有机小分子或聚合物也能在 2H-MoS$_2$ 纳米片的惰性平面上形成共价键。例如，二苯并噻吩能共价吸附在 2H-MoS$_2$ 纳米片的边缘[25]；聚吡咯通过 Mo—N 共价键修饰在 2H-MoS$_2$ 纳米片的内表面，作为电极材料表现出具有更佳的电子传递性能，在相同制备和表征条件下，其导电性甚至优于石墨烯-聚吡咯复合电极材料。相比于依靠物理作用力修饰或功能化的 MoS$_2$ 纳米片，共价键修饰的 MoS$_2$ 纳米片具有更优良的性能，特别是在导电性能、稳定性能和生物兼容性。

在电化学分析领域，表面功能化的最大优势是提高 2H-MoS$_2$ 纳米片在水体中的稳定性、亲水性，能有效对抗强酸介质对 2H-MoS$_2$ 纳米片性能的影响，实现电化学分析性能的精细调控。例如，通过电化学还原和氧化法，合成间氨基苯磺酸聚合物修饰的 MoS$_2$ 纳米片，该纳米复合电极材料可用于定量检测多巴胺，其检测的线性范围和检出限分别为 1～50μmol/L 和 0.22μmol/L(3S/N)[26]。将块体 MoS$_2$ 置于导电聚合物溶液中，利用超声剥离获得聚合物功能化的 2H-MoS$_2$ 纳米片，也能实现对有机物的定量检测。例如，掺杂的聚苯胺溶液作为液相剥离的介质，用于剥离块体 2H-MoS$_2$，可获得聚苯胺功能化的 2H-MoS$_2$ 纳米片，能用于电化学传感检测水体中氯霉素，其检测范围为 0.1～1000μmol/L[27]。

5.3.3　水体中细菌的检测

二维 TMDCs 及其复合材料与生物材料结合后，能用于检测细菌、真菌等生物体的分泌物（比如黄曲霉、寄生曲霉）。在上述复合电极材料中，生物材料主要起到选择性识别环境污染物的作用，而二维 TMDCs 及其复合材料用于固定生物传感元，并加速电子传递过程（由识别事件或过程产生的）。生物材料以适配子为主，可能是单链、双链或者四面体等结构，这些生物传感元与环境污染物作用后，其空间结构发生显著改变，导致工作电极/溶液界面的电子传输过程加快或减缓，从而获得的电信号强度产生相应变化，实现定量检测[28,29]。

细菌、真菌等生物体的分泌物分为 B1、B2、G1、G2 四类，对人体健康的威胁和毒性效应也不一样，其中黄曲霉毒素 B1（AFB1）能导致肝癌。这类物质的常规检测方法是液相色谱和色谱-质谱联用仪（比如 HPLC、HPLC/MS），而基于二维 TMDCs 的电化学传感分析方法能克服上述传统分析方法的缺点，比如检测成本和技术门槛高等问题，实现定量检测的目的[28]。

由于二维 TMDCs 属于半导体材料，作为基底材料不能快速传导电子，一般是将二维 TMDCs 和金属纳米粒子复合，提高其导电性能，改善其生物兼容性。

特别是，金纳米粒子具有良好的导电性能，常用于固定生物探针，并且金纳米粒子易负载于二维金属硫化物（MS$_2$）表面（通过 Au-S 键复合），保持金纳米粒子的高度分散性和理化特性。根据晶体热力学生长规律，原子或者生长基元（比如原子团簇）在生长位点的成键数量越多，沉积的原子或者生长基元就越稳定，不容易反向跃迁回到流体（气体、熔体或溶液）中，即被吞噬掉，从而有利于形成稳定的结晶界面。因此，Au 纳米粒子或者其他零维纳米材料的形核生长会优先在二维纳米材料的缺陷处"着床"，从而降低二维纳米材料的表面能，这是纳米粒子优先在二维过渡金属硫化物的边缘生长的主要原因。

利用二维 2H-MoS$_2$ 纳米片与金纳米粒子复合（2H-MoS$_2$/Au）形成基底材料（或者传感平台），促进传感元与金电极之间电子转移过程。通过 Au—S 共价键将四面体 DNA（巯基修饰的）固定在 2H-MoS$_2$/Au 材料表面，四面体 DNA 能与黄曲霉毒素 B1（AFB1）的适配子探针杂化。然而，当溶液中存在 AFB1 时，AFB1 的适配子会脱离四面体 DNA（去杂交过程），优先与溶液中 AFB1 复合，完成对目标环境污染物的识别过程。上述 DNA 杂交-去杂交过程（竞争作用）会影响电信号的强弱。为了提高检出电信号，在去杂交过程后，可以加入良导体纳米粒子作为信号放大元（比如 AuNPs-SiO$_2$@Fe$_3$O$_4$），这种电化学生物传感法对 AFB1 的检出限和线性范围分别为：0.01fg/mL（3S/N）和 0.1fg/mL～0.1μg/mL[28]。

5.4 石墨烯族基电化学传感器

石墨烯、氧化石墨烯（石墨烯氧化物）、h-BN 纳米片等作为电极材料面临着重堆垛（团聚）问题。重堆垛导致暴露的活性位点数量降低，从而导致其电催化活性退化，这不利于改善基于直接电化学过程的电化学传感器的性能。对于基于间接电化学过程的电化学分析法，堆垛也导致二维纳米材料表面传感元的数量减少，从而降低灵敏度、选择性等传感性能指标。

与二维过渡金属硫属化物相似，石墨烯族的表面或界面功能化的主要策略是与低维纳米材料复合，而引入点缺陷（空位或者原子掺杂）这种简单功能化方法较少采用。若对石墨烯和氧化石墨烯的表面进一步修饰，特别是与生物分子或有机分子的结合，需在其表面引入含氧官能团作为修饰位点。值得注意的是，电化学传感材料中的石墨烯常用化学还原法石墨烯氧化物制备，且残留少量的含氧官能团。

石墨烯的表面修饰过程一般按两种制备路线进行：①在石墨烯氧化物表面预先修饰上有机物、生物分子等异物，再进行还原（比如水合肼）；②先化学还原石墨烯氧化物，形成含少量含氧官能团的石墨烯，再利用物理或化学方法进行修饰。石墨烯或氧化石墨烯与修饰物的结合主要依赖 π-π 键堆积、静电作用、氢键等。很多六元环芳烃或者含杂环有机物（比如聚二烯丙基氯化铵）能与石墨烯或氧化石墨烯复合，实现表面功能化，二者主要依靠 π-π 键吸引作用。例如石墨烯氧化物能吸附单链或双链 DNA 分子，并且对单链 DNA 分子的吸附能力更强烈，但双链 DNA 分子螺旋结构导致了碱基的疏水区域被屏蔽，从而削弱了双链DNA 分子与石墨烯氧化物的作用（π-π 键）。

石墨烯族二维纳米材料用于环境污染物的电化学分析领域主要集中在石墨烯和氧化石墨烯上，特别是表面功能化的石墨烯族二维纳米材料，其分析的目标物包括：金属离子、有机物和微生物。在上述电化学方法中，石墨烯族二维纳米材料起到的作用主要包括：传递电荷和担载传感元。相对而言，石墨烯族二维纳米材料很少直接用于环境污染物的电化学分析。

5.4.1　水体中重金属离子的检测

石墨烯或氧化石墨烯与导电聚合物构成的复合材料，能集合无机纳米材料和有机物的优点，在结构和功能上实现优势互补。在电化学传感分析领域，石墨烯或氧化石墨烯主要用于促进电子传递或提高电催化活性位点的数量，实现信号放大。导电聚合物既能作为传感元，保证高选择性，又可作为交联剂调控石墨烯或氧化石墨烯堆垛的取向以及整体的形貌。

用于改性的石墨烯表面或多或少都有一定的含氧官能团，它与氧化石墨烯的主要区别在于含氧官能团的数量，这也是造成二者在亲水性、导电性等诸多性质上不同的主要原因。二者与导电聚合物复合的制备方法主要包括：电化学沉积法、化学沉淀反应方法、界面共聚合方法。对于工作电极的制备，石墨烯或氧化石墨烯基复合材料原位生长在电极表面（比如采用 CVD），可以获得更好的稳定性、重现性和电催化活性。相对而言，通过多步改性或修饰过程（比如多步旋涂法），构建的电极材料的电分析性能会有不同程度的衰减。

笔者课题组利用电化学还原和聚合方法制备了石墨烯-导电聚合物复合纳米材料，用于定量检测重金属离子。具体制备过程是：将石墨烯氧化物（改性的Hummers 法制备）负载在玻碳电极的表面，在含有吡啶的溶液中进行原位电聚合反应，形成聚吡咯纳米粒子（粒径分布在 $50 \sim 100\text{nm}$）修饰的石墨烯。值得注意的是，吡咯的电化学聚合反应和石墨烯氧化物电还原过程同时进行。与单组分相比，聚吡咯和石墨烯之间的复合有利于改善电极/溶液界面电子传递动力学过程。聚吡咯-石墨烯复合材料修饰的玻碳电极作为工作电极，可用于检测溶液中 Pb^{2+}，其检测线性范围为 5～750nmol/L，检出限为 0.047nmol/L（3S/N）[30]。

石墨烯或氧化石墨烯常与低维纳米材料复合用于定量检测重金属离子。例如，石墨烯或氧化石墨烯与零维金属纳米粒子、一维高导电纳米线或管（比如银纳米线、碳纳米管）、导电有机物（比如导电聚合物、离子液体）复合，不仅能增强石墨烯或者氧化石墨烯的导电性（石墨烯堆垛导致了导电性能和其他性能的降低），而且保证了活性位点的数量。这种全部由无机纳米材料构建的复合电极对目标物的选择性与石墨烯或石墨烯氧化物表面的含氧官能团有关，比如 Ag 纳米线与氧化石墨烯复合能用于检测水体中 Hg^{2+}，其选择性主要源于氧化石墨烯边缘的羧基（—COOH）与 Hg^{2+} 的络合作用。上述电化学传感检测法是基于电极材料（Ag 纳米线与氧化石墨烯复合材料）直接电化学还原 Hg^{2+}，但是干扰金属离子和 Hg^{2+} 在其表面的吸附能不同促使工作电极能有效区分目标物和干扰物，即检出的过电势不一样。Hg^{2+} 的检出过电势为 +0.85V，其他干扰金属离子包括 Pb^{2+}、Cd^{2+}、Cu^{2+}、Na^+、Ag^+ 的过电势分别为 −0.13V、−0.40V、+0.34V、−2.71V、+0.80V，从而实现检测的高选择性[31]。

除了基于直接电化学氧化还原反应的分析法外，将石墨烯及其复合材料与适配子等生物材料复合，能显著提高传感检测的选择性和灵敏度，同时又兼顾了无机纳米材料的稳定性。由于石墨烯和氧化石墨烯自身具有良好的生物兼容性，能用于负载生物材料，保证其生化活性，常用于构建酶基或适配子基生物传感器，实现对痕量环境污染物的定量分析。例如，利用富含碱基 T 的适配子探针能选择性识别汞离子（基于 T-Hg^{2+}-T 络合反应），其中适配子探针通过物理作用力吸附（π-π 作用）在化学还原的石墨烯（电化学还原氧化石墨烯获得）表面。随着待测液中 Hg^{2+} 浓度的增加，检出电信号强度增强，因为 Hg^{2+} 与适配子探针之间络合作用将显著降低电阻。该电化学传感检测法的线性范围和检出限分别为 0.5～990nmol/L 和 0.5nmol/L[32]。

5.4.2 水体中有机物的检测

与基于生化反应的电化学传感方法相比，非生物电极材料用于分析领域能保证分析性能的稳定性，但是所面临的挑战是分析灵敏度不佳。由于石墨烯、石墨烯氧化物等石墨烯族二维纳米材料仍存在易堆垛或团聚等缺点，导致很多优良特性丧失，因此很少直接用于电分析领域，需对其进行表面功能化。石墨烯族二维纳米材料表面功能化的策略无外乎三个方面：①形貌调控，比如在平面内产生孔结构；②维度调控，比如组装二维材料形成三维多孔结构；③成分和界面调控，比如多种材料的复合和新界面的产生。上述三种手段又是彼此互相联系和影响的，比如形貌的变化往往也会导致维度、成分和界面的变化。例如，利用层-层自组装法制备出石墨烯/聚苯胺复合材料，可用于负载"莠去津"抗体，这实际上是形貌、维度和成分皆发生改变，其最终的目的还是促进电极/溶液界面的质量传递和电荷传递过程。该复合电极材料对莠去津的检出限和线性范围分别为 $4.3 \times 10^{-11} \text{g/L}$（$3S/N$）和 $2 \times 10^{-9} \sim 2 \times 10^{-5} \text{g/L}$ [33]。除了原位生长法，利用黏合剂（比如离子液体聚合物）也能改善石墨烯/氧化石墨烯层间电子传递性能和稳定性 [34]。例如，n-乙烯基咪唑和 $(CH_2)_4Br$ 修饰的石墨烯氧化物（GO）/聚吡咯（PPY）之间发生电离反应，形成离子液体聚合物功能化的 GO/PPY，实现对水体中多巴胺的定量检测，该电化学传感检测法的线性范围和检出限分别为 $4 \sim 18 \mu\text{mol/L}$ 和 73.3nmol/L（$3S/N$）[34]。

石墨烯与零维的金属纳米粒子复合能促进电子传递，增强电催化活性，在氧活性物质检测领域有广泛的应用。例如利用共沉淀法制备石墨烯-Au 纳米粒子复合材料，石墨烯作为基底材料有利于 Au 纳米粒子的形核和生长，能防止 Au 纳米粒子的团聚，保持其催化活性；附着在石墨烯表面的 Au 纳米粒子相当于活化了石墨烯的惰性表面，同时在一定程度上防止了石墨烯的堆垛 [35]。Au 纳米粒子修饰的石墨烯纳米复合材料可以用于检测氧化氮（NO）、H_2O_2、对硝基苯酚等目标物；利用湿化学法制备石墨烯-Au 纳米粒子复合纳米材料，用于定量检测硝基苯酚，其检出限和线性范围分别为 $0.47 \mu\text{mol/L}$ 和 $0.47 \sim 10.75 \text{mmol/L}$ [36]。不过相同的电极材料体系能识别不同的目标物，其微观机制的研究仍值得深入探讨 [37]。

与金属纳米粒子的作用不同，金属氧化物纳米材料更多作为活性位点和牺牲模板，以及调控石墨烯的形貌和催化活性，因为金属氧化物一般都是生物兼容性高的半导体材料。例如，利用改进的 Hummers 法制备氧化石墨烯，基于共沉淀法制备氧化锌（ZnO）纳米粒子，二者通过搅拌、过滤和混合均匀，经过电化学还原和刻蚀获得三维多孔石墨烯基电极复合材料；ZnO 纳米粒子防止氧化石墨烯的堆垛，促进形成三维结构的氧化石墨烯，而 ZnO 纳米粒子被刻蚀去除后，会产生很多孔结构。该三维多孔石墨烯电极材料可用于同时检测苯二酚的三种同分异构体：对苯二酚、儿茶酚、间苯二酚。其中，该电化学传感检测法对对苯二酚的检测线性范围和检出限分别为 $5\sim90\mu mol/L$ 和 $0.08\mu mol/L$（$3S/N$），对儿茶酚的检测线性范围和检出限分别为 $5\sim120\mu mol/L$ 和 $0.18\mu mol/L$（$3S/N$），对间苯二酚的检测线性范围和检出限分别为 $5\sim90\mu mol/L$ 和 $2.62\mu mol/L$（$3S/N$）[38]。

与石墨烯或氧化石墨烯复合的无机纳米材料主要包括零维纳米粒子、一维纳米线和二维纳米片。与零维的纳米粒子相比，二维纳米材料与石墨烯或氧化石墨烯复合，其界面效应对材料性质的影响更加显著。在制备方面，二维纳米材料之间的复合无需满足严格的晶格匹配原则，二者结合是靠范德瓦耳斯力。例如，利用水合肼还原氧化石墨烯（改进的 Hummers 法制备）以及液相剥离法制备 MoS_2 纳米片，然后二者混合辅以超声分散就能制备出石墨烯/MoS_2 纳米片复合材料，用于检测叶酸和对乙酰氨基酚。二者复合后形成的电极材料具有更好的电催化活性和传感分析性能，其中电化学传感检测乙酰氨基酚的线性范围和检出限分别为 2.0×10^{-8} mol/L（$S/N=3$）和 $0.1\sim100\mu mol/L$[39]。利用计时库仑曲线分析电极特性，电量（Q）和时间（t）关系式[39] 为

$$Q = (2nFAD_0^{1/2}\pi^{-1/2}C_0)t^{1/2} \qquad (5.20)$$

式中　Q——电量；

　　　n——转移的电荷数；

　　　F——法拉第常数；

　　　C_0——本体溶液中电活性物种的浓度；

　　　A——电极活性面积；

　　　t——时间；

　　　D_0——电活性物种的扩散系数。

通过 Q 与 $t^{1/2}$ 线性拟合，可以获得不同电极材料中参与反应的电活性面积。与石墨烯或 MoS_2 纳米片相比，二者复合后的电催化活性面积更大。

二维 h-BN 被称为"白石墨烯"，具有良好的稳定性，即使单层 h-BN 纳米片也能稳定在空气中保存，然而其带隙较宽（$5.5\sim6.0eV$），在电化学传感检测领域的应用相对较少。表面改性的 h-BN 纳米片在一定程度上能获得更加优良的特性，比如功能化过程能改变 h-BN 纳米片的表面能，能有效防止层间堆垛，提高 h-BN 纳米片在溶剂中分散性，有利于后续与其他基底材料的整合过程。

h-BN 纳米片表面功能化的策略主要包括：非共价功能化、路易斯酸碱作用、共价功能化。h-BN 纳米片与芳香烃化合物作用，主要依靠 π-π 键吸引力结合，比如聚［（间苯乙炔)-co-(2,5-二辛氧基对苯乙炔)］；某些过渡金属纳米粒

子在 h-BN 纳米片表面的修饰也属于非共价功能化；具有平面结构的有机分子与 h-BN 纳米片作用依靠偶极-偶极相互作用和静电力作用。依据修饰分子的结构，这种非共价修饰原理可能大相径庭，比如四硫富瓦烯作为电子给体，而四氰基喹二甲基乙烷作为电子受体，基于给体-受体作用模式在 h-BN 纳米片和修饰物之间存在电子转移。

二维 h-BN 中 B—N 键具有极性特性，B 原子处于缺电子状态，能作为路易斯酸，倾向与路易斯碱作用，比如胺类化合物或氨基修饰的有机物以及磷化氢，通过酸-碱反应形成稳定了络合物，调控二维 h-BN 的电化学性质。例如，氨基修饰聚乙二醇或十八胺能与 h-BN 纳米片复合，改善 h-BN 纳米片在有机溶剂或水中的分散性，防止层间堆垛[40]。与 h-BN 纳米片-无机纳米材料构成的复合电极材料相比，有机物的修饰能强化 h-BN 纳米片对环境污染物的选择性。例如，将 h-BN 纳米片-石墨烯量子点复合材料在含有血清素（SER）电解质溶液处理（电化学氧化），可以形成对血清素的"记忆"能力，可用于选择性检测血清素，其检测的线性范围和检出限分别为 $10^{-3} \sim 10 \mathrm{nmol/L}$ 和 $2 \times 10^{-4} \mathrm{nmol/L}$（3S/N）[41]。

医药废水对生活环境（土壤、饮用水水源）和人体健康有较强的破坏性，比如医药废水中用于治疗癌症药品能扰乱人体激素正常水平。h-BN 纳米片与金属氧化纳米材料复合后，具有更好的化学稳定性、生物兼容性，二者形成的复合电极材料可以用于检测医药废水中的激素类有机物。例如，利用水热法制备了 Bi_2O_3 纳米棒/h-BN 纳米片复合材料，Bi_2O_3 纳米粒子的带隙为 2.8eV，而 Bi_2O_3 纳米棒/h-BN 纳米片修饰的丝网印刷碳电极（SPCE）对水体中氟他胺表现出更好的电化学分析性能。根据 EIS 结果可知，上述两种材料复合后在电分析性能上的协同效应主要源于半导体材料的界面效应以及对氟他胺的强吸附性能。以 Bi_2O_3 纳米棒/h-BN 纳米片/SPCE 作为工作电极，可以用于选择性检测对氟他胺，这是属于直接电化学氧化过程，其检出限和线性范围分别为 $9.0 \mathrm{nmol/L}$（3S/N）和 $0.04 \sim 87 \mu \mathrm{mol/L}$[42]。

5.4.3　水体中微生物的检测

环境中某些致病微生物（细菌、病毒），对人体健康存在风险。例如，阪崎肠杆菌（Enterobacter sakazakii）是一种食源性病原体，能引起脑膜炎、坏死性小肠结肠炎、菌血症、孕妇早产等疾病。检测微生物（比如阪崎肠杆菌、沙门菌）的传统方法耗时耗力，一般要花费 5～7 天时间用于培养阪崎肠杆菌，进行一系列分离、筛选、鉴别等过程。与之相反,电化学生物传感分析法能弥补上述检测法的缺点,实现实时、在线、快速检测的目标。

检测致病微生物的电化学传感分析法,一般采用生物传感探针,比如酶、抗菌肽、适配子、抗体和细胞[43]。例如,利用电化学还原石墨烯氧化物获得石墨烯,用于担载阪崎肠杆菌抗体,实现对阪崎肠杆菌高选择性的检测。在上述电极材料中,电化学还原法获得的石墨烯具有良好的导电性能,有利于迅速将阪崎肠杆菌与抗体之间的识别过程转化为电信号,该电化学传感检测法的检测线性范围和灵敏度分别为:$10^2 \sim 10^9 \mathrm{CFU/mL}$ 和 $91\mathrm{CFU/mL}$($3S/N$)[44]。

沙门菌作为一类病原体,通过水、粪便等介质污染环境,对人体健康产生威胁。传统的分析方法需要耗费大量的时间用于前增菌(预富集)、选择性的增菌培养、选择性鉴定培养基、鉴别和筛选等过程。由于指数富集的配体系统进化技术(SELEX)的发展,用于特异性识别细菌、病毒等微生物的适配子易被筛选出来,用于构建多种电化学生物传感法。例如,通过电化学还原和电沉积在GCE 表面形成石墨烯-金纳米粒子的复合材料,利用金属纳米粒子与适配子探针之间作用(Au—S 共价键),将适配子(序列为:5'-HS-TAT GGC GGC GTC ACC CGA CGG GGA CTT GAC ATT ATG ACA-G-3')修饰在金纳米粒子表面,能特异性识别鼠伤寒沙门菌;工作电极的电子传递阻力与溶液中鼠伤寒沙门菌的浓度成正比,基于电阻的变化实现对鼠伤寒沙门菌的快速检测,检测的线性范围和检出限分别为 $2.4 \sim 2.4 \times 10^3 \mathrm{CFU/mL}$ 和 $3\mathrm{CFU/mL}$($3S/N$)[45]。与之相似,利用 Au 纳米粒子-石墨烯复合材料担载抗体,可用于识别鸡白痢沙门菌(寄宿在鸡上的沙门菌)。在上述传感电极材料中加入磁珠(SiO_2/Fe_3O_4)可以起到对电极材料回收利用的目的,对鸡白痢沙门菌的检测线性范围和检出限分别为 $10^2 \sim 10^6 \mathrm{CFU/mL}$ 和 $89\mathrm{CFU/mL}$($3S/N$)[46]。

5.5 MXene 基电化学传感器

MXenes 是指二维过渡金属氮化物、过渡金属碳化物和过渡金属碳氮化物,具有良好的化学稳定性和热稳定性;其表面含有一些杂原子官能团,比如—F、—OH、—O—等,因此其电子特性表现出金属特征,具有良好的导电性能,在电化学传感分析领域具有良好的应用前景。MXenes 表面的杂原子官能团为进一步功能化提供良好的基础,这些杂原子官能团带负电荷,导致 MXenes 具有良好的亲水性,有利于界面电化学反应。

5.5.1　水体中亚硝酸盐的检测

二维 $Ti_3C_2T_x$（T 为杂原子官能团）是最具代表性的 MXenes，具有良好的生物兼容性，能用于固定生物传感元，比如蛋白质、酶、DNA 等生物分子，并且能保持其生化活性，而很多环境污染物对生物材料的活性存在抑制作用或者发生某种生化反应，实现对环境污染物的定量检测。例如，通过化学刻蚀法制备 $Ti_3C_2T_x$ 纳米片，作为基底材料固定血红蛋白（Hb），能与溶液中亚硝酸钠（$NaNO_2$）发生氧化还原反应，对亚硝酸钠的检测线性范围和检出限分别为 $0.5 \sim 11800\mu mol/L$ 和 $0.12\mu mol/L$（3S/N）。此电化学生物传感分析法的检测原理是血红蛋白能将亚硝酸钠还原为 N_2O，具体可能反应机制如下[47]：

$$Hb(Fe^{III})+e^- \longrightarrow Hb(Fe^{II}) \tag{5.21}$$

$$Hb(Fe^{II})+HNO_2+H^+ \longrightarrow [Hb(Fe^{II})-NO]^+ +H_2O \tag{5.22}$$

$$[Hb(Fe^{II})-NO]^+ +e^- \longrightarrow [Hb(Fe^{II})-NO]\cdot \tag{5.23}$$

$$[Hb(Fe^{II})-NO]\cdot +e^- \longrightarrow [Hb(Fe^{II})-NO]^- \tag{5.24}$$

$$[Hb(Fe^{II})-NO]^- +H^+\cdot \longrightarrow Hb(Fe^{II})+HNO \tag{5.25}$$

$$2HNO \longrightarrow N_2O+H_2O \tag{5.26}$$

5.5.2　水体中有机物的检测

MXenes 的超薄平面结构可用于担载生物兼容性好的基质，比如壳聚糖，用于固定生物分子探针，保证其生化活性；与此同时，二维 MXenes 高导电性可以促进生物探针分子表面或界面上的电荷转移，起到信号放大的作用。一些环境污染具有较强的毒性效应，可以抑制生物分子探针（比如酶、抗体抗原）的活性，很多 MXenes 基电化学传感检测方法都是基于此原理。例如，乙酰胆碱酯酶（AChE）的活性能被有机磷酸酯农药抑制。因此，将乙酰胆碱酯酶固定在壳聚糖纳米粒子表面，以 $Ti_3C_2T_x$ 纳米片作为信号放大元，能实现对有机磷酸酯农药的高选择性、高灵敏的检测，其检出限和线性范围分别为 $0.3 \times 10^{-14} mol/L$（3S/N）和 $1 \times 10^{-14} \sim 1 \times 10^{-8} mol/L$[48]。

MXenes 能与多种金属纳米粒子复合，其平面内结构缺陷能促进金属纳米粒子（NPs）前驱体的还原（比如 $HAuCl_4 \longrightarrow Au\ NPs$ 和 $PdCl_2 \longrightarrow Pd\ NPs$），有

利于金属纳米粒子在 MXenes 表面的缺陷处形核和生长,二者复合在传感分析性能上产生协同效应。与壳聚糖纳米粒子所扮演的角色相似,在通常情况下,Au、Pd、Bi 及其多元复合材料(比如双金属纳米粒子)也能用于生物探针分子修饰的基底,而这些纳米粒子也具有良好的导电性能,同二维 MXenes 一起实现电信号的放大,提高电化学传感检测的灵敏度[49]。例如,利用电化学还原法在 $Ti_3C_2T_x$ 纳米片修饰的 SPE 电极表面负载双金属纳米粒子(Au-Pd),其粒径为 30~80nm;形成的复合电极(SPE/$Ti_3C_2T_x$/Au-Pd)具有良好的生物兼容性,可用于固定乙酰胆碱酯酶。而对氧磷(一种含磷农药)对乙酰胆碱酯酶的活性有抑制作用,即乙酰胆碱酯酶与碘化乙酰硫代胆碱之间氧化还原反应电流信号降低,基于此原理构建定量检测对氧磷的电化学传感分析法,其检出限和线性范围分别为 1.75ng/L($3S/N$)和 0.1~1000μg/L。

基于相同的方法,利用壳聚糖(CS)-$Ti_3C_2T_x$ 作为基底材料修饰乙酰胆碱酯酶,将其固定在玻碳电极上,形成检测马拉息昂的工作电极(AChE/CS-$Ti_3C_2T_x$/GCE),其检测的线性范围和检出限分别为 1×10^{-14}~1×10^{-8} mol/L 和 0.3×10^{-14}mol/L($3S/N$)[48]。

5.5.3 水体中重金属离子的检测

MXenes 经过简单的功能化(比如层间插入锂离子、层间距扩大)或与其他纳米材料复合后能用于电化学检测一种或多种重金属离子[50-52]。特别是,MXenes 与其他材料复合后作为工作电极材料在电化学传感分析领域应用更加普遍,比如 MXenes 与金属纳米粒子(比如铋纳米粒子)[52]、MXenes 与导电聚合物(比如聚苯胺)[53],上述检测法绝大多数是基于直接的电化学氧化还原反应。

铋纳米粒子(BiNPs)具有良好导电性能和高表面积,适合作为电极材料;在 $Ti_3C_2T_x$ 纳米片悬浮液中(采用化学刻蚀法制备),利用 $NaBH_4$ 原位还原 Bi$(NO_3)_3$·$5H_2O$,获得 BiNPs/$Ti_3C_2T_x$ 复合材料;$Ti_3C_2T_x$ 纳米片的存在可以防止 BiNPs 团聚,形成的复合电极材料(BiNPs/$Ti_3C_2T_x$),用于定量检测溶液中 Pb^{2+} 和 Cd^{2+}。BiNPs/$Ti_3C_2T_x$ 复合材料修饰的 GCE(记作 BiNPs/$Ti_3C_2T_x$/GCE)对 Pb^{2+} 的检测线性范围和检出限分别为 0.06~0.6μmol/L 和 10.8nmol/L($3S/N$),对 Cd^{2+} 检测线性范围和检出限分别为 0.08~0.6μmol/L 和 12.4nmol/L($3S/N$)。这种电化学传感分析法实际上属于直接电化学氧化还原法(分析测试法是方波阳极溶出伏安法),对 Pb^{2+} 和 Cd^{2+} 的高选择性主要在于重金属离子在电极材料表面结合能的差异[54]。

铋的形貌和制备方法会影响对重金属离子的选择性，利用乙二醇调控铋的形核和生长 [Bi(NO$_3$)$_3$ · 5H$_2$O 和 NaBH$_4$ 反应获得]，可以形成铋纳米棒；通过静电作用，铋纳米棒和 Ti$_3$C$_2$T$_x$ 纳米片复合，作为电极材料可用于检测分析 Pb^{2+}、Cd^{2+} 和 Zn^{2+}；这三种金属离子能够被清晰地分辨，主要原因是它们在电极材料表面氧化还原反应的电势不同，分别为 -0.54V、-0.76V 和 -1.15V。形成的工作电极（Bi@d-Ti$_3$C$_2$/MSA）对 Pb^{2+}、Cd^{2+} 和 Zn^{2+} 检测的线性范围相同，皆为 $1 \sim 20 \mu$g/L，检出限分别为 0.2μg/L、0.4μg/L、0.5μg/L[52]。

与之相似，表面质子化的 g-C$_3$N$_4$（H-g-C$_3$N$_4$）具有良好导电性能，与 Ti$_3$C$_2$T$_x$ 纳米片复合后，能选择性识别 Pb^{2+} 和 Cd^{2+}；H-g-C$_3$N$_4$ 纳米材料主要位于 Ti$_3$C$_2$T$_x$ 纳米片的边缘，由于 H-g-C$_3$N$_4$ 纳米材料的尺寸小，且表面带正电，为重金属离子的吸附提供丰富的活性位点。通过滴涂法形成的 g-C$_3$N$_4$/Ti$_3$C$_2$T$_x$/GCE 工作电极对 Pb^{2+} 检测的线性范围和检出限分别为 $0.05 \sim 1.50 \mu$mol/L 和 0.6nmol/L（3S/N），检测灵敏度为 175.9μmol/(L · μA)；对 Cd^{2+} 检测的线性范围和检出限分别为 $0.05 \sim 1.50 \mu$mol/L 和 1nmol/L（3S/N），检测灵敏度为 40.79μmol/(L · μA)[55]。

导电聚合物与 MXenes 复合的主要目的是：①提高 MXenes 的电子传导性能，与 H-g-C$_3$N$_4$、金属纳米材料复合所起的作用相似；②提高对环境污染物的吸附容量和选择性。导电聚合物中富电子官能团能与重金属离子之间发生络合反应，可作为传感元。例如，采用化学刻蚀法制备 Ti$_3$C$_2$T$_x$ 纳米片，与苯胺原位聚合，形成聚苯胺（PANI）-Ti$_3$C$_2$T$_x$ 复合材料作为工作电极（PANI-Ti$_3$C$_2$T$_x$ 负载在 GCE），可用于选择性地检测水体中 Hg^{2+}；在最佳实验条件下（pH＝2、沉积电势为 -0.6V、沉积时间为 500s），利用阳极溶出伏安法，该工作电极对 Hg^{2+} 的检出线性范围和检出限分别为：$0.1 \sim 20 \mu$g/L 和 0.017μg/L（3S/N）[53]。

5.6　总结和展望

电化学传感检测法面临最核心的问题是如何设计工作电极。对电极材料的成分、形貌和维度的调控，其本征的策略都是围绕如何提高工作电极的电子传递和质量传递过程进行，其前提条件是必须保证电极材料对环境污染物的高选择性。

当前电化学传感检测法仍然面临如下几个方面的挑战。①电极材料中传感元与环境污染物之间的作用机制有待进一步考察；对于相同材料作为传感元能检测不同的环境污染物，造成很多结论互相矛盾。②电极材料设计要考虑传感元对环境污染物的选择性、电极/溶液界面反应过程（质量传递和电荷传递），其他同等重要的影响还包括不同材料成分之间的复合过程、电极材料的组装或负载过程（纳米材料负载在商用的微电极上）、电化学分析方法的选择性，而上述这些因素未受到足够的重视。③工作电极的稳定性和重现性仍然亟待解决。随着电极材料的制备工艺过程的复杂性和器件组装的过程增加，工作电极的稳定性越发难控制，这些不利于其商业化。

原位表征技术与电化学分析装置的联用能更好地理解电极材料表/界面所发生的反应过程，有利于在原子、分子尺度理解电极材料选择性识别环境污染物的机制。此外，第一原理计算方法，在传感检测的机制预测和分析，以及传感元的筛选等方面，也是极具潜力的手段。

参考文献

[1] Steel A B, Herne T M, Tarlov M J. Electrochemical quantitation of DNA immobilized on gold [J]. Analytical Chemistry, 1998, 70: 4670-4677.

[2] Gan X, Zhao H, Chen S, et al. Electrochemical DNA sensor for specific detection of pico-molar Hg (II) based on exonuclease III-assisted recycling signal amplification [J]. Analyst, 2015, 140: 2029-2036.

[3] Wu D, Yin B C, Ye B C. A label-free electrochemical DNA sensor based on exonuclease III-aided target recycling strategy for sequence-specific detection of femtomolar DNA [J]. Biosensors & Bioelectronics, 2011, 28: 232-238.

[4] Punckt C, Pope M A, Aksay I A. High selectivity of porous graphene electrodes solely due to transport and pore depletion effects [J]. The Journal of Physical Chemistry C, 2014, 118: 22635-22642.

[5] Gan X, Lee L Y S, Wong K, et al. 2H/1T Phase transition of multilayer MoS$_2$ by electro-chemical incorporation of S vacancies [J]. ACS Applied Energy Materials, 2018, 1: 4754-4765.

[6] Presolski S, Wang L, Loo A H, et al. Functional nanosheet synthons by Covalent modifi-cation of transition-metal dichalcogenides [J]. Chemistry of Materials, 2017, 29: 2066-2073.

[7] Lei S, Wang X, Li B, et al. Surface functionalization of two-dimensional metal chalcogenides by Lewis acid-base chemistry [J]. Nature Nanotechnology, 2016, 11: 465-471.

[8] Mohammadi A, Heydari-Bafrooei E, Foroughi M M, et al. Heterostructured Au/MoS$_2$-MWCNT nanoflowers: A highly efficient support for the electrochemical aptasensing of solvated mercuric ion [J]. Microchemical Journal, 2020, 158.

[9] Sarkar D, Xie X, Kang J, et al. Functionalization of transition metal dichalcogenides with metallic nanoparticles: implications for doping and gas-sensing [J]. Nano Letter, 2015, 15: 2852-2862.

[10] Fang C M, DeGroot R A, Haas C. Bulk and surface electronic structure of 1T-TiS$_2$ and 1T-TiSe$_2$ [J]. Physical Review B, 1997, 56: 4455-4463.

[11] Lin C W, Zhu X J, Feng J, et al. Hydrogen-incorporated TiS$_2$ ultrathin nanosheets with ultrahigh conductivity for stamp-transferrable electrodes [J]. Journal of the American Chemical Society, 2013, 135: 5144-5151.

[12] Ahuja T, Mir I A, Kumar D, et al. Biomolecular immobilization on conducting polymers for biosensing applications [J]. Biomaterials, 2007, 28: 791-805.

[13] Ates M. A review study of (bio) sensor systems based on conducting polymers [J]. Materials Science and Engineering: C, 2013, 33: 1853-1859.

[14] Lange U, Roznyatovskaya N V, Mirsky V M. Conducting polymers in chemical sensors and arrays [J]. Analytica Chimica Acta, 2008, 614: 1-26.

[15] Menshykau D, Compton R G. The influence of electrode porosity on diffusional cyclic voltammetry [J]. Electroanalysis, 2008, 20: 2387-2394.

[16] Liu Z, Yuan X, Zhang S, et al. Three-dimensional ordered porous electrode materials for electrochemical energy storage [J]. NPG Asia Materials, 2019, 11.

[17] Arenas L F, Ponce de León C, Walsh F C. Three-dimensional porous metal electrodes: Fabrication, characterisation and use [J]. Current Opinion in Electrochemistry, 2019, 16: 1-9.

[18] Fu K, Gong Y, Hitz G T, et al. Three-dimensional bilayer garnet solid electrolyte based high energy density lithium metal-sulfur batteries [J]. Energy & Environmental Science, 2017, 10: 1568-1575.

[19] Oztekin Y, Ramanaviciene A, Ramanavicius A. Electrochemical copper (Ⅱ) sensor based on self-assembled 4-amino-6-hydroxy-2-mercaptopyrimidine monohydrate [J]. Sensors & Actuators, B: Chemical, 2011, 155: 612-617.

[20] Yang W R, Gooding J J, Hibbert D B. Characterisation of gold electrodes modified with self-assembled monolayers of L-cysteine for the adsorptive stripping analysis of copper [J]. Journal of Electroanalytical Chemistry, 2001, 516: 10-16.

[21] Fu X C, Wu J, Li J, et al. Electrochemical determination of trace copper (II) with enhanced sensitivity and selectivity by gold nanoparticle/single-wall carbon nanotube hybrids containing three-dimensional L-cysteine molecular adapters [J]. Sensors & Actuators, B: Chemical, 2013, 182: 382-389.

[22] Liao Y, Li Q, Yue Y, et al. Selective electrochemical determination of trace level copper using a salicylaldehyde azine/MWCNTs/Nafion modified pyrolytic graphite electrode by the anodic stripping voltammetric method [J]. RSC Advances, 2015, 5: 3232-3238.

[23] Zanganeh A R, Amini M K. Polypyrrole-modified electrodes with induced recognition sites for potentiometric and voltammetric detection of copper (II) ion [J]. Sensors & Actuators, B: Chemical, 2008, 135: 358-365.

[24] Deshmukh M A, Celiesiute R, Ramanaviciene A, et al. EDTA-PANI/SWCNTs nanocomposite modified electrode for electrochemical determination of copper (II), lead (II) and mercury (II) ions [J]. Electrochimica Acta, 2018, 259: 930-938.

[25] Presolski S, Pumera M. Covalent functionalization of MoS_2 [J]. Materials Today, 2016, 19: 140-145.

[26] Yang T, Chen H Y, Jing C J, Using poly (m-aminobenzenesulfonic acid)-reduced MoS_2 nanocomposite synergistic electrocatalysis for determination of dopamine [J]. Sensors & Actuators, B: Chemical, 2017, 249: 451-457.

[27] Yang R R, Zhao J L, Chen M J, et al. Electrocatalytic determination of chloramphenicol based on molybdenum disulfide nanosheets and self-doped polyaniline [J]. Talanta, 2015, 131: 619-623.

[28] Peng G, Li X Y, Cui F, et al. Aflatoxin B1 electrochemical aptasensor based on tetrahedral DNA nanostructures functionalized three dimensionally ordered macroporous MoS_2-AuNPs film [J]. ACS Applied Materials & Interfaces, 2018, 10: 17551-17559.

[29] Wang Y H, Ning G, Bi H, et al. A novel ratiometric electrochemical assay for ochratoxin A coupling Au nanoparticles decorated MoS_2 nanosheets with aptamer [J]. Electrochimica Acta, 2018, 285: 120-127.

[30] Kong Y, Wu T, Wu D, et al. An electrochemical sensor based on Fe_3O_4@PANI nanocomposites for sensitive detection of Pb^{2+} and Cd^{2+} [J]. Analytical Methods, 2018, 10: 4784-4792.

[31] Rahman M T, Kabir M F, et al. Graphene oxide-silver nanowire nanocomposites for enhanced sensing of Hg^{2+} [J]. ACS Applied Nano Materials, 2019, 2: 4842-4851.

[32] Tan F, Cong L, Saucedo N M, et al. An electrochemically reduced graphene oxide chemiresistive sensor for sensitive detection of $Hg^{(2+)}$ ion in water samples [J]. Journal of Hazardous Materials, 2016, 320: 226-233.

[33] Chuc N V, Binh N H, Thanh C T, et al. Electrochemical immunosensor for detection of atrazine based on polyaniline/graphene [J]. Journal of Materials Science & Technology, 2016, 32: 539-544.

[34] Mao H, Liang J, Zhang H, et al. Poly (ionic liquids) functionalized polypyrrole/graphene oxide nanosheets for electrochemical sensor to detect dopamine in the presence of ascorbic acid [J]. Biosensors & Bioelectronics, 2015, 70: 289-298.

[35] Xu M Q, Wu J F, Zhao G C. Direct electrochemistry of hemoglobin at a graphene gold nanoparticle composite film for nitric oxide biosensing [J]. Sensors, 2013, 13: 7492-7504.

[36] Zhang W, Chang J, Chen J, et al. Graphene-Au composite sensor for electrochemical detection of para-nitrophenol, Research on Chemical Intermediates, 2012, 38: 2443-2455.

[37] Zhang H M, Gan X R. A review: nanomaterials applied in graphene-based electrochemical biosensors [J]. Sensors & Materials, 2015, 27: 191-215.

[38] Zhang H, Bo X, Guo L. Electrochemical preparation of porous graphene and its electro-

chemical application in the simultaneous determination of hydroquinone, catechol, and resorcinol [J]. Sensors and Actuators B: Chemical, 2015, 220: 919-926.

[39] Huang K J, Wang L, Li J, et al. Electrochemical sensing based on layered MoS_2-graphene composites [J]. Sensors and Actuators B: Chemical, 2013, 178: 671-677.

[40] Lin Y, Williams T V, Cao W, et al. Defect functionalization of hexagonal boron nitride nanosheets [J]. Journal of Physical Chemistry C, 2010, 114: 17434-17439.

[41] Yola M L, Atar N. A novel detection approach for serotonin by graphene quantum dots/two-dimensional (2D) hexagonal boron nitride nanosheets with molecularly imprinted polymer [J]. Applied Surface Science, 2018, 458: 648-655.

[42] Kokulnathan T, Vishnuraj R, Wang T J, et al. Heterostructured bismuth oxide/hexagonal-boron nitride nanocomposite: a disposable electrochemical sensor for detection of flutamide [J]. Ecotoxicology & Environmental Safety, 2020, 207: 111276.

[43] Bhardwaj N, Bhardwaj S K, Mehta J, et al. Bacteriophage immobilized graphene electrodes for impedimetric sensing of bacteria (Staphylococcus arlettae) [J]. Analytical Biochemistry, 2016, 505: 18-25.

[44] Hu X, Dou W, Fu L, et al. A disposable immunosensor for Enterobacter sakazakii based on an electrochemically reduced graphene oxide-modified electrode [J]. Analytical Biochemistry, 2013, 434: 218-220.

[45] Ma X, Jiang Y, Jia F, et al. An aptamer-based electrochemical biosensor for the detection of Salmonella [J]. Journal of Microbiological Methods, 2014, 98: 94-98.

[46] Fei J F, Dou W C, Zhao G Y. Amperometric immunoassay for the detection of Salmonella pullorum using a screen-printed carbon electrode modified with gold nanoparticle-coated reduced graphene oxide and immunomagnetic beads [J]. Microchimica Acta, 2016, 183, 757-764.

[47] Liu H, Duan C, Yang C, et al. A novel nitrite biosensor based on the direct electrochemistry of hemoglobin immobilized on MXene-Ti_3C_2 [J]. Sensors and Actuators B: Chemical, 2015, 218: 60-66.

[48] Zhou L Y, Zhang X, Ma L, et al. Acetylcholinesterase/chitosan-transition metal carbides nanocomposites-based biosensor for the organophosphate pesticides detection [J]. Biochemical Engineering Journal, 2017, 128: 243-249.

[49] Zhao F N, Yao Y, Jiang C M, et al. Self-reduction bimetallic nanoparticles on ultrathin MXene nanosheets as functional platform for pesticide sensing [J]. Journal of Hazardous Materials, 2020, 384.

[50] Rasheed P A, Pandey R P, Gomez T, et al. Large interlayer spacing $Nb_4C_3T_x$ (MXene) promotes the ultrasensitive electrochemical detection of $Pb^{(2+)}$ on glassy carbon electrodes [J]. RSC Advances, 2020, 10: 24697-24704.

[51] Hu J P, Zhu X L, Liu B C, et al. Alkaline intercalated Ti_3C_2 MXene for simultaneous electrochemical detection of multiple heavy metal ions in aqueous environment [J]. Electrochimica Acta, 2018, 256.

[52] Zhu X L, Liu B C, Li L, et al. A micromilled microgrid sensor with delaminated MXene-bismuth nanocomposite assembly for simultaneous electrochemical detection of lead (Ⅱ), cadmium (Ⅱ) and zinc (Ⅱ) [J]. Microchimica Acta, 2019, 186.

[53] Cheng H L，Yang J R. Preparation of Ti_3C_2-PANI composite as sensor for electrochemical determination of mercury ions in water [J]. International Journal of Electrochemical Science，2020，15：2295-2306.

[54] He Y，Ma L，Zhou L，et al. Preparation and application of bismuth/MXene nano-composite as electrochemical sensor for heavy metal ions detection [J]. Nanomaterials (Basel)，2020，10.

[55] Lv X，Pei F，Feng S，et al. Facile synthesis of protonated carbon nitride/$Ti_3C_2T_x$ nano-composite for simultaneous detection of Pb^{2+} and Cd^{2+} [J]. Journal of the Electrochemical Society，2020，167：067509.

第**6**章

环境污染物的荧光传感分析法

6.1　引言

材料的荧光发射特性强烈依赖其电子能带结构，而电子能带结构与材料的缺陷、原子排布、维度或尺寸密切相关，比如属于直接带隙的单层 TMDCs 所展现的荧光发射性能，要显著高于二层或多层 TMDCs。除了纳米材料的厚度，尺寸降低更有利于荧光发射性能增强，比如二维纳米材料的荧光发射强度不如尺寸更小的量子点（具有相同成分）。实际上，纳米材料的尺寸对其荧光发射性能的影响，在本质上与厚度对荧光发射性能的影响相似，即结构缺陷所引起的电子能带结构改变[1]。另外，由结构和电荷不纯导致激子和带电激子的行为改变，也是纳米材料（包括二维纳米材料）的荧光发射特性改变的重要原因[2]。因此，纳米材料的荧光发射特性受到材料的表面态、边缘态和本征态等因素的影响。

单层 MoS_2 的荧光发射特性源于体相中 A、B 激子（根据紫外可见吸收光谱中激子吸收峰的位置定义）的产生和复合，即自旋-轨道耦合作用使价带顶劈裂造成了 A、B 激子的形成，其光发射性能受 MoS_2 的缺陷影响，比如退火能显著地提高 MoS_2 的荧光量子效率。因此，材料合成方法会影响其边缘结构（结构缺陷）或表面连接的化学基团（比如杂原子或者有机官能团），很多研究表明二维纳米材料的平面边缘引入含杂原子有机官能团，能改变荧光发射峰的强度和位置，并且荧光特性受修饰的有机官能团种类或者长度等因素的影响。

已报道的荧光生成机制很多，皆涉及电子/激子的能量涨落（激发和退激发）。当高能光（$h\nu$）辐射材料时，若光子能量大于材料禁带宽度，导致电子吸收能量从基态跃迁至高能级；由于电子所处高能态不稳定，就会从高能级跃迁至低能级，从而以荧光的形式释放出能量。总之，纳米材料的荧光发射过程属于一种叠加在热辐射背景上的非平衡辐射。

在一般情况下，纳米材料发光所产生的荧光能量要小于等于激发光的能量，即荧光波长比激发光的波长更长或者相等。发射的荧光波长变长是由于材料中杂质或结构缺陷的存在，在带隙中形成了杂质能级；激发和发射波长相同的情况一般指的是共振荧光。在某些情况下，利用单光子激发最终造成多光子辐射，从而导致发射光的能量高于激发光的能量，称为能量的上转换现象。此现象属于反斯托克斯（anti-Stokes）发光，它可以将近红外光转换成可见光。在纳米点、量子点等零维纳米材料中，可观察到能量的上转换现象，这种材料具有许多优良的特性，比如尖锐的发射带宽、多种颜色的反射（良好的可调性）、良好的光稳定性等[3]，被广泛用于荧光成像和荧光传感检测领域。例如石墨烯和g-C_3N_4量子点是双光子荧光（two-photon fluorescence）材料，利用近红外的激发光就能产生可见光区域的荧光[4,5]。

具有荧光发射性能的二维层状材料主要集中在半导体材料及其异质结上，它们的荧光发射特性严重依赖于层厚度。单层的二维TMDCs的荧光发射性能至少是其块体或者多层材料的10^4倍；当二维纳米材料的层厚度从单层变成两层时，其荧光发射强度衰减严重。这种现象源自于电子能带结构的变化，即当厚度降低到单原子层时，其电子能带结构由间接带隙到直接带隙转变，电子被激发跃迁效率更高，因此单层二维半导体材料具有良好荧光发射性能。不同接触状态的二维纳米材料异质结，会展现出截然不同的发光行为，包括层间激子辐射以及相关荧光闪烁效应。

很多二维纳米材料（比如TMDCs）不仅具有良好的荧光发射性能，而且可以作为高效的荧光猝灭剂，在荧光传感检测中，除了利用二维纳米材料的荧光发射特性，在大部分情况下会利用二维纳米材料的荧光猝灭性能[6]。荧光猝灭过程涉及微观上的能量转移。众所周知，分子与分子之间的能量转移方式主要有三种：Dexter能量转移（基于波函数的重叠）、Förster能量转移（静电偶极-偶极相互作用）和辐射能量转移（光子的吸收和辐射）。以二维纳米材料作为荧光猝灭剂所涉及的能量转移过程一般发生在亚波长范围内，属于Förster能量转移。例如，尽管石墨烯不是荧光发光材料，然而是良好的荧光猝灭剂；通过Förster共振能量转移机制（由于狄拉克电子的线性分散），石墨烯与荧光发光基团（团簇、有机分子或纳米晶体）之间发生荧光猝灭，其猝灭的程度受石墨烯与荧光官能团的距离影响（与距离的六次方相关），这种受体和给体之间的电子能量共振转移能用电荷转移效率（E_t）表征，具体关系式如下[7]：

$$E_t = \frac{R_0^6}{R_0^6 + R^6}$$
(6.1)

式中　R——受体和给体之间的距离；

　　　R_0——Förster 半径；

　　　E_t——电荷转移效率。

式中，R_0 相当于 $E_t = 0.5$ 时受体和给体之间的距离。对于长程 Förster 电子能量共振转移，电子的受体和给体之间的距离可以达到 10nm 左右[7,8]。

利用二维纳米材料构建环境污染物的荧光传感检测器，一般采用两种策略。第一种策略是利用二维纳米材料自身的荧光发光性能，第二种策略是利用二维纳米材料良好的荧光猝灭性能。总体而言，第二种策略应用更加广泛，因为荧光染料分子或生物材料（比如荧光标记的 DNA）等多种材料能提供良好的荧光发射特性。相对而言，只有单层结构且是半导体二维纳米材料才具有可观的荧光发射性能，而少层/几层二维纳米材料的荧光发射性能可以忽略；另一方面，单层二维半导体纳米材料的荧光发射性能极易受到干扰物质的影响，产生假阴性或假阳性的荧光信号。上述现象主要源于单层的二维纳米材料的表面态敏感。例如，外来物质与单层二维纳米材料之间的物理吸附就容易造成 p 型或者 n 型掺杂效应，更不用说表面共价功能化修饰。这是很少利用二维纳米材料的荧光发射特性来构建传感器的主要原因。

6.2　石墨烯族基荧光传感器

石墨烯、氧化石墨烯、h-BN、g-C_3N_4 等石墨烯族二维纳米材料的荧光发射性能受其尺寸影响较大。一般地，具有金属特性的石墨烯不会产生荧光发光特性，而具有半导体性质的氧化石墨烯、h-BN、g-C_3N_4 在一定条件下能产生发光特性。在紫外或可见光范围内，氧化石墨烯的水溶液或薄膜都有很好的光致荧光发射性能；根据氧化石墨烯表面的官能团、缺陷、厚度的不同，其发光光谱的范围从可见光到近红外区域间变化，其最大发射峰位于 500～800nm；氧化石墨烯在紫外光激发下能发射蓝光，其最大发射峰位于 390～440nm[9,10]。氧化石墨烯主要由 sp^3 杂化的碳原子构成，其荧光发射性能与尺寸没有太强的相关性，而由 sp^2 杂化构成石墨烯的荧光发射特性却与尺寸密切相关，比如石墨烯量子点具有较强的荧光发射性能。然而，在荧光传感检测中一般利用石墨烯和氧化石墨烯的优良荧光猝灭性能，而非发光性能[11,12]。

除了石墨烯，其他石墨烯族的二维纳米材料也具有良好的荧光猝灭性能。环境污染物的荧光传感检测，其检测机理大同小异，即传感元或探针具有良好的荧光发射性能，当传感元与待测目标物发生特异性作用后，荧光发光性能会随之减弱或者部分猝灭，这个猝灭过程是基于受体和给体之间的荧光能量转移或者非辐射的偶极-偶极作用，其猝灭效率受猝灭剂（二维纳米材料）与传感元之间的距离影响。这种策略主要应用在荧光生物传感检测中，且以适配子探针居多。值得注意的是，荧光信号的来源可以是修饰在适配子探针上的荧光基团，也可以是其他的荧光发光材料，比如量子点、荧光染料、有机聚合物等。

6.2.1 水体中重金属离子的检测

直接将石墨烯族及其复合材料（不含生物材料）用于荧光传感检测领域，这类荧光分析方法属于化学传感检测，这种策略很难大幅度提高分析性能，特别是灵敏度。与之相比，生物传感检测法具有更好的灵敏度，因为生化反应过程更快。因此，常将酶、适配子、抗体等生化材料与石墨烯族及其复合材料结合，利用生化反应的特异性和高效性，显著提高荧光传感检测的灵敏度、缩短反应时间。在以生物材料作为传感元的荧光传感器中，适配子应用最为广泛。适配子是一种能特异性识别环境污染物的短链 DNA 和 RNA，通过调控碱基的顺序和空间结构（一级、二级、三级结构）可以识别多种目标物，被广泛用于构建传感元或传感探针。

在环境污染物的荧光分析领域，常利用荧光官能团标记的适配子与环境污染物相互作用，使适配子的结构发生变化，比如从直立状变成倒伏状，导致适配子的荧光官能团与二维纳米材料（猝灭剂）之间的距离发生变化，从而导致整体荧光发射强度的改变，建立起环境污染物浓度与荧光强度的关系，实现定量检测的目的。例如，利用胞嘧啶-Ag^+-胞嘧啶（C-Ag^+-C）络合作用或者胸腺嘧啶-Hg^{2+}-胸腺嘧啶（T-Hg^{2+}-T）杂交错配保证荧光传感检测法的高选择性，再利用石墨烯等二维纳米材料的荧光猝灭作用，实现对水体中 Ag^+ 或 Hg^{2+} 的定量检测，这种生物传感器在检测目标物前后，适配子探针会发生空间结构的变化（比如单链、双链、发卡状、G-四链体），从而引起荧光基团发光性能的恢复或猝灭。

二维 g-C_3N_4 具有良好的荧光发射性能（位于蓝波频段），其量子产率可达32%，与金属和半导体纳米粒子复合后，其荧光发射性能会进一步增强。二维 g-C_3N_4 所发射的荧光能被多种重金属离子猝灭，从而实现定量分析水体中重金属离子的目的[13,14]。例如，利用二氰二胺的热聚合反应形成块体 $g-C_3N_4$，并在空气中热解剥离，使得块体 $g-C_3N_4$ 的层厚度降低，形成表面含有大量的羟基官能团的 $g-C_3N_4$ 纳米片，能选择性与 Hg^{2+} 和 Fe^{3+} 作用，导致 $g-C_3N_4$ 的荧光发射强度降低。该荧光传感分析方法对 Hg^{2+} 检测的线性范围和检出限分别为 $0\sim15\mu mol/L$ 和 $12nmol/L$（$3S/N$），对 Fe^{3+} 检测的线性范围和检出限分别为 $0\sim400\mu mol/L$ 和 $190nmol/L$（$3S/N$）[13]。

二维碳纳米片是良导体，能加快电子转移，还可以作为基底材料，用于固定生物传感元或类生物材料（比如人工纳米酶），进一步提高类酶材料的催化活性。例如，二维碳纳米片作为基底材料，能显著提高 FeP 纳米粒子的类过氧化氢酶活性，形成的 FeP/C 复合纳米材料能催化氧化荧光红染料，产生具有高荧光发射性能的氧化态荧光红染料（其发射峰位于 585nm），不过上述过程能被半胱氨酸抑制。基于此实验现象，FeP/C 复合纳米材料能定量检测溶液中半胱氨酸，其检出线性范围和检出限为：$0.04\sim10\mu mol/L$ 和 $0.026\mu mol/L$（$3S/N$）。另一方面，因为 Cu^{2+} 与半胱氨酸的结合力更强，使得半胱氨酸离开 FeP/C 复合纳米材料的活性位点（并与 Cu^{2+} 优先结合），因此 Cu^{2+} 能恢复 FeP/C 复合纳米材料的类酶催化氧化活性。因此，FeP/C 复合纳米材料不仅能用于半胱氨酸的定量检测，而且能用于 Cu^{2+} 的检测，对 Cu^{2+} 检测的线性范围和检出限分别为 $0.5\sim250nmol/L$ 和 $0.21nmol/L$（$3S/N$）。尽管 FeP/C 复合纳米材料是非生物材料，但是仍旧受温度和 pH 影响较大，最适合 pH 范围是 $4\sim7$，最高运行温度为 $50℃$[15]。

6.2.2　水体中抗生素的检测

抗生素很容易通过食品、药品、水进入人体，对肝脏等器官产生损坏，比如氯霉素能引起白血病、灰婴综合征（gray baby syndrome）、再生障碍性贫血等疾病。抗生素的检测方法主要利用质谱、高效液相色谱、质谱-色谱联用仪。这类方法仍然面临着诸多挑战。以石墨烯族二维纳米材料-适配子复合纳米材料作为荧光传感材料，可实现对抗生素的定量检测。

石墨烯（或多或少含有一定的氧官能团）和石墨烯氧化物用于荧光传感检测抗生素，其检测原理是：利用荧光分子或官能团标记的适配子探针保证对抗生素的高选择性；当待测水样中无抗生素时，荧光探针分子会通过静电吸附在石墨烯或石墨烯氧化物表面，处于荧光猝灭状态；当待测水样中含有抗生素时，处于荧光猝灭状态的分子会优先与抗生素分子作用，从而离开石墨烯或石墨烯氧化物表面，导致荧光发射特性恢复。例如，设计一条可识别氯霉素的单链 DNA，其碱基序列为：5′-ACTTCAGTGAGTTGTCCCACGGTCGGCGAGTCGGTGGTAG-3′，并且将适配子探针修饰荧光基团（9,10 -二苯乙烯蒽的衍生物），实现荧光标记。依据上述荧光检测原理，以石墨烯氧化物作为荧光猝灭剂，实现对氯霉素的定量检测，该分析方法的线性范围和检出限分别为 0～100ng/mL 和 1.26pg/mL（3S/N）。该荧光分析还可用于检测牛奶中的氯霉素[16]。

石墨烯族二维纳米材料在组装形成荧光传感材料时，其宏观形貌会发生一定的改变，从而影响材料的光电性质。正如前文所述，传感材料的宏观形貌与所参与的反应过程的活性位点密切相关，特别是质量传递和电荷传递过程。通过自组装或者与其他材料的交联作用，将石墨烯或石墨烯氧化物制备成水凝胶或气凝胶可提高石墨烯或石墨烯氧化物的稳定性（防止堆垛）、力学性能和吸附性能，特别是活性位点的暴露量。

组装形成的三维多级结构的石墨烯一般要进行表面功能化，才利于最终稳定成型。靠双氧水、浓硫酸等氧化剂形成的石墨烯氧化物，通过化学法还原形成石墨烯（rGO），其平面边缘含有大量亲水基团，比如羧基和羟基，因此在水中稳定分散的浓度可以达到 10 mg/mL。将 rGO 与交联剂（比如聚合物、金属离子、铵盐、DNA、RNA）复合，可实现 rGO 的自组装，形成三维多孔水凝胶。水凝胶中适配子不仅能减缓 rGO 的堆垛，而且作为环境污染物的传感元或探针，保证对待测污染物的高选择性。另一方面，在形成的水凝胶中，rGO 能起到吸附适配子和猝灭适配上荧光基团的作用[17]。

利用腺苷酸和适配子修饰交联作用，也能制备氧化石墨烯的水凝胶，其形貌表现出不均一的孔洞结构，孔尺寸从亚微米到几个微米。这种三维多孔结构有利于水凝胶表面的适配子探针释放和环境污染物的迁移（比如抗生素进出水凝胶内外表面），提高了荧光传感检测的灵敏度，降低传感检测的反应时间。此外，氧化石墨烯水凝胶的多孔结构有利于吸附适配子探针或环境污染物。

三维多孔氧化石墨烯水凝胶形成原理可以从两个层次理解。在宏观层次，由于适配子中碱基与石墨烯氧化物之间通过氢键或路易斯酸碱作用，改变并及时固定住石墨烯氧化物的排列和堆垛，因此可以形成三维多孔结构。在微观层次，由于石墨烯氧化物层间存在含氧官能团，因此石墨烯氧化物的层间距比石墨烯的大；适配子与石墨烯氧化物形成水凝胶时，适配子不仅作用在石墨烯氧化物的表面，而且会进入石墨烯氧化物层间（即适配子的插层作用），因此在水凝胶中的石墨烯氧化物的层间距会进一步增大，产生许多独特的性质。

以检测土霉素为例，吸附在氧化石墨烯表面适配子的碱基序列为：5′-FAM-

CGTACGGAATTCGCTAGCCGAGGCACAGTCGCTGGTGCCTACCTGGTTG-
CCGTTGTGTGGATCCGAGCTCCACGTG-3′；若检测磺胺类的抗生素，则需
将适配子碱基序列设计为：5′-FAM-GAGGGCAACGAGTGTTTATAGA-3′。
FAM 为标记的荧光基团，全名为 6-羧基荧光素。环境污染物无论是土霉素还是
磺胺类的抗生素，其荧光传感分析原理相似，即当溶液中没有抗生素时，带有荧
光标记的适配子探针和氧化石墨烯之间存在 π-π 作用力，导致适配子探针会吸附
在氧化石墨烯的表面，因此适配子探针的荧光无法观测到猝灭状态；当溶液中含
有待测的目标物时，适配子探针与抗生素之间存在较强的特异性作用（识别过
程），发生空间结构的改变，导致标记的荧光基团远离氧化石墨烯表面，从而荧
光发射特性恢复。

　　氧化石墨烯水凝胶中适配探针的浓度会影响荧光检测信号的强弱。以检测土
霉素的适配探针为例，增加水凝胶中适配子的浓度有利于提高检测的上限，但同
时会降低检测的灵敏度；适配子的浓度过高会增大荧光的背景信号，降低荧光恢
复率；不同浓度的适配子主要会改变荧光传感器的检出限。在最佳的实验时间
下，基于石墨烯氧化物水凝胶的荧光传感器对土霉素检测的线性范围为 $25 \sim$
$500 \mu g/L$，检出限为 $25 \mu g/L$[18]。

6.2.3　水体中有机农药的检测

　　很多具有"上转换"效应的金属纳米粒子与石墨烯复合，用于提高荧光分析
方法的性能。这类上转换材料能通过吸收一个或多个低能量的光子而释放出高能
量光子的过程，这种形状也称为反斯托克斯位移（anti-Stokes shift），其发光机
制包括激发态吸收、能量传递和光子雪崩三种类型。传统的荧光传感材料所涉及
的能量传递机制是荧光共振能量转移机制，属于下转换发光（或者斯托克斯位
移），容易导致较强背景干扰信号。因此，这种基于下转换发光机制的荧光传感
材料，其灵敏度较低，在复杂的基质中的应用受到限制。与下转换发光材料相
比，具有上转换效应的荧光材料能利用范围更宽的光激发，即"在长波长范围激
发、在短波长范围发射"的特殊光学性质，具有更高的量子产率、较高的光稳定
性、窄发射峰、长荧光寿命等优点；在荧光生物传感检测领域有广泛的实用性，
比如可避免由生物样品本身发光所导致的背景信号或干扰，能显著提高信噪比、
检测的灵敏度和准确性[19]。

　　除了金属纳米粒子，一些半导体材料纳米粒子也具有荧光上转换效应，特别
是由稀土掺杂（比如镱和铒，即 Y 和 Er）构成的多元复合物（$NaY_{0.28}F_4$：

$Yb_{0.7}$，$Er_{0.02}$ 和 $NaYF_4$：Yb，Er）；这类荧光纳米材料被用于检测大肠埃希菌、抗生素、农药（比如二嗪农）等多种环境污染物。将环境污染物的传感探针（较常见的是适配子）修饰在这些荧光上转换材料表面。当溶液中无环境污染物时，由于传感探针与荧光猝灭剂（比如石墨烯、石墨烯氧化物等）之间的作用（如 π-π 作用）导致具有荧光上转换效应的纳米粒子无法发光；当溶液中出现环境污染物时，由于传感探针与目标物之间较强的特异性作用，会促使荧光发光材料脱离猝灭剂的表面，使得荧光发光性能恢复。例如，荧光上转换发光材料（β-$NaYF_4$：Yb，Er）表面修饰二嗪农的适配子探针后，以石墨烯氧化物作为荧光猝灭剂，由于适配子探针与二嗪农作用前后，适配子的空间结构会发生显著变化（碱基序列为：5'-NH_2-C_6-ATCCGTCACACCTGCTCTAATATAGAGG-TATTGCTCTTGGACAAGGTACAGGGATGGTGTTGGCTCCCGTAT-3'），导致荧光发光材料靠近或远离石墨烯氧化物，从而实现荧光的关/开效应，实现对二嗪农的定量检测，其检出限和线性范围分别为 0.023ng/mL（3S/N）和 0.05～500ng/mL[20]。

6.2.4　水体中药物的检测

医药废水所含有机物浓度高、可生化性差、色度深、成分复杂，很多有机物都具有"致畸致癌"效应，若排放到水体中，会污染水源和危害人体健康。因此，需要开发高效、准确和快速的检测方法。传统的分析方法主要是高性能液相色谱法，与之相比荧光传感检测法具有低价、灵敏、高选择性等多种优点。

目前，石墨烯族及其复合材料作为荧光材料，很少用于检测水体中医药成分。在绝大多数荧光传感检测法中，石墨烯族二维纳米材料皆作为荧光猝灭剂。以检测多巴胺为例，多巴胺作为电子受体，能猝灭 g-C_3N_4 纳米片的荧光，因此 g-C_3N_4 纳米片能作为荧光传感材料，用于定量检测多巴胺。然而，单一 g-C_3N_4 纳米片的荧光发射性能还是较弱，需要从多方面去提高其量子产率或荧光发射性能；典型的做法之一是调控光-物质相互作用，比如增加光吸收，使更多激发光与 g-C_3N_4 纳米片作用。例如，将 g-C_3N_4 纳米片与金纳米粒子复合后（比如通过静电力结合），其荧光发射最强峰的位置，从蓝光波长范围漂移到红光波长范围，此光吸收性能的变化源于金纳米粒子的等离子体共振吸收效应，有利于增强 g-C_3N_4 纳米片的光谱吸收范围。此外，由于金纳米粒子能抑制非辐射转换，g-C_3N_4 纳米片和金纳米粒子复合（g-C_3N_4/Au NPs）能提高载流子的寿命。在 pH=7.5 和浓度为 0.01mol/L 的磷酸缓冲液中，利用 g-C_3N_4/Au NPs 作为传感材料，检测一系列不同浓度的多巴胺溶液（0～9.75mmol/L），获得该荧光传感检测法的线性范围和检测限，分别为 0.05～8.0μmol/L 和 0.018μmol/L（$S/N=3$）[14]。

利用 SELEX 技术筛选出对"氟苯尼考"（一种广谱抗菌药）具有高度特异性的适配子探针（作为传感元），并用荧光基团 ATTO647N 标记该传感元（http：//www. microsynth. ch/），其碱基序列为（含有 80 个）：5′-ATTO647N-GCTGTGTGACTCCTGCAAGGTCCATTCAAGTCGTAGGTTTGCCTTCAGC-CTCAACGCTTACGCAGCTGTATCTTGTCTCC-3′。筛选的指标是适配子探针与氟苯尼考（待测物）结合力，可以通过解离常数（K_d）间接反映：一般 K_d 的数值越小代表结合能越强。以石墨烯氧化物作为纳米荧光猝灭剂，当待测液中无氟苯尼考时，ATTO647N 标记的适配子探针处于荧光猝灭状态；当待测液中出现氟苯尼考时，吸附在石墨烯氧化物表面的适配子探针会进入待测液中，优先与氟苯尼考结合，从而使得荧光恢复。恢复的荧光强度与待测液中的氟苯尼考的浓度成正比，从而实现定量检测的目的。该荧光传感检测法对氟苯尼考的检测线性范围和检出限分别为 5～1200nmol/L 和 5.75nmol/L（$S/N=3$）[21]。

6.2.5　水体中细菌的检测

肺炎链球菌属于革兰氏阳性细菌，能造成肺炎、中耳炎、脑膜炎和菌血症等疾病。由于 SELEX 技术的快速发展，使得快速筛选出对致病菌（比如肺炎链球菌）具有高度特异性的适配子成为可能，这类适配子不仅可以作为致病菌的传感元或探针，用于定量检测细菌，而且在一定程度上能抑制致病菌的生长。

利用 SELEX 技术筛选对致病菌具有特异性的适配子探针，其筛选过程如下：在一个随机 DNA 文库中，通过多次 SELEX 循环，获得对致病菌具有特异性的适配子探针。对于肺炎链球菌，经过多轮筛选、富集，从 DNA 文库中获得的适配子探针（用荧光基团 FAM 标记）的碱基序列结构为：5′-FAM-TGACGAGCCCAAGTTACCTGCCCCCGAACCATACCACACGATGCCCCGT-ACCCCAGCCACCAGAATCTCCGCTGCCTACA-3′。研究结果显示，该适配子探针（Lyd-3）不仅对肺炎链球菌具有最强的结合力，而且能抑制肺炎链球菌成膜能力（biofilm formation）。通过 π-π 作用力，Lyd-3 能吸附在石墨烯氧化物表面，导致 Lyd-3 修饰的荧光发光基团处于荧光猝灭状态；当待测液中含有肺炎链球菌时，Lyd-3 会脱离石墨烯氧化物的表面，优先与肺炎链球菌结合，导致 Lyd-3 的荧光发光性能恢复。由于荧光恢复的强度与待测液中肺炎链球菌浓度呈正比，从而实现对其定量检测, 其检出线性范围和检出限分别为 $10^2 \sim 10^7 \text{CFU/mL}$ 和 15CFU/mL [22]。

6.3 二维 TMDC 基荧光传感器

单层过渡金属硫化物 (TMDCs) 具有良好的荧光发射性能, 可产生多种荧光发射活性物种, 主要包括中性激子、双激子、带负电的三激子、带正电的三激子、与缺陷相关的激子等 (三激子属于带电激子)。从单层 TMDCs 的电子能带结构分析可知, 电子和空穴在被限制能谷中 (在布里渊区 $\pm K$ 处) 产生了双激子和三激子 [23]。单层 TMDCs 的荧光发射分布具有各向异性, 一般在平面边缘的荧光发射强度要明显高于中心区域, 即边缘更亮。例如, 单层的硫化钨 (WS_2) 纳米片的荧光发射图呈现出明暗交替的三角形 (从平面里到外边缘), 这个现象源于化学异质性 (chemical heterogeneity)。

除了结构缺陷, 二维 TMDCs 的荧光发射性能可以通过界面调控。以零维纳米粒子与二维 TMDCs 构成的复合材料为例, Au 纳米粒子原位生长在二维 WS_2 纳米片表面, Au 纳米粒子的生长位点也是荧光发射性能较强的区域 (一种选择性修饰), 这些区域往往是结构缺陷区域。Au 纳米粒子的存在能活化 WS_2 纳米片的荧光惰性区域 (暗区)。另外, 界面调控方法也能实现二维纳米材料的荧光发射性能增强。与零维 (0D) 纳米粒子或二维 (2D) 纳米材料形成的杂化复合材料体系相比, 基于 2D-2D 范德瓦耳斯异质结的界面效应更加明显, 能调控载流子行为。由 BN 和 WSe_2 构成的范德瓦耳斯异质结中电中性双激子只出现在本征态, 而带负电双激子则出现在少量电子掺杂区域。

6.3.1 水体中重金属离子的检测

块体和少层 TMDCs 的荧光发射性能欠佳, 不宜用于荧光传感分析领域, 但是通过施加外电场、晶粒工程、缺陷工程、基底工程和层-层自组装等策略能灵活调控二维 TMDCs 的荧光发射性能。例如, 通过在前驱体中原位掺杂获得硼和氮共掺杂 WS_2 (B, N-WS_2) 纳米片。与块体 WS_2 相比, B, N-WS_2 纳米片的荧光发光强度增大了 13 倍, 所使用的激发波长为 280nm (荧光发射波长为 343nm)。根据量子产率的关系式, 可获得 B, N-WS_2 纳米片的量子产率为 8.6%, 具体计算过程如下,

$$\phi_s = \phi_r \times \frac{F_s}{F_r} \times \frac{A_r}{A_s} \qquad (6.2)$$

式中　ϕ_s——待测样品的量子产率；

　　　ϕ_r——标准样品的量子产率，这里为硫酸奎宁（$\phi_r = 0.427$）；

　　　F_s——待测样品的荧光峰面积；

　　　F_r——标准样品的荧光峰面积；

　　　A_r——标准样品的吸收峰面积；

　　　A_s——待测样品的吸收峰面积。

B，N-WS$_2$ 纳米片的荧光发射性能可以选择性地被 Hg^{2+} 猝灭。基于此原理，构建检测 Hg^{2+} 荧光传感分析方法，其检测的线性范围和检出限分别为 1～10μmol/L 和 23nmol/L（3S/N）[24]。

重金属离子对 MoS$_2$ 纳米片的荧光发射性能的影响规律与 WS$_2$ 纳米片相反，即重金属离子在 MoS$_2$ 纳米片表面的吸附有利于增强其荧光发射性能。例如，以 Na$_2$MoO$_4$·2H$_2$O 和硫脲作为反应物，利用溶剂热法制备少层 MoS$_2$ 纳米片（1～5 层），具有微弱的荧光发射性能，在激发波长为 250nm 下，其量子产率为 0.28%（以 0.1moL/L 的硫酸奎宁作为标准样）；当溶液中加入 Pb^{2+} 后，其量子产率变为 0.73%；重金属离子的存在导致 MoS$_2$ 纳米片的荧光增强根本原因是"元素掺杂效应"，这与原位生长掺杂相似（在反应物中加入掺杂剂），而硫离子的存在会抑制上述荧光增强现象。在上述不同反应阶段，吸附在 MoS$_2$ 纳米片表面的 Pb^{2+} 发生化学形态的变化（经历三个阶段），即 Pb^{2+}→PbSO$_4$→PbS。基于上述实验现象，MoS$_2$ 纳米片作为荧光传感材料能用于构建检测 Pb^{2+} 和 S^{2-} 的荧光传感方法。该分析法对 Pb^{2+} 的检出线性范围和检出限分别为 0.5～12.0μmol/L 和 0.22μmol/L（3S/N），对 S^{2-} 的检出线性范围和检出限分别为 0.5～12.0μmol/L 和 0.42μmol/L（3S/N）[25]。

MoS$_2$ 纳米片与有机染料分子之间通过氢键作用，产生荧光猝灭现象，比如 MoS$_2$ 纳米片的表面硫原子能与异硫氰酸罗丹明 B（rhodamine B isothiocyanate，RhoBS）中的富电子官能团作用，这种表面功能化过程通过在异硫氰酸罗丹明 B 中剥离块体 MoS$_2$ 纳米片即可实现。由于 MoS$_2$ 纳米片与有机染料分子之间的电子转移（通过共振能量转移），因此 MoS$_2$ 纳米片能猝灭 RhoBS 所发射荧光。当待测液中存在 Ag$^+$ 时，Ag$^+$ 会优先与 MoS$_2$ 纳米片作用，导致 RhoBS 与 MoS$_2$ 纳米片距离变大，以及 RhoBS 的荧光发射性能得以恢复。与此同时，吸附在 MoS$_2$ 纳米片表面的 Ag$^+$ 被还原为 Ag，即存在界面电荷转移过程。然而，其他干扰金属离子

（比如 Al^{3+}、Ba^{2+}、Cd^{2+}、Co^{2+}、Cr^{3+}、Cu^{2+}、Hg^{2+}、Mg^{2+}、Mn^{2+}、Pb^{2+}、Pd^{2+}、Ni^{2+} 和 Zn^{2+}）的存在并不会导致 RhoBS 的荧光恢复。基于该实验现象和原理，可构建检测 Ag^+ 的荧光传感检测器，用于检测水体和细菌体内痕量的 Ag^+，其检测的线性范围和检出限分别为 $10\sim500nmol/L$ 和 $10nmol/L$[26]。

6.3.2　水体中有机物的检测

与检测重金属离子不同，大部分的有机农药（比如涕必灵）、抗生素等有机分子与二维 TMDCs（比如 MoS_2、$MoSe_2$、TiS_2、TaS_2 和 WS_2）作用，会导致其荧光猝灭或者降低，因此检测有机物的荧光传感分析法绝大部分是利用有机物对二维 TMDCs 的荧光猝灭性能。值得注意的是，同种二维 TMDCs 对不同的有机物分子具有不同吸附特性和荧光猝灭特性（在大多数情况如此），这种选择性被用于构建检测环境污染物的荧光传感检测器。

以谷胱甘肽和 $Na_2MoO_4 \cdot 2H_2O$ 作为反应物，利用溶剂热法一步制备少层 MoS_2 纳米盘（厚度 $3.5\sim5.5nm$），其等效的平面直径为 21nm。MoS_2 纳米盘表面含有一定量的氨基，能与四环素产生特异性吸附，保证基于 MoS_2 纳米盘的荧光传感分析对四环素的高选择性。当四环素特异性吸附后，导致 MoS_2 纳米盘荧光发射性能降低。基于此实验现象，构建检测四环素的荧光分析方法（荧光激发波长为 365nm），该分析法的检测线性范围和检出限分别为 $0\sim50\mu mol/L$ 和 $0.032\mu mol/L$（3S/N）[27]。

通过设计特殊结构的适配子能保证荧光传感器对有机物分子的高选择性，并且能检测不同的有机物。例如，构建具有如下碱基序列的适配子探针：5′-FAM-CCGTGTCTGGGGCCGACCGGCGCATTGGGTACGTTGTTGC-3′。这种适配子探针一端被荧光染料分子（FAM）修饰，不仅具有良好的荧光发光性能，而且能特异性地识别细胞血素 C，适配探针在与细胞血素 C 作用的过程中，其空间结构会发生改变，从单链结构变成三维结构。检测细胞血素 C 的具体原理如下：在待测液中没有细胞血素 C 时，荧光标记的适配子探针会吸附在 VS_2 纳米片表面，导致适配子探针处于荧光猝灭状态。当待测液中出现细胞血素 C 时，适配子探针会优先与细胞血素 C 结合，导致修饰的荧光基团远离 VS_2 纳米片表面，荧光发光性能得以恢复。该荧光传感检测法对细胞血素 C 的检测线性范围和检出限分别为 $0.75nmol/L\sim50mmol/L$ 和 $0.50nmol/L$（3S/N）[28]。

6.3.3　水体中细菌的检测

构建对细菌具有选择性识别功能的传感元主要基于适配子，而适配子探针的荧光发光性能主要来源于两种方式：利用常见的荧光基团修饰适配子探针的某一端，利用无机半导体量子点修饰适配子；二维 TMDCs 主要用于担载适配子探针和猝灭适配子的荧光。

基于二维 WS$_2$ 纳米片的荧光传感器可用于检测水体中大肠埃希菌，其检测的机理和石墨烯基荧光传感器的检测机制相似。将适配子探针固定在荧光发光材料上，比如 NaYF$_4$：Yb，Er@NaYF$_4$ 荧光上转换发光材料，通过待测物检测前后，适配子修饰的荧光发光材料与猝灭剂（WS$_2$ 纳米片）之间的距离变化，获得待测物的浓度信息。利用碱基序列为 5′-CCGGACGCTTATGCCTTGCCATC-TACAGAG CAGGTGTGACGG-C$_6$-NH$_2$-3′的适配子作为大肠埃希菌的传感元，修饰在 NaYF$_4$：Yb，Er@NaYF$_4$ 的表面；WS$_2$ 纳米片作为荧光猝灭剂，上述三种材料共同构成荧光传感材料，实现对水体中的大肠埃希菌的定量检测，其检测的线性范围和检出限分别为 $85\sim85\times10^7$CFU/mL 和 17CFU/mL（3S/N）。

赭曲霉毒素 A 是一种真菌毒素，具有毒性大、分布广的特点，能危害人体健康[29]。通过构建具有特殊序列的适配子（一端含有巯基修饰），保证对赭曲霉毒素 A 的高选择性，其中适配子探针的碱基序列为：5′-SH-(CH$_2$)$_5$-CCTGGGAGGGAGG-GAGGGATCGGGTGTGGGTGGCGTAAAGGGAGCATCGGACACCCGATCCC -3′；该适配子探针一端含有巯基，能被修饰在 CdTe 量子点（QDs）的表面上，形成的 CdTe QDs-适配子能在 MoS$_2$ 纳米片（液相剥离法制备）表面上组装，使得 CdTe QDs 的荧光发射处于猝灭状态。当待测液中存在赭曲霉毒素 A 时，CdTe QDs-适配子会优先与赭曲霉毒素 A 作用，同时离开 MoS$_2$ 纳米片的表面，从而使得荧光恢复。基于上述实验现象，发展一种用于定量检测赭曲霉毒素 A 的荧光分析方法，该分析的检测线性范围和检出限分别为 $1.0\sim1000$ng/mL 和 1.0ng/mL[29]。

6.4　二维过渡金属氧化物基荧光传感器

与二维 TMDCs 相比，二维过渡金属氧化物更加稳定，因为后者是二维 TMDCs 的氧化产物。除了具有二维纳米材料的共同优点，二维过渡金属氧化物还具有易功能化、良好的生物兼容性等，在化学和生物传感分析领域也逐渐受到关注。在荧光传感分析领域，二维过渡金属氧化物具有良好的荧光猝灭性能，例如 MnO$_2$ 纳米片能猝灭荧光基团、有机染料、量子点、上转换纳米粒子等发光材料的荧光。很多二维过渡金属氧化物具有良好的类酶催化活性，能氧化荧光基底。例如，MnO$_2$ 纳米片能催化氧化东莨菪素（scopoletin）和荧光红染料

（amplex red），并且对于不同的荧光染料可能表现出猝灭或者增强作用[30]。基于二维过渡金属氧化物的上述两种性质，用于构建检测水体中有机物和氧活性物质的荧光传感器。

6.4.1 水体中有机物的检测

二维金属氧化物用于有机物的荧光分析，主要利用金属氧化物的类酶催化活性。例如，MnO_2 纳米片的类酶活性可催化谷胱甘肽（GSH）形成二硫化谷胱甘肽（GSSG），而正四价的锰会被还原为正二价的锰，该反应过程如下：

$$MnO_2 + 2GSH + 2H^+ \Longrightarrow Mn^{2+} + GSSG + 2H_2O \qquad (6.3)$$

根据上述反应式可知，当溶液中出现谷胱甘肽（GSH）时会导致 MnO_2 纳米片的类酶催化活性丧失，无法与荧光基底反应，产生荧光猝灭或增强的效果，从而实现对 GSH 的定量检测。以东莨菪素和荧光红染料作为探针，所构建的荧光传感检测法对 GSH 的检出限为 6.7nmol/L[30]。

与之相似，MnO_2 纳米片能猝灭硅量子点（SiQDs）的荧光，但是 SiQDs 的荧光能被 2-O-α-D-吡喃葡萄糖基-L-抗坏血酸的水解产物（维生素 C）恢复。由于 2-O-α-D-吡喃葡萄糖基-L-抗坏血酸水解过程需要 α-葡萄糖苷酶的参与，因此 MnO_2 纳米片-SiQDs 复合材料能用于传感检测 α-葡萄糖苷酶。该荧光传感检测法对 α-葡萄糖苷酶的检出线性范围和检出限分别为 $0.02 \sim 2.5\mu mol/L$ 和 $0.007\mu mol/L$（3S/N）。根据 α-葡萄糖苷酶的活性是否被抑制，还可衍生出新的荧光传感法，比如阿卡波糖能抑制 α-葡萄糖苷酶的活性，影响上述"链式反应"，因此 MnO_2 纳米片-SiQDs 复合材料也可检测阿卡波糖，其检测线性范围为 $1 \sim 1000\mu mol/L$[31]。

二维金属氧化物用于有机物的荧光分析，常利用过渡金属的变价特性。MnO_2 纳米片中 Mn 具有变价特性，Mn^{4+} 能被硫代乙酰胆碱的水解产物（胆碱）转变为 Mn^{2+}。MnO_2 纳米片中 Mn^{4+} 及其形成的 Mn^{2+} 对 4-氨基-3-羟基-1-萘磺酸（荧光基底材料）的荧光发射性能的影响规律不同：Mn^{4+} 起到荧光猝灭作用，Mn^{2+} 起到荧光恢复作用。甲基对硫磷（有机农药）的存在会抑制乙酰胆碱酶的活性以及硫代乙酰胆碱的水解过程。基于此原理，实现对甲基对硫磷的定量检测。该荧光传感检测法对甲基对硫磷的检测线性范围为 $0.4 \sim 40ng/mL$，检测限为 0.18ng/mL（3S/N）[32]。与之相似，通过有机物的取代、加成和聚合反应，生成荧光探针分子（PTD）如图 6.1 所示，利用 PTD 和 MnO_2 纳米片之间静电作用，形成 PTD-MnO_2 复合纳米材料。MnO_2 纳米片对 PTD 的荧光具有良好的猝灭效果（基于荧光能量共振转移），但是有机磷农药的水解产物会影响 MnO_2

纳米片的荧光猝灭性能，上面已经详细讨论，此处不再赘述。基于此现象，利用 MnO_2 纳米片构建检测"对氧磷"的荧光分析方法，该方法的检测线性范围和检出限分别为 $0 \sim 300ng/mL$ 和 $0.027ng/mL$（$3S/N$）[33]。

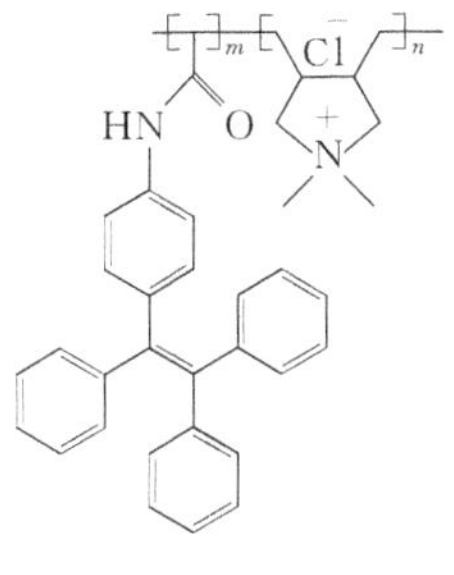

图 6.1　荧光探针分子的分子结构

除钼基氧化物外，二维钒基氧化物也是良好的荧光猝灭剂。例如，V_2O_5 纳米片能猝灭含氮（氮掺杂）石墨烯量子点的荧光，而半胱氨酸能阻止上述荧光猝灭过程的发生。基于此原理，以 V_2O_5 纳米片和氮掺杂的石墨烯量子点构成的复合荧光纳米材料作为传感材料，可用于定量检测水体或尿液中的半胱氨酸。在最佳实验条件下，该荧光传感检测法的检测线性范围为 $0.1 \sim 15\mu mol/L$ 和 $15 \sim 125\mu mol/L$，检出限为 $50nmol/L$（$S/N=3$）[34]。与二维 TMDCs 相似，单链 DNA 和双链 DNA 在过渡金属氧化物表面的吸附能力具有较大的差别。一般地，单链 DNA 更易被吸附，而双链 DNA 无法被吸附在过渡金属氧化物表面。基于此原理，很多基于适配子的生物荧光分析方法被发展起来。

6.4.2　水体中氧活性物质的检测

氧活性物质具有很强的氧化性，它也是环境污染物的"指示剂"，因为很多污染物进入身体后，产生应激反应，在生物体内诱发生成氧活性物质；形成的氧活性物质如果长期累积，会严重危害人体健康，比如诱发 DNA 损伤和基因突变。基于过渡金属氧化物的荧光传感检测法用于分析水环境或者生物体内氧活性物质，也是利用过渡金属氧化物对荧光发光材料的猝灭性能，并且此荧光猝灭过程受氧活性物质的影响，从而实现对氧活性物质的定量检测。

二维 MnO_2 纳米片是良好的荧光猝灭剂，但是氧活性物质能影响 MnO_2 纳米片的荧光猝灭特性，这与检测有机磷农药的 MnO_2 纳米片基荧光传感法具有相似之处。例如，利用聚乙二醇（PEG）表面功能化 MnO_2 纳米片（PEG-MnO_2），不仅能作为硅量子点（SiQDs）的荧光猝灭剂，而且能显著提高 MnO_2

纳米片的水溶性以及与 SiQDs 之间的作用。当溶液中存在 H_2O_2 时，PEG-MnO_2 对 SiQDs 的荧光猝灭性能下降。基于此原理，构建检测 H_2O_2 的荧光传感检测法，该分析法存在两段线性检测范围，分别为 $0.05\sim1\mu mol/L$ 和 $1\sim80\mu mol/L$，检出限分别为 $0.09\mu mol/L$ 和 $4.04\mu mol/L$（$S/N=3$）[35]。

6.5　二维 MOF 基荧光传感器

传统的无机纳米荧光材料多集中在半导体量子点、金属团簇、碳量子点等小尺寸材料上，很多需要对其表面修饰有机物或有机官能团才能用于荧光分析领域。另一方面，很多荧光无机纳米材料含有重金属组分，具有较大的毒性。荧光材料一般需要小尺寸，比如金属团簇荧光材料具有较高活性，但是稳定性差、易团聚；由于尺寸和水溶性等方面的因素，碳量子点在分离和纯化等方面很难掌控。因此，需要寻找尺寸较大、发光性能和生物兼容性较好的二维纳米材料。

与传统的荧光发光材料（无机纳米材料）相比，二维 MOF 纳米材料集合了有机和无机材料双重优势，比如良好的热稳定性、特定的拓扑结构、高比表面积（Langmuir 表面积大于 $10000m^2/g$），富含多孔和大量的表面活性位点，对目标物的吸附容量较大，并且在一定程度上能预浓缩和富集环境污染物。此外，MOF 纳米材料的多孔结构有利于降低环境污染物的传质阻力，促进扩散和表/界面反应过程，从整体上提高二维 MOF 纳米材料基荧光传感检测法的分析性能。在很大程度上，二维 MOF 纳米材料能弥补传统无机荧光纳米材料的不足之处。

MOF 结合了金属离子/团簇以及有机物配体/桥联剂的优点，MOF 的性质可以通过两种成分灵活调控。例如，通过自组装，将具有红色发光特性的 Eu（Ⅲ）和蓝色发光特性的 1,3-二羧酸结合可以形成具有双重荧光发射特性（在不同波段具有发射性能）的二维 MOF，可以用于 F^-、葡萄糖、H_2O_2 的定量检测[36]。除了组成外，MOF 的荧光发射特性还依赖于材料的尺寸和形貌。MOF 纳米片中配体能选择性识别环境污染物，其作用原理主要是基于路易斯酸碱理论。

6.5.1　水体中重金属离子的检测

铬（Cr）作为一类重金属，常以氧化物的形式存在水体中，主要包括

CrO_4^{2-} 和 $Cr_2O_7^{2-}$，是潜在的致癌物。特别是，Cr^{6+} 具有良好的水溶性，易对水体造成严重污染。传统检测、去除 CrO_4^{2-} 和 $Cr_2O_7^{2-}$ 的方法主要包括液相色谱法、离子交换法等，这些方法存在耗时、耗能、成本高等缺点；而基于 MOF 纳米材料的荧光传感检测法能弥补上述分析方法的不足。以 5-叠氮异酞酸（5-azidoisophthalic acid，记作 $5N_3$-H_2IPA）、4,4'-叠氮吡啶（4,4'-azopyridine，记作 4,4'-azp）、金属盐 [$Zn(NO_3)_2$、$Cd(NO_3)_2$、$Ni(NO_3)_2$] 作为反应物，通过溶剂热反应形成 3 种层状 MOF，分别标记为 [{$Ni(5N_3$-$IPA)(4,4'$-azp)(H_2O)}]$_\infty$、[{$Zn_2(5N_3$-$IPA)_2(4,4'$-azp)$_2$}$(H_2O)_8$]$_\infty$ 和 [{$Cd(5N_3$-$IPA)$-$(4,4'$-azp)$_{0.5}(H_2O)$}(H_2O)]$_\infty$，在水溶液中具有良好的稳定性和荧光发射性能，对 $Cr_2O_7^{2-}$ 具有较大的吸附容量（约 113.63mg/g），其荧光发光特性能被 $Cr_2O_7^{2-}$ 选择性猝灭。基于上述实验现象构建了定量检测 $Cr_2O_7^{2-}$ 的荧光传感检测法，以 Zn 基 MOF 材料作为传感材料，对 $Cr_2O_7^{2-}$ 的分析性能最佳，其检出限为 4nmol/L。DFT 计算结果表明：该分析法的高选择性主要源于 $Cr_2O_7^{2-}$ 和配体之间的作用[37]。

以 4,4-二(咪唑-1-基)-联苯、芳香族羧酸（"四溴对苯二甲酸"或"3-亚硝酸"）和 $CoSO_4 \cdot 7H_2O$ 作为反应物，通过水热反应合成两种二维 Co 基 MOF 纳米材料，分别标记为 [$Co(TBTA)(L)_{1.5}$]$_n$ 和 {[$Co(NPHT)(L)$]H_2O}$_n$。[$Co(TBTA)(L)_{1.5}$]$_n$ 和 {[$Co(NPHT)(L)$]H_2O}$_n$ 的最大吸收波长为 301nm 和 334nm，光子带隙为 3.61eV 和 2.86eV，二者的量子效率为 85.83% 和 93.76%（以降解罗丹明 B 为标准）。由于 SCN^-、CrO_4^{2-} 和 $Cr_2O_7^{2-}$ 皆能猝灭 {[$Co(NPHT)(L)$]H_2O}$_n$ 的荧光，因此不能作为 CrO_4^{2-} 和 $Cr_2O_7^{2-}$ 的荧光探针；与之相反，[$Co(TBTA)(L)_{1.5}$]$_n$ 的荧光只能特异性地被 $Cr_2O_7^{2-}$ 和 CrO_4^{2-} 猝灭，以此二维 MOF 材料作为荧光传感材料，能实现对水体中 CrO_4^{2-} 和 $Cr_2O_7^{2-}$ 的定量检测，其检出限分别为 0.24μmol/L 和 0.35μmol/L[38]。

6.5.2 空气中 VOCs 的检测

以二维 MOF 材料构建荧光传感检测法用于分析 VOCs 的研究工作仍然很少，并且还不能对 VOCs 实现定量分析。已有检测 VOCs 的 MOF 基荧光分析法主要利用二维 Zn 基 MOF 作为荧光传感材料。

以 4,4'-(2,2-二苯乙烯基-1,1-二酰基)二苯甲酸（DPEB）作为有机配体，并与 Zn 的前驱体 [$Zn(NO_3)_2 \cdot 6H_2O$] 发生溶剂热反应，形成二维 Zn 基

MOF，其结构具有三方晶系对称群（$P\bar{3}$）。原始的 Zn 基二维 MOF 的荧光发射峰位于 486nm；当检测多种 VOCs 后，二维 MOF 的荧光发射峰表现出不同程度的偏移。其中，检测苯后，Zn 基二维 MOF 的荧光发射峰位置红移了 18nm；检测均三甲苯后，Zn 基二维 MOF 的荧光发射峰位置蓝移了 28nm。Zn 基二维 MOF 的荧光发射峰位置向不同方向的偏移，主要由苯和均三甲苯在二维 MOF 的表面吸附构型差异造成，苯的吸附构型是平行于二维 Zn 基 MOF，吸附过程促进 π 电子交联；均三甲苯的吸附构型是垂直于二维 Zn 基 MOF，结果是弱化 π 电子交联。除此之外，苯与二维 Zn 基 MOF 作用后表现出更高的量子产率（49%），而初始二维 Zn 基 MOF 的量子产率仅为 15%[39]。

6.5.3 水体中抗生素的检测

目前，MOF 纳米材料大部分是在有机溶剂中合成的，因此一部分的 MOF 材料的水溶性或者在水体中的稳定性较差，不利于检测水体系中的目标物。在制备 MOF 纳米材料过程中，原位引入一些亲水基团（比如氨基），不仅能改善 MOF 的亲水性能、MOF 与环境污染物之间电荷传递性能，而且能显著提高荧光传感检测法的选择性和灵敏度。另外，在 MOF 的表面原位引入亲水基团要比后续处理和改性更加简便，所需成本更低。

以 2-氨基对苯二甲酸（NH_2-BDC）为有机配体，铝离子作为有机配体的节点，通过一步水热反应形成氨基、羧基和羟基修饰的 Al 基 MOF [NH_2-MIL-53(Al)]。NH_2-MIL-53(Al) 的形貌表现为二维纳米盘，厚度约为 42.72nm；在最佳激发波长 330nm 下，其荧光发射的量子产率达到 49.17% ± 2.1%。利用 NH_2-MIL-53(Al) 的荧光发射峰强度随溶液中多西环素、四环素、土霉素浓度的增加而降低，荧光猝灭过程满足 Stern-Volmer 等式：

$$F_0/F = 1 + K_{SV}C_q \tag{6.4}$$

式中　F_0——检测土霉素前荧光的强度；

　　　F——检测土霉素后荧光的强度；

　　　C_q——土霉素的浓度；

　　　K_{SV}——猝灭常数。

根据等式拟合计算可知，多西环素、四环素和土霉素的荧光猝灭常数分别为 $0.029\mu(mol/L)^{-1}$、$0.046\mu(mol/L)^{-1}$ 和 $0.019\mu(mol/L)^{-1}$。NH_2-MIL-53(Al) 荧光材料对多西环素、四环素和土霉素具有较好的特异性，能用于构建检测多西环素、四环素和土霉素的荧光传感器。该分析法对三种待测物检测的线性范围分别为

$0\sim66.67\mu mol/L$、$0\sim72.33\mu mol/L$ 和 $0\sim86.67\mu mol/L$，检出限分别为 $40.36nmol/L$、$26.16nmol/L$ 和 $62.05nmol/L$（$S/N=3$）。而其干扰物质的存在并不会产生背景信号，这类干扰物质包括：抗生素（比如氨苄西林、链霉素、头孢菌素、卡那霉素、氯霉素），金属离子（比如 Na^+、K^+、Mg^{2+}、Ca^{2+}），氨基酸（比如天冬氨酸、半胱氨酸、丝氨酸、酪氨酸、赖氨酸、苯基丙氨酸、组氨酸）和糖类（比如葡萄糖、乳糖、半乳糖和淀粉）[40]。

二维 NH_2-MIL-53(Al) 纳米材料的制备条件，也会影响其对环境污染物的选择性。以 2-氨基-1,4-苯二甲酸为有机配体，铝离子（前驱体为 $AlCl_3 \cdot 6H_2O$）作为有机配体的节点，制备出表面氨基功能化的二维 NH_2-MIL-53（Al）纳米盘。制备过程中交联剂的变化，以及有机添加剂的浓度皆会改变产物的形貌和表面特性；有机添加剂尿素的浓度过高，会导致晶相转变，即无法形成 NH_2-MIL-53(Al) 的 MOF 结构，而是形成 AlOOH，因为尿素的浓度增加会干扰络合反应过程。氟离子能猝灭二维 NH_2-MIL-53(Al) 纳米盘的荧光，其中水体中 $20\mu mol/L$ 氟离子能导致二维 NH_2-MIL-53（Al）纳米盘的荧光降低 80%。基于上述实验现象，可以构建定量检测水体中的氟离子（F^-）的荧光传感器，其检测线性范围和检出限分别为 $0.05\sim15\mu mol/L$ 和 $0.04\mu mol/L$（$S/N=3$）[41]。

6.6 总结和展望

利用二维纳米材料及其复合材料构建荧光传感器，实现对环境污染物的定量检测，发展的深度和光度仍然不如电化学分析方法。目前，荧光传感器检测的介质环境几乎全部集中在水环境中，对于大气中污染物的荧光分析法还有待研究。由于二维纳米材料自身的荧光发光性能不佳，这也导致基于固/气界面的荧光传感检测法仍然面临着荧光分析性能欠佳的挑战。此问题也是由二维纳米材料的自身特性决定的，即二维纳米材料的自身发光性能弱，特别是厚度超过 2 层后，其荧光量子产率几乎可以忽略。因此，所发展的荧光传感法主要利用二维纳米材料的荧光猝灭性能而不是发光性能。

参考文献

[1] Liu H，Song H，Su Y，et al. Recent advances in black phosphorus-based optical sensors

[J]. Applied Spectroscopy Reviews, 2019, 54: 275-284.

[2] Wu Z T, Ni Z H. Spectroscopic investigation of defects in two-dimensional materials [J]. Nanophotonics, 2017, 6: 1219-1237.

[3] Yuan J, Cen Y, Kong X J, et al. MnO_2-nanosheet-modified up conversion nanosystem for sensitive turn-on fluorescence detection of H_2O_2 and glucose in blood [J]. ACS Applied Materials & Interfaces, 2015, 7: 10548-10555.

[4] Zhang X, Wang H, Wang H, et al. Single-layered graphitic-C_3N_4 quantum dots for two-photon fluorescence imaging of cellular nucleus [J]. Advanced Materials, 2014, 26: 4438-4443.

[5] Cao L, Wang X, Meziani M J, et al. Carbon dots for multiphoton bioimaging [J]. Journal of the American Chemical Society, 2007, 129: 11318.

[6] Huang J, Ye L, Gao X, et al. Molybdenum disulfide-based amplified fluorescence DNA detection using hybridization chain reactions [J]. Journal of Materials Chemistry B, 2015, 3: 2395-2401.

[7] Curutchet C, Franceschetti A, Zunger A, et al. Gregory D. Scholes, Examining Förster energy transfer for semiconductor nanocrystalline quantum dot donors and acceptors [J]. Journal of Physical Chemistry C, 2008, 112.

[8] Cardullo R A. Theoretical principles and practical considerations for fluorescence resonance energy transfer microscopy [J]. Methods in Cell Biology, 2007, 81: 479-494.

[9] Sun X, Liu Z, Welsher K, et al. Nano-graphene oxide for cellular imaging and drug delivery [J]. Nano Reseach, 2008, 1: 203-212.

[10] Eda G, Lin Y Y, Mattevi C, et al. Blue photoluminescence from chemically derived graphene oxide [J]. Advanced Materials, 2010, 22: 505-509.

[11] Zhang H, Cui H. Fluorescent sensors based on graphene oxide [J]. Progress in Chemistry, 2012, 24: 1554-1559.

[12] He Y W, Feng Y, Kang L W, et al. A turn-on fluorescent sensor for Hg^{2+} based on graphene oxide [J]. New Journal of Chemistry, 2017.

[13] Shiravand G, Badiei A, Ziarani G M. Carboxyl-rich g-C_3N_4 nanoparticles: synthesis, characterization and their application for selective fluorescence sensing of Hg^{2+} and Fe^{3+} in aqueous media [J]. Sensors & Actuators B Chemical, 2017, 242: 244-252.

[14] Chen H Y, Ruan L W, Jiang X, et al. Trace detection of nitro aromatic explosives by highly fluorescent g-C_3N_4 nanosheets [J]. Analyst, 2015, 140: 637-643.

[15] Song C, Zhao W, Liu H, et al. Two-dimensional FeP@C nanosheets as a robust oxidase mimic for fluorescence detection of cysteine and Cu^{2+} [J]. Journal of Materials Chemistry B, 2020, 8: 7494-7500.

[16] Zhang S, Ma L, Ma K, et al. Label-free aptamer-based biosensor for specific detection of chloramphenicol using AIE probe and graphene oxide [J]. ACS Omega, 3 (2018) 12886-12892.

[17] Zhao H M, Gao S, Liu M, et al. Fluorescent assay for oxytetracycline based on a long-chain aptamer assembled onto reduced graphene oxide [J]. Microchimica Acta, 2013, 180: 829-835.

[18] Tan B, Zhao H, Du L, et al. A versatile fluorescent biosensor based on target-responsive

graphene oxide hydrogel for antibiotic detection [J]. Biosensors & Bioelectronics，2016，83：267-273.

[19] Wang P Y，Wang A C，Hassan M M，et al. A highly sensitive upconversion nanoparticles-WS$_2$ nanosheet sensing platform for Escherichia coli detection [J]. Sensors & Actuators B Chemical，2020，320.

[20] Rong Y，Li H，Ouyang Q，et al. Rapid and sensitive detection of diazinon in food based on the FRET between rare-earth doped upconversion nanoparticles and graphene oxide [J]. Spectrochimica Acta Part A Molecular & Biomolecular Spectroscopy，2020，239：118500.

[21] Sadeghi A S，Mohsenzadeh M，Abnous K，et al. Development and characterization of DNA aptamers against florfenicol：fabrication of a sensitive fluorescent aptasensor for specific detection of florfenicol in milk [J]. Talanta，2018，182：193-201.

[22] Bayrac A T，Donmez S I. Selection of DNA aptamers to streptococcus pneumonia and fabrication of graphene oxide based fluorescent assay [J]. Analytical Biochemistry，2018，556：91-98.

[23] Jones A M，Yu H，Ghimire N J，et al. Optical generation of excitonic valley coherence in monolayer WSe$_2$ [J]. Nature Nanotechnology，2013，8：634-638.

[24] Feng B，Liu X J，Zheng Y Z，et al. A label-free fluorescent probe for Hg^{2+} based on boron-and nitrogen-doped photoluminescent WS$_2$ [J]. RSC Advances，2016，6：49668-49674.

[25] Wang Y，Hu J，Zhuang Q，et al. Label-free fluorescence sensing of lead（Ⅱ）ions and sulfide ions based on luminescent molybdenum disulfide nanosheets [J]. ACS Sustainable Chemistry & Engineering，2016，4：2535-2541.

[26] Yang Y，Liu T，Cheng L，et al. MoS$_2$-based nanoprobes for detection of silver ions in aqueous solutions and bacteria [J]. ACS Applied Materials & Interfaces，2015，7：7526-7533.

[27] Jia P，Bu T，Sun X，et al. A sensitive and selective approach for detection of tetracyclines using fluorescent molybdenum disulfide nanoplates [J]. Food Chemistry，2019，297：124969.

[28] Yin X，Cai J，Feng H，et al. A novel VS$_2$ nanosheet-based biosensor for rapid fluorescence detection of cytochrome c [J]. New Journal of Chemistry，39（2015）1892-1898.

[29] Lu Z S，Chen X J. A fluorescence aptasensor based on semiconductor quantum dots and MoS$_2$ nanosheets for ochratoxin A detection [J]. Sensors & Actuators B：Chemical，2017，246：61-67.

[30] Fan D，Shang C，Gu W，et al. Introducing ratiometric fluorescence to MnO$_2$ nanosheet-based biosensing：a simple，label-free ratiometric fluorescent sensor programmed by cascade logic circuit for ultrasensitive GSH detection [J]. ACS Applied Materials & Interfaces，2017，9：25870-25877.

[31] Liu J，Duan X，Wang M，et al. A label-free fluorescent sensor based on silicon quantum dots-MnO$_2$ nanosheets for the detection of alpha-glucosidase and its inhibitor [J]. Analyst，2019，144：7398-7405.

[32] Liu B，Peng Z，Wu S，et al. A sensitive fluorescent assay for the determination of para-

thion-methyl using AHNSA probe with MnO_2 nanosheets [J]. Spectrochimica Acta Part A: Molecular and Biomolecular Spectroscopy, 2021, 247: 119146.

[33] Chen J L, Chen X J, Zhao J, et al. Instrument-free and visual detection of organophosphorus pesticide using a smartphone by coupling aggregation-induced emission nanoparticle and two-dimension MnO_2 nanoflake [J]. Biosensors & Bioelectronics, 2020, 170.

[34] Ganganboina A B, Dutta Chowdhury A, Doong R A. N-doped graphene quantum dots-decorated V_2O_5 nanosheet for fluorescence turn off-on detection of cysteine [J]. ACS Applied Materials & Interfaces, 2018, 10: 614-624.

[35] Li Y, Zhang H, Yao Y, et al. Promoted off-on recognition of H_2O_2 based on the fluorescence of silicon quantum dots assembled two-dimensional PEG-MnO_2 nanosheets hybrid nanoprobe [J]. Microchimica Acta, 2020, 187: 347.

[36] Zeng Y N, Zheng H Q, Gu J F, et al. Dual-emissive metal-organic framework as a fluorescent "switch" for ratiometric sensing of hypochlorite and ascorbic acid [J]. Inorganic Chemistry, 2019, 58: 13360-13369.

[37] Mukherjee S, Ganguly S, Samanta D, et al. Sustainable green route to synthesize functional nano-MOFs as selective sensing probes for Cr (VI) Oxoanions and as specific sequestering agents for $Cr_2O_7^{2-}$ [J]. ACS Sustainable Chemistry & Engineering, 2019, 8: 1195-1206.

[38] Xiao Q Q, Song Z W, Li Y H, et al. Two difunctional Co(II) coordination polymers for natural sunlight photocatalysis of methylene blue and selective fluorescence sensing of Cr (VI) ion in water media [J]. Journal of Solid State Chemistry, 2019, 276: 331-338.

[39] Zhang M, Feng G, Song Z, et al. Two-dimensional metal-organic framework with wide channels and responsive turn-on fluorescence for the chemical sensing of volatile organic compounds [J]. Journal of the American Chemical Society, 2014, 136: 7241-7244.

[40] Li C, Zhu L, Yang W, et al. Amino-functionalized Al-MOF for fluorescent detection of tetracyclines in milk [J]. Journal of Agricultural & Food Chemistry, 2019, 67: 1277-1283.

[41] Lu T, Zhang L, Sun M, et al. Amino-functionalized metal-organic frameworks nanoplates-based energy transfer probe for highly selective fluorescence detection of free chlorine [J]. Analytical Chemistry, 2016, 88: 3413-3420.

第7章

环境污染物的比色传感分析法

7.1 引言

比色传感法又叫颜色传感法，是指通过观察不同待测样的颜色变化粗略获得环境污染物的浓度信息，具有肉眼可视性和直观性，但是只能做到定性判定，而定量检测环境污染物浓度仍需借助紫外-可见分光光度计。很多商用检测法都是基于比色法，比如早孕试纸、pH 试纸等，常作为定性分析或在一定范围给出有效的分析结果。传统意义上的颜色反应结合新型的检测手段，能提高比色分析法的使用范围。

根据检测原理，比色传感可以分为目视比色法、光电比色法、分光光度法等。比色传感法具有成本低、便携、易操作等优点，被广泛用于检测各种环境污染物，比如多种重金属离子、霉菌等。

二维纳米材料用于比色传感领域，其策略是基于二维纳米材料及其复合材料的类酶活性（作为催化剂，标记为 Ct），使底物（比如 3,3′,5,5′-四甲基联苯胺，标记为 TMB）发生颜色变化，而污染物的存在或浓度的改变会影响上述反应的过程。典型的反应过程如下：

$$TMB + H_2O_2 \xrightarrow{Ct} oxTMB + H_2O \qquad (7.1)$$

在没有催化剂（Ct）时，TMB 不会与 H_2O_2 发生反应生成氧化态的 TMB（oxTMB），即不会发生颜色反应和吸光度的变化。二维纳米材料具有类过氧化氢酶活性，能催化氧化 TMB 显蓝色。基于二维纳米材料的比色传感检测法实现污染物的定量检测，仍需借助分光光度计，考察环境污染物浓度随吸光度的变化规律。

虽然二维纳米材料及其复合材料的类酶活性研究时间较短，然而受天然酶的启发，类酶或者人工纳米酶这一概念的提出可追溯到 2007 年。类酶具有天然酶的活性，但是其成分不是蛋白质、DNA 或 RNA 等生物分子，而是采用物理化学方法合成的无机材料、有机高分子和金属化合物。人工纳米酶不仅能克服天然酶的某些弱点，比如提取成本较高、价格昂贵、易受环境的影响（比如温度、pH 值、湿度等），而且具有良好的稳定性和可重复利用性，不会因环境条件的变化出现天然酶失活和蛋白质变性的现象。

最早被用于构建类酶的材料主要包括环糊精、冠醚化合物、卟啉类化合物、印迹高分子以及金属化合物等。为了寻求更加稳定、活性更高的类酶材料，研究焦点逐渐从有机化合物转移到无机纳米材料构成的类酶材料。基于无机纳米材料及其复合材料构成的人工酶不仅具有酶的催化特性，而且稳定性好、储存简单、成本低、制备简单、活性可调控[1]。

最早被发现具有类酶活性的无机纳米材料是磁性氧化铁（Fe_3O_4）纳米粒子，能高效催化 H_2O_2 与 TMB/邻苯二胺（OPD）之间的反应，溶液从无色变成蓝色或橘色，上述催化反应过程依赖于溶液的 pH 和温度以及 H_2O_2 浓度[2]。在此之前，Fe_3O_4 纳米粒子用于生化领域（利用它的磁性），而要实现生化活性或其他功能常常需在其表面包覆金属催化剂或酶。例如，辣根过氧化物酶包覆 Fe_3O_4 纳米粒子可用于生物催化或生物催化领域。类酶性质的发现打破了人们对 Fe_3O_4 磁性纳米粒子的固有认识——纳米粒子具有生物惰性和化学惰性。

人工纳米酶的蓬勃发展得益于纳米材料的可控制备和表征技术。早期由无机纳米材料构成的人工纳米酶主要集中在 Fe_3O_4 纳米粒子、铁基多元化合物（比如 $Cu_{1.33}[Fe(CN)_6]_{0.667}$ 和 $Fe[Co_{0.2}Fe_{0.8}(CN)_6]$）、普鲁士蓝纳米粒子、贵金属纳米粒子（如 Au、Ag）、金属氧化物（如氧化钒、氧化铈、Co_3O_4、CuO 和 MnO_2）、碳纳米材料（比如石墨烯氧化物、碳量子点和碳纳米管）等[3,4]。人工纳米酶也用于调节细胞内的反应活性氧物质（reactive oxygen species，ROS）的含量水平，抑制细胞的衰老和某些严重的疾病（如癌症、神经疾病和肺病）发生，因为非正常浓度的人体细胞内 ROS 会破坏生理平衡和氧化应激反应，人工纳米酶能将超氧化物转化为 H_2O_2，然后转化为 O_2 和 H_2O，在某种程度上降低 ROS 的浓度和细胞的存活率。

目前不同维度和组分的人工纳米酶相继被开发出来。例如，零维的金属氧化物、金属纳米粒子、碳纳米点，一维的金属氧化物纳米线，二维的纳米片（比如石墨烯、氧化石墨烯、过渡金属硫化物等），以及由上述不同维度的纳米材料复合形成的杂化纳米材料。基于复合材料的人工纳米酶集合了不同成分和维度材料的优势，其类酶催化活性往往更高，应用范围更广。

由于材料的维度变化会引起电子结构特性的改变，从而影响材料的类酶催化活性。某些二维材料不仅自身具有类酶特性，而且在表面功能化和精准修饰上具有更强的灵活性；二维材料与其他类酶纳米材料可以复合，能有效保障甚至显著提高其他类酶材料的活性（基底调控催化活性）。基于二维纳米材料的比色传感法主要基于两种策略：①直接利用二维纳米材料的类酶活性（比如对葡萄糖、双氧水、谷胱甘肽、乙酰胆碱等目标物的检测属于此类）；②利用环境污染物对二维纳米材料的类酶特性抑制作用实现定量检测[5]。

金属氢氧化物（比如 CoOOH）、过渡金属硫化物（比如 WSe_2）、石墨烯族（比如 $g-C_3N_4$、石墨烯氧化物）等二维纳米材料皆具有类过氧化氢酶活性[6]。利用二维纳米材料的类酶活性氧化显色基底，并且这种类酶催化颜色反应过程可以被特定的环境污染物抑制或者强化，从而实现对环境污染物的定量检测。例如，利用液相法剥离合成的 WSe_2 纳米片，具有类过氧化氢酶的催化特性，作为电子迁移的载体或中间体（mediator）有利于电子从 3,3′,5,5′-四甲基联苯胺（TMB，颜色基底）传递到 H_2O_2，从而能加速 TMB 的氧化，产生明显的颜色变化。WSe_2 纳米片的类酶活性严重依赖于溶液的 pH 和自身的厚度；在酸性条件下和厚度较小时，WSe_2 纳米片的催化活性最佳[7]。另一个例子是利用 Cu^{2+} 对二维 MoS_2 过氧化氢酶活性的抑制作用实现 Cu^{2+} 的检测[8]。

单一的二维纳米材料作为人工酶仍旧面临低催化活性等问题，主要原因是边缘活性位点有限、层间易堆垛。为了克服此问题，常用的策略是对人工纳米酶进行表面功能化，包括元素掺杂或与其他低维纳米复合，实现对成分、形貌和维度的精细调控，实现纳米酶的活性最优化。与单组分的人工纳米酶相比，由两种或多种纳米材料形成的复合材料能表现出更加优异的类酶活性，这种协同效应在 Fe_3O_4 纳米粒子-石墨烯、氧化石墨烯-Au、Au@Pd 复合纳米粒子-石墨烯、氯高铁血红素修饰的石墨烯等复合材料体系皆被证实[9]。例如，三维多孔石墨烯作为基底材料能促进 Fe_3O_4 纳米粒子的充分分散，从而使活性位点暴露量更多；与 Fe_3O_4 纳米粒子或石墨烯相比，二者构成的复合材料在类酶活性上更胜一筹[10]。与之相似，二维卟啉基金属有机框架化合物也具有良好的过氧化氢酶活性，而 Au 纳米粒子具有葡萄糖氧化酶活性，二者复合能实现对多步有机串联反应（multistep cascade reaction）的催化作用，从而获得多功能、高效的催化活性[11]。

7.2 石墨烯族基比色传感器

具有完美结构的石墨烯完全由碳原子构成（共价键），具有良好的稳定性。对于单一的石墨烯，无法同时兼具高稳定性和高催化活性，因此二维纳米材料的催化活性主要来源于边缘的未成键原子，因为在这些位点更易与目标物发生吸附，活化目标物，发生后续的化学反应。总体而言，表面未功能化的石墨烯缺乏类酶活性，很少用于比色传感检测领域[12]。因此，石墨烯需进行表面功能化，比如元素掺杂、与其他纳米材料复合，能表现出更佳的类酶催化颜色反应的能力。实际所使用的石墨烯绝大多数是化学还原的石墨烯（rGO），或多或少都含杂原子（主要是含氧官能团），这种掺杂的石墨烯表现出更好的亲水性，产生了类过氧化氢酶的活性，能促使 H_2O_2 氧化 TMB，产生颜色变化，可直接用于比色传感分析领域。

7.2.1 水体中重金属离子的检测

金属离子和有机化合物对氧化石墨烯的类酶活性的影响相反，一般金属离子是提高氧化石墨烯的类酶活性，而有机物是起抑制作用。例如，氧化石墨烯能催化酶基底（比如 TMB）发生颜色反应，具有类过氧化物酶活性，此过程能被羟基喹啉（hydroxyquinoline）抑制；当 Cr^{6+} 存在时，又能恢复氧化石墨烯的类酶活性。因此，基于此实验现象，可构建检测 Cr^{6+} 的比色传感器[13]。与之相似，具有放射性的铀离子（UO_2^{2+}）能通过静电吸附力与氧化石墨烯作用，增强氧化石墨烯的类酶活性[14]。以 H_2O_2 和 TMB 作为底物的溶液，当有氧化石墨烯加入时，溶液会从无色变成淡蓝色，进一步加入 UO_2^{2+} 会使溶液从淡蓝色变成深蓝色。单一的 UO_2^{2+} 并不具有类酶催化活性，只有和氧化石墨烯复合才产生协同效应。在最佳传感检测条件下，该比色传感检测方法对 UO_2^{2+} 的分析线性范围和检出限分别为 $5.90 \times 10^{-6} \sim 9.43 \times 10^{-4}$ mol/L 和 4.70μmol/L（3S/N）[14]。

除了元素掺杂，将石墨烯或氧化石墨烯与其他低维纳米材料复合，也能显著提高其类酶活性。目前这种复合材料体系主要以氧化石墨烯基复合纳米材料为主，比如 Au 纳米粒子-氧化石墨烯[1,15]、Pt 纳米粒子-氧化石墨烯、Fe_3O_4-氧化石墨烯、Pt-Pd 双金属纳米粒子-石墨烯、IrO_2-氧化石墨烯[16]、$NiCo_2S_4$-氧化石墨烯[17]。在这些复合材料体系中，类酶催化活性主要来源于金属、金属氧化物、金属硫化物纳米粒子，而不是石墨烯和石墨烯氧化物，由于界面效应导致它们之间在结构和功能上实现协同效应。

金属纳米粒子与石墨烯族二维纳米材料复合的另外一个优势在于金属粒子表面的等离子体共振效应，能增强光吸收，促进类酶催化过程进行。例如，利用氧化石墨烯与 Ag 纳米粒子前驱体（$AgNO_3$）在碱性溶液中发生共沉淀反应，经过紫外光辐射还原，形成 Ag 纳米粒子/石墨烯（rGO）复合材料。氧化石墨烯在被光照还原的过程中，作为基底材料防止 Ag 纳米粒子的团聚。Ag 纳米粒子/石墨烯（rGO）溶液对不同浓度的 Cr^{6+} 呈现出不一样的颜色，从深黄到淡黄（随 Cr^{6+} 的浓度增加）。借助于分光光度计可以获得对 Cr^{6+} 检测的线性范围和检出限分别为 $1\sim25\mu mol/L$ 和 $0.031\mu mol/L$（3S/N）[18]。

Au 纳米粒子具有良好的类酶特性，在 H_2O_2 存在情况下，能催化氧化发色基底 TMB，导致待测液的颜色从无色透明变成蓝色。将 Au 纳米粒子与氧化石墨烯复合（Au-GO），能有效阻止 Au 纳米粒子的团聚，增强了氧化石墨烯的类酶催化活性。由于单链 DNA（ssDNA）能阻止盐溶液（比如 NaCl）引起的 Au-GO 复合材料团聚，而双链 DNA（dsDNA）无此功能。基于上述现象，以 Hg^{2+} 或 Pd^{2+} 的适配子探针（ssDNA）修饰 Au-GO 复合材料，随着待测样品中 Hg^{2+} 或 Pd^{2+} 增加，适配子探针会发生空间结构的变化，形成 dsDNA，而无法抵御 NaCl 所诱导的沉淀或团聚，导致 Au-GO 复合材料类酶活性降低，显色反应变得不明显，从而实现对 Hg^{2+} 或 Pd^{2+} 的定量检测。该比色传感检测法对 Hg^{2+} 或 Pd^{2+} 检测的线性范围为 $0\sim50mmol/L$，检出限分别为 300nmol/L（Hg^{2+}）和 500nmol/L（Pb^{2+}）[15]。

7.2.2　水体中有机物的检测

石墨烯族二维纳米材料用于比色传感分析有机物，主要集中在葡萄糖和有机农药上。利用湿化学法和光辐射还原过程，制备的 Ag 纳米粒子-rGO（Ag NPs-rGO）复合材料，其中石墨烯的厚度为 $5\sim7nm$ 和 Ag 纳米粒子的平均粒径为 $20\sim30nm$；在最佳实验条件下（pH=9.5），Ag 纳米粒子-rGO 复合材料能与甲萘威农药（carbaryl pesticide）发生颜色反应（从黄色变成紫色），而其他农药（三环唑、双硫胺甲酰、乙基毒死蜱）和典型的离子（Mn^{2+}、Ni^{2+}、Co^{2+}、Ca^{2+}、Cu^{2+}、Na^+、Cl^-、NO_3^-、SO_4^{2-}）并不会对 Ag NPs-rGO 的颜色造成太多变化。基于上述实验现象，发展了检测甲萘威农药比色传感检测法，检测的线性范围和检出限分别为 $0.1\sim50\mu mol/L$ 和 $0.042\mu mol/L$ （$3S/N$）[18]。

以 Na_2S 为掺杂剂，与氧化石墨烯发生水热反应，形成 S-掺杂的石墨烯，能用于检测葡萄糖。石墨烯的掺杂状态可利用 XPS 表征，证实其表面含有 S—C 键。以 S-掺杂的石墨烯作为比色传感材料，其检测的基本原理是：葡萄糖与葡萄糖氧化酶作用产生 H_2O_2，并与 S-掺杂的石墨烯共同作用，能氧化显色基底 TMB，导致颜色变化，从而实现对葡萄糖的定性和定量检测。值得注意的是，对葡萄糖的检测需要加入葡萄糖氧化酶；与未进行元素掺杂的石墨烯，硫元素的掺杂显著提高了石墨烯的类过氧化氢酶活性（提高了约 11 倍），因为硫元素的融入改变了石墨烯中碳原子的电荷分布和石墨烯的缺陷数量。基于上述实验现象，形成了定量检测葡萄糖的比色传感法，其检出限和线性范围分别为 $0.38\mu mol/L$ 和 $1\sim100\mu mol/L$ （$3S/N$）[19]。

7.2.3　水体中氧活性物质的检测

很多环境污染进入人体后会诱发细胞、组织和器官产生的活性氧物种（ROS），ROS 包括羟基自由基、超氧离子、过氧化氢、单线态氧、一氧化氮等高反应活性的含氧物种。人体或其他生物体内的活性氧物种的产生或增加会带来一系列的负面效应，比如人体衰老和各种疾病（神经退化病、糖尿病、骨关节病、心血管病）；细胞中 ROS 浓度称为细胞应激氧压力，非正常 ROS 浓度会造成细胞中生活反应活动受到干扰，导致细胞死亡或凋零，而细胞是最基本的结构单元，当大量的细胞出现问题时就会导致各种严重的疾病发生。除此之外，ROS 的致病机制在于高浓度的 ROS 会损伤蛋白质、DNA 等生物分子，少数研究报道也指出少量的 ROS 会促进细胞的生长。因此，精准检测生物体内的 ROS，能反映环境受污染的程度。

利用石墨烯-金属纳米粒子、石墨烯-金属氧化物纳米粒子、石墨烯-金属硫化物纳米粒子、石墨烯-有机物等复合材料作为比色传感材料，具有更好的类酶催化活性，可用于定量检测水体中氧活性物质（主要用于检测 H_2O_2）。除了组成外，基于功能化石墨烯的纳米酶生化活性与其尺寸、形貌、表面特性（暴露的晶面、负载的活性材料等）有关。与其他因素相比，对石墨烯基纳米酶的形貌调控在比色传感领域逐渐引起了关注，从零维到三维复合材料，比如三维石墨烯-Fe_3O_4[10]、三维石墨烯-Pt 团簇[20]，特别是三维多孔或者多级别混合维度的纳米材料是目前研究的热点。

Pt 纳米粒子中电子结构包含了 d 带空穴，具有特殊的催化性质。Pt 纳米粒子与其他过渡金属复合形成双金属或多金属复合纳米粒子，可以改善活性位点的数量和调控活性位点类型。例如，双金属或多金属复合纳米粒子与石墨烯复合可以表现出更佳的类酶催化活性。通过湿化学法制备了 PtPd 双金属纳米粒子-石墨烯复合纳米材料；以 TMB 和 H_2O_2 为底物，通过测试稳态动力学参数获得 PtPd 双金属纳米粒子-石墨烯的 Michaelis-Menten 关系曲线，其中 Michaelis-Menten 常数（K_m）为 0.14mmol/L，最大反应速率（V_m）为 $15.9 \times 10^{-8} mol/(L \cdot s)$；而天然酶 K_m 和 V_m 分别为 0.43mmol/L 和 $10.0 \times 10^{-8} mol/(L \cdot s)$，较低的 K_m 说明酶-基底具有较高的亲和力。因此，与天然酶相比，双金属纳米粒子-石墨烯纳米酶具有更好的酶活性[21]。该比色传感检测法对 H_2O_2 检测的线性范围和检出限分别为 0.5～150μmol/L 和 0.1μmol/L（3S/N）。

纳米金属氧化物（比如 Fe_3O_4 和 Co_3O_4）与石墨烯或氧化石墨烯复合，常用于比色传感检测葡萄糖。利用热还原法制备氧化石墨烯-Fe_3O_4 纳米粒子复合材料，能促使 H_2O_2 催化氧化 TMB 显色，具有类过氧化氢酶活性。值得注意的是，反应溶剂的 pH 值、温度和 TMB 的浓度对氧化石墨烯-Fe_3O_4 纳米粒子复合材料的类酶活性都有一定的影响。当 pH=4、反应温度为 40℃ 和 TMB 的浓度为 200μmol/L 时，氧化石墨烯-Fe_3O_4 纳米粒子复合纳米材料表现出的类酶活性最佳[22]。根据 Lineweaver-Burk 曲线，可以获得氧化石墨烯-Fe_3O_4 纳米粒子复合材料的 Michaelis-Menten 常数和最大初始反应速率；以 TMB 为基底，K_m 和 V_m 分别是 0.43mmol/L 和 $13.08 \times 10^{-8} mol/(L \cdot s)$，以 H_2O_2 为基底，K_m 和 V_m 分别是 0.71mmol/L 和 $5.31 \times 10^{-8} mol/(L \cdot s)$。该比色传感检测法可对葡萄糖进行定量分析，其检测的线性范围和检出限分别为 2～200μmol/L 和 0.74μmol/L（3S/N）[22]。利用水热法制备 Co_3O_4 纳米粒子-石墨烯（化学还原法获得）复合材料，实现对 H_2O_2 比色传感检测，其检测限和线性范围分别为 0.5μmol/L 和 0.5～100μmol/L；在上述比色传感材料中，Co_3O_4 纳米粒子能有效抑制石墨烯的堆垛，提供反应活性位点和类酶活性，而石墨烯作为电子传输媒介促进界面电子传递[23]。

7.3　二维 TMDC 基比色传感器

在 TMDCs 中，MoS_2 和 WSe_2 是在比色传感分析领域应用最广泛的二维材料，主要原因是这类二维纳米材料的合成方法简单、易掺杂，并且还具有类辣根过氧化氢酶性质（严重依赖层数或厚度）。例如，二维 WSe_2 能促进 H_2O_2 氧化 TMB，发生颜色反应，即从无色变成蓝色；在颜色反应过程中，二维 WSe_2 主要起到电子传输媒介的作用，即 TMB 首先会吸附在二维 WSe_2 疏水区域，TMB 上的氨基作为电子给体会将孤对电子传递到二维 WSe_2，改变二维 WSe_2 的表面电荷；表面富电子的二维 WSe_2 会进一步把电子转移到 H_2O_2。在上述过程中，TMB 变成氧化态的 TMB，而 H_2O_2 被还原为 H_2O。因此，二维 WSe_2 作为电子传输媒介，其类酶活性由 TMB 到 H_2O_2 的电子传递快慢决定[7]。二维 WSe_2 的类酶活性被广泛用于检测血液中或水中的葡萄糖和 H_2O_2[24]。

7.3.1　水体中有机物的检测

如前文所述，金属纳米粒子高效的电子传输性能、良好的生物兼容性、类酶催化活性和表面等离子体共振效应（在光辐射下），因此常用于调控二维 TMDCs 的电子状态（比如电势高低），防止二维 TMDCs 重堆垛，从而实现类酶催化活性的协同效应。例如，将金纳米粒子与 MoS_2 纳米带复合形成新型的纳米类酶材料[25]；金纳米粒子作为“电子库”，为 p 型 MoS_2 提供额外的电子，从而使其费米能级升高，有利于 TMB 和 MoS_2 纳米带之间的电荷转移。因此，二者复合不仅增强其理化性质的稳定性，而且表现出比单一组分更好的酶催化动力学，比如具有更低的 Michaelis-Menten 常数（K_m）和更高的最大反应速率（V_{max}）。该比色传感检测法对 H_2O_2 检测的线性范围为 $0.01 \sim 0.1mmol/L$，检出限为 $0.014mmol/L$（$3S/N$）。该复合材料负载胆固醇氧化酶后，可以用于定量分析胆固醇，其检测线性范围为 $0.04 \sim 1mmol/L$，检出限为 $0.015mmol/L$（$3S/N$），可用在人体尿液环境中检测相关的目标物，其他干扰物质如尿酸、尿素、抗坏血酸、半胱氨酸、葡萄糖等对检测结果的准确度可以忽略[25]。

半胱氨酸修饰的 MoS_2 纳米花（Cys-MoS_2）具有良好的类过氧化氢酶催化活性。当 MoS_2 纳米花担载葡萄糖氧化酶后，能催化氧化葡萄糖分子产生 H_2O_2，并进一步催化氧化显色/发色基底［比如 2,20 -氮杂双(3-乙基苯并噻唑啉- 6 磺酸)二铵盐，简称 ABTS］产生颜色反应，从而实现对水体中葡萄糖的定量检测。在相同实验条件下，以 ABTS 作为显色基底，与 Cys-MoS_2 作用产生的颜色反应更加明显；而以 TMB 作为显色基底，颜色变化相对而言不明显；造成上述现象的原因在于两种基底所带电荷不同：TMB 带正电，而 ABTS 带负电，二者与 Cys-MoS_2 类酶材料之间的结合力和电子传递过程存在差异。以 ABTS 为颜色基底，Cys-MoS_2 作为类酶材料，实现对葡萄糖的定量检测，其检测的线性范围和检出限分别为 $0.05\sim1\mathrm{mmol/L}$ 和 $33.51\mu\mathrm{mol/L}$ （3S/N）[26]。

7.3.2　水体中氧活性物质的检测

对氧活性物质的定量检测，主要是利用表面功能化的 WS_2 纳米片和 MoS_2 纳米片作为传感材料，通过氧活性物质对上述材料的类酶催化活性的影响，获得氧活性物质的浓度与颜色反应快慢（吸光度表征）之间的关系。WS_2 纳米片具有层厚度依赖的特性，当厚度降低到单层时，其能带结构会从间接带隙变成直接带隙，与之相对应的诸多物理化学性质呈现出奇特的变化，比如荧光发射性能变强、带隙增大。和其他二维纳米材料相似，WS_2 纳米片在比色传感分析领域的应用，主要利用其类过氧物酶的特性。2014 年，研究人员首次发现 WS_2 纳米片的过氧化氢酶特性，其活性明显高于辣根过氧化物酶；在有 H_2O_2 存在的条件下，WS_2 纳米片能催化 TMB，发生单电子的氧化反应（TMB $\longrightarrow$ oxTMB），溶液从无色变成蓝色。与此同时，待测溶液的吸光性能变化，其最大吸收峰的位置从 369nm 漂移至 652nm。在最佳实验条件下，基于 WS_2 纳米片的比色传感检测法对 H_2O_2 的检测线性范围和检出限分别为 $10\sim100\mu\mathrm{mol/L}$ 和 $1.2\mu\mathrm{mol/L}$ （3S/N）[27]。

WS_2 纳米片的类酶催化活性，能氧化多种酶基底发生颜色反应。例如 WS_2 纳米片不仅能催化氧化 TMB 显蓝色，而且能催化氧化"2，2′-联氮双（3-乙基苯并噻唑啉-6-磺酸）二铵盐"显绿色，催化氧化"邻苯二胺"显黄色。WS_2 纳米片对上述三种基底的催化活性依赖于其浓度、pH、温度、反应时间和 H_2O_2 的浓度。总体而言，WS_2 纳米片与过氧化氢酶相比，其催化活性的稳定性更好。当 pH<4、反应温度大于 50℃，过氧化氢酶的催化活性就会受到抑制；与之相反，在 pH=2～7、温度为 30～70℃ 范围内，WS_2 纳米片都能保持良好的类酶活性。根据催化反应的动力学过程调查，WS_2 纳米片催化特性满足 Lineweaver-Burk 方程式，其 Michaelis-Menten 常数比类过氧化氢酶的大，表明 WS_2 纳米片的反应活性高于类过氧化氢酶[27]。

WS_2 纳米片的表面修饰有机分子、生物分子或者与其他低维纳米材料复合，能进一步提高其类酶活性。例如，通过湿化学合成法，在含有不同浓度的 WS_2 纳米片悬浮液中，利用 NaOH 和 $NaBH_4$ 原位还原 Ag 的前驱体，形成 WS_2 纳米片与 Ag 团簇复合材料。该复合材料的类酶活性要远高于 WS_2 纳米片或 Ag 团簇，能产生更多的羟基自由基[28]。另一方面，血晶素是血红素蛋白家族（比如细胞色素、肌红蛋白、过氧化物酶、血红蛋白）的活性中心，它们也具有过氧化氢酶的性质。将血晶素与 WS_2 纳米片复合，不仅有利于改善血晶素在催化反应的弱点，比如氧损耗和分子聚集导致的活性降低，而且能实现二者在功能和结构上的协同效应。例如，将血晶素与 WS_2 纳米片孵化一定的时间，形成血晶素修饰的 WS_2 纳米片，二者之间依靠范德瓦耳斯力结合；血晶素功能化的 WS_2 纳米片在 H_2O_2 和葡萄糖检测性能上表现出良好的协同效应[29]。在吸光波长为 450nm 处，该比色传感器对 H_2O_2 分析的线性范围为 $5 \sim 140 \mu mol/L$，检出限为 $1.0 \mu mol/L$（$3S/N$）。此外，该传感器对葡萄糖分析的线性范围为 $5 \sim 300 \mu mol/L$，检出限为 $1.5 \mu mol/L$（$3S/N$）。

与 WS_2 纳米片相似，WSe_2 纳米片具有层厚度依赖的类过氧化物酶活性，能用于构建检测氧活性物质的比色传感器[7]。例如，在乙醇和水的混合溶液中，利用液相剥离法获得厚度为 $1 \sim 5nm$ 的 WSe_2 纳米片，表现出具有类似天然酶的催化活性。当 pH=3.5 时，WSe_2 纳米片的类过氧化物酶活性最佳；根据复合米氏方程，以 TMB 为底物时，Michaelis-Menten 常数 K_m 和最大初始反应速率 V_m 分别为 0.0433mmol/L 和 $1.43 \times 10^{-8} mol/(L \cdot s)$。相似地，以 H_2O_2 为底物时，K_m 和 V_{max} 分别为 19.53mmol/L 和 $2.22 \times 10^{-7} mol/(L \cdot s)$，优于天然的辣根过氧化物酶（HRP）与底物之间的亲和力[7]。在最优条件下，基于 WSe_2 纳米片的比色传感法对 H_2O_2 检测的线性检测范围为 $10 \sim 60 \mu mol/L$，检出限为 $10 \mu mol/L$。

最早关于纳米 MoS_2 的类酶活性研究，主要利用液相剥离法制备 MoS_2 纳米片（厚度为 $3 \sim 4nm$），用于构建检测 H_2O_2 的比色传感检测器。该比色传感器的原理是 MoS_2 纳米片能催化或促进 H_2O_2 氧化 TMB 显色（依次从白色变成浅黄、黄绿、蓝绿和蓝色），从而可用于定量检测溶液中的 H_2O_2。基于 MoS_2 纳米片的比色传感器对 H_2O_2 的检测线性范围为 $5 \sim 100 \mu mol/L$（$R^2 = 0.9961$），检出限为 $1.5 \mu mol/L$（$3S/N$）[30]。

与原始的 MoS_2 纳米片相比，经过表面功能化或改性后的 MoS_2 纳米片，能克服二维纳米材料的某些不足，比如易团聚、面内催化惰性，特别是在类酶活性上得到显著改善。例如，利用聚乙烯亚胺（PEI）、聚丙烯酸（PAA）、乙烯吡咯烷酮（PVP）、半胱氨酸（Cys）等有机物对水热反应制备的 MoS_2 纳米花进行表面改性，实现精确调控 MoS_2 纳米花表面电荷的目的。由于表面电荷和表面态对纳米酶的催化活性的影响较大，上述表面改性和修饰的 MoS_2 纳米花（比如 Cys-MoS_2 NFs）具有良好的生物兼容性、分散性。细胞毒性研究的结果显示高浓度的功能化 MoS_2 纳米花（浓度为 200mg/mL 的）与 HUVEC 细胞孵化 24h 后，HUVEC 细胞的存活率仍然保持在 95% 以上。Zata 电势和 Michaelis-Menten 分析结果表明：表面修饰不同的有机分子会影响 MoS$_2$ 纳米花与基底（如 TMB）结合过程，一般与基底带有相反电荷的修饰分子能提高 MoS$_2$ 纳米花的类酶催化活性。通过优化检测条件和实验过程，cys-MoS$_2$ 复合材料作为类酶材料能实现对双氧水的定量检测，其检测的线性范围和检出限分别为 $0 \sim 0.3$mmol/L 和 4.103μmol/L（$3S/N$）[26]。

7.4　二维过渡金属氧化物基比色传感器

二维过渡金属氧化物具有良好的理化性质、高的比表面积。有些过渡金属氧化物，如氧化锰、氧化钴等，易功能化、生物兼容性良好，能催化降解多种有机环境污染物，包括氧活性物质、有机物和致病菌等[31]。

7.4.1　水体中有机物的检测

二维过渡金属氧化物的类酶特性主要表现在类过氧化氢酶的特性上，用于催化氧化显色基底，实现对葡萄糖的定量检测[32]。二维过渡金属氧化物的制备过程决定了其类酶催化活性。例如，利用生物材料作为软模板制备二维过渡金属氧化物，能表现出多功能的类酶活性和良好的生物兼容性；然而，利用常规化学反应过程制备二维过渡金属氧化物只表现出一种类酶活性（比如类过氧化氢酶）。利用某些有机物对二维过渡金属氧化物的类酶活性影响（抑制或增强），实现对有机物的定量检测。这与生物酶作为探针检测重金属离子的机理相似。

利用块体的氧化锰作为前驱体，通过液相剥离法制备氧化锰纳米片。由于谷胱甘肽（GSH）能抑制氧化锰纳米片催化氧化 TMB，延长了颜色反应发生的时间和反应程度，因此能用于定量检测 GSH[33]。除了液相剥离法，利用小分子量（$<1\times10^4$）的蛋白质（如牛血清白蛋白、pVIII）诱导合成金属氧化物纳米片，表现出更佳的类酶活性[34,35]。以 pVIII 蛋白质为生物模板，在碱性溶液中还原氧化锰的前驱体，形成氧化锰纳米片；这种疏水性蛋白质容易自组装形成二维结构，氧化锰晶核就会以此为模板形成纳米片；这种生物矿化（biomineralization）作用会受 pVIII 蛋白质浓度的影响[35]。与化学辅助合成法相比（如水热和溶剂热），上述提及的蛋白质诱导合成法的反应条件更加温和。制备的氧化锰纳米片能促使 H$_2$O$_2$ 氧化 TMB 显色，可用于传感检测水体中 H$_2$O$_2$ 和葡萄糖。该传感检测法对葡萄糖的检测线性范围为 $1\sim10$mmol/L，检出限为 1mmol/L[35]。

与之相似，以牛血清蛋白作为模板合成的氧化锰纳米片，具有双功能纳米酶特性，即同时表现出葡萄糖氧化酶和过氧化氢酶活性[36]。这种多功能纳米酶可以实现酶的级联反应（多步反应）。尽管氧化锰具有类过氧化氢酶性质，若用于检测葡萄糖还需要加入葡萄糖氧化酶，并且经历两个主要级联反应过程：①葡萄糖氧化酶催化氧化葡萄糖产生 H_2O_2；②氧化锰类过氧化氢酶促进 H_2O_2 与显色基底发生反应。因此，以生物分子作为软模板制备这种双功能纳米酶，能避免使用多种生物酶，能有效调控多步骤生化反应，保证传感检测的稳定性和灵活性。另一方面，天然的葡萄糖氧化酶与人工纳米酶相比，其制备过程复杂、处理过程繁琐、成本高，以无机双功能或多功能纳米酶作为比色传感材料能保证检测的准确性和稳定性。例如，利用牛血清蛋白作为生物模板，通过化学合成法制备了氧化锰纳米片，在制备的过程中牛血清蛋白作为氧化锰形核的骨架和稳定剂；氧化锰的前驱体和牛血清蛋白浓度比例决定了产物最终的形貌[36]。制备的氧化锰纳米片能催化氧化 ABTS 和 OPD 两种显色基底显色。该比色传感检测法对葡萄糖分析的线性范围为 1.2～5mmol/L，检出限为 $1\mu mol/L$[36]。

7.4.2　水体中致病菌的检测

随着适配子探针制备和纯化技术的发展，通过人工制备特殊结构的适配子作为传感元，可以实现对致病菌的定量分析。例如，磁性氧化锰纳米片的表面修饰具有生物特异性的配体后，可检测的目标物更加灵活和广泛，甚至可用于检测微生物或致病细菌，比如鼠伤寒沙门菌（*Salmonella typhimurium*）、金黄色葡萄球菌（*Staphylococcus aureus*）。

利用蛋白质 pVIII 修饰氧化锰纳米片，不仅保留了氧化锰（MnO）纳米片的类酶催化活性，而且氧化锰纳米片表面修饰的 pVIII 能特异性地识别副溶血弧菌（*Vibrio parahaemolyticus*），基于 MnO 纳米片的比色传感器对副溶血弧菌的检测线性范围为 20～10^4CFU/mL，检出限为 15CFU/mL，可用于检测海水中的副溶血弧菌。当副溶血弧菌存在时，pVIII 能与副溶血弧菌特异性作用，能形成 pVIII-副溶血弧菌-MnO_2 纳米片三明治结构的复合物，在上述系统中氧化锰纳米片起到信号放大作用[34]。

7.5　二维 MOF 基比色传感器

金属有机框架化合物（MOFs）是由有机物与金属离子/团簇络合形成固体

材料，有着超高的孔隙率和比表面积，属于富含多孔的有机-无机纳米复合材料。这类材料兼具有机聚合物和金属纳米材料的特性，比如高吸附能力、高比表面积和催化活性。基于此，MOFs 被广泛用于气体吸附和分离、纯化、仿生酶、传感检测、催化、化合物的化学释放（chemical release）等领域。

二维 MOFs 在比色传感检测领域的广泛应用，主要原因在于其优良的理化性能，有利于环境污染物在 MOF 表面的吸附、浓缩和反应，从而显著提高比色传感检测的灵敏度。此外，二维 MOFs 的类酶催化活性，特别是类过氧化氢酶的性质，能催化氧化发色基底（比如 TMB、$2,2'$-联氮-双-3-乙基苯并噻唑啉-6-磺酸等），可用于检测多种目标物，比如 H_2O_2、葡萄糖、抗坏血酸、硫胺素、半胱氨酸等。

7.5.1　水体中有机物的检测

单一的 MOFs 材料仍存在一些问题，比如电子传导性能差、易堆垛等。因此，为了获得高活催化活性的二维 MOFs，仍需要对其表面功能化。事实上，二维 MOFs 由有机-无机杂化组成的多孔材料，是良好的基底材料，可以担载具有类酶活性的低维纳米材料，在催化活性上产生协同效应。这种 MOFs 复合纳米材料作为传感元，能扩大环境污染物的类别，提高传感检测性能。

以 $ZnCl_2$ 作为 1,4-二氰基苯（有机交联剂）的模板，通过微波加热反应形成二维 MOF 材料，并在 $FeCl_3$ 溶液中浸渍后进行煅烧，形成具有类酶催化活性的二维铁基 MOF 纳米材料。该铁基 MOF 纳米材料具有良好的水溶性和生物兼容性，在其表面修饰能特异性识别赭曲霉毒素 A 的适配子探针，其碱基序列为：$3'$-GATCGGGTGTGGGTGGCGTAAAGGGAGCATCGGACA-$5'$，可实现对赭曲霉毒素 A 的定量检测。适配子的吸附不仅保证了比色传感材料对赭曲霉毒素 A 的高选择性，同时能缓解由盐溶液引起的二维 MOF 的团聚，保持铁基 MOF 纳米材料的类酶催化活性（材料中的铁离子是催化活性位点）。当待测液中存在赭曲霉毒素 A 时，吸附在二维 MOF 纳米材料表面的适配子探针会优先与溶液中赭曲霉毒素 A 结合，导致二维 MOF 纳米材料极易受盐溶液的影响，发生团聚现象，类酶催化活性显著降低。基于此现象，以适配子修饰的铁基 MOF 纳米材料作为传感材料，实现对赭曲霉毒素 A 的定量检测，其检测的线性范围和检出限分别为 $0.2 \sim 0.8 \mu mol/L$ 和 $0.2 \mu mol/L^{[37]}$。

7.5.2　水体中氧活性物质的检测

氧活性物质主要包括超氧阴离子、过氧化氢、亚硝酸阴离子等。部分氧活性物质存在一定的环境健康风险，需要提前预防预测。其中，H_2O_2 具有较高氧化性，在工业、医疗、食品等领域有广泛的应用，比如杀菌、漂白、防腐等。然而，大量使用 H_2O_2 不仅会破坏环境，而且会威胁人体健康，比如 H_2O_2 进入人体会转化成 •OH，造成 DNA 氧化损伤、基因突变、细胞凋亡。

传统检测氧活性物质的分析方法主要基于滴定法、色谱法等。新型的传感检测法主要基于人工纳米酶（具有酶活性的纳米材料）的催化活性和特异性所建立起来的比色传感法，具有操作简单、可视化、成本低等优点。

金属纳米粒子具有良好的类酶催化活性，部分贵金属纳米粒子其至能同时表现出多种类酶催化活性，比如 Pt 纳米粒子具有氧化酶、接触酵素、过氧化氢酶活性。贵金属纳米粒子不仅具有类酶催化活性，而且具有良好的生物兼容性，比如 Au 纳米粒子具有过氧化氢酶活性，能催化分解 H_2O_2 产生氧气，能用于体内生物环境中不至于产生排斥反应。

人工纳米酶或类酶纳米材料还存在依赖成分/组成的性能耦合效应。例如，将金属纳米粒子与 Fe_3O_4 纳米粒子复合能实现多种类酶活性，提高电子传递速率，加速界面反应（催化剂与底物间）。二维纳米材料既能作为基底，可以有效负载类酶纳米材料，分散纳米粒子，保证其催化特性，也可以作为类酶材料。在具有类酶活性的二维 MOFs 中，金属元素/团簇的存在是二维 MOFs 具有酶活性的根本原因。

二维 MOFs 与 Au 纳米粒子（AuNPs）、Fe_3O_4 纳米粒子产生协同催化效应，主要原因在于界面电荷重新分布和耦合。Au 纳米粒子和 Fe_3O_4 纳米粒子可以改变二维 MOFs 表面电荷分布，促进其在生物传感器领域的应用。以均苯三甲酸（H_3BTC）作为有机交联剂，利用湿化学方法合成层状的铜基 MOF［记作 Cu(HBTC)-1］，与氯金酸混合后，被 $NaBH_4$ 原位还原成 "AuNPs/Cu(HBTC)-1"复合材料，再通过共沉淀法形成 Fe_3O_4-AuNPs/Cu(HBTC)-1 复合纳米材料。Fe_3O_4-AuNPs/Cu(HBTC)-1 复合纳米材料具有类过氧化氢酶活性，能降解 H_2O_2 产生 •OH，氧化 TMB 等发色基底（如图 7.1 所示），产生可肉眼观察到的颜色变化（从无色变成蓝色），同时吸光度会增强。上述类酶催化活性可通过单链 DNA 的吸附来调控，基本原理是具有特殊碱基序列的单链 DNA 能提高 Fe_3O_4-AuNPs/Cu(HBTC)-1 复合纳米材料的类酶活性。

在最佳实验条件下，Fe_3O_4-AuNPs/Cu(HBTC)-1 复合材料对 TMB 催化降解的动力学满足复合米氏方程（Michaelis-Menten equation），具体形式如下：

$$V_0 = V_{max}[S]/(K_m + [S]) \tag{7.2}$$

式中　V_0——初始反应速率；

[S]——基底浓度；

V_{max}——最大反应速率；

K_m——Michaelis-Menten 常数。

V_{max} 和 K_m 能表征人工纳米酶和基底之间的亲和力和反应速度。一般地，更大的 V_{max} 和更低的 K_m 代表亲和力和反应速率更佳。这两个参数的具体数值可以通过拟合形成的 Lineweaver-Burk 直线获得。根据米氏方程，Fe_3O_4-AuNPs/Cu(HBTC)-1 的酶催化活性远高于过氧化氢酶（天然酶）的活性，其 V_{max} 和 K_m 分别是过氧化氢酶的 13 倍和 15 倍。

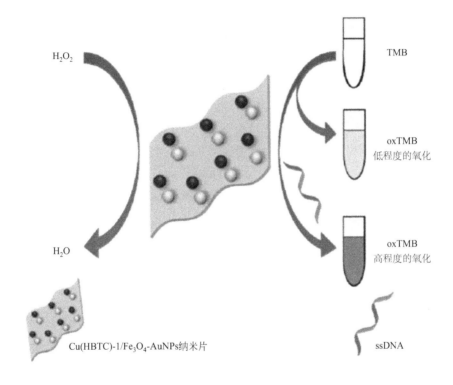

图 7.1　单链 DNA（ssDNA）对 $Cu(HBTC)$-1/Fe_3O_4-AuNPs
纳米复合材料的类酶催化活性调控的示意图

由于所带电荷相同（负电），原始的二维 Cu(HBTC)-1 会排斥 DNA 分子。然而，将 Fe_3O_4 和 Au 纳米粒子修饰在二维 Cu(HBTC)-1 的表面，能调控其表面性质，Au 纳米粒子的存在有利于提高对 DNA 分子的吸附能力；DNA 分子的吸附能调控 Cu(HBTC)-1 的类酶特性。因此，Fe_3O_4-AuNPs/Cu(HBTC)-1 复合纳米材料对单链的 DNA 具有良好的吸附性能，促进电子的有效传递，能猝灭荧光基团修饰的适配子探针或 DNA，实现对 H_2O_2 定量分析，其检测的线性范围为 $2.86 \sim 71.43nmol/L$，检出限为 $2.83nmol/L$（$3S/N$）[38]。

由于纳米材料的类酶活性最早在 Fe_3O_4 纳米粒子中观察到，为了调控二维 MOFs 的类酶催化活性，很多方法都是构建铁基 MOFs，比如 MIL-100（Fe）、Fe-MIL-88NH$_2$、MIL-53（Fe）等。根据金属成分对 MOFs 类酶活性的影响规律，构建双金属或者多金属配位的 MOFs 可以产生更多的活性位点，在类酶催化活性上产生协同效应。例如，以 $CoCl_2 \cdot 6H_2O$ 和 $MnCl_2 \cdot 4H_2O$ 为 Co 和 Mn 的前驱体，邻苯二甲酸为交联剂，乙醇为还原剂，通过调控水热反应温度和前驱体比例，可以制备出 Co/Mn 双金属二维 MOFs。Mn 和 Co 作为具有多价态的过渡金属，能参与催化体系中自由基的链式反应。当二维 MOFs 中 Co 和 Mn 摩尔比为 1:1 时，所具有的缺陷密度更大、催化活性更高，用于检测 H_2O_2 时可以获得最佳的分析性能。基于 Co/Mn 双金属二维 MOFs 的比色传感检测 H_2O_2 的基本原理是：待测样品中含有 H_2O_2 时，Co/Mn 双金属二维 MOFs 能有效催化分解 H_2O_2 产生羟基自由基，氧化 TMB 发生颜色变化（从无色变成蓝色）。值得注意的是，该定量检测 H_2O_2 的过程还需用分光光度计。

根据复合米氏方程，以 TMB 为底物时，可计算出 Co/Mn 双金属二维 MOFs 的 K_m 和 V_{max} 分别为 $0.270mmol/L$ 和 $1.64 \times 10^{-7}mol/(L \cdot s)$；相似地，以 H_2O_2 为底物时的 K_m 和 V_{max} 分别为 $0.24mmol/L$ 和 $5.80 \times 10^{-7}mol/(L \cdot s)$，表明 Co/Mn 双金属二维 MOFs 与底物之间的亲和力比天然的辣根过氧化物酶（HRP）与底物之间的亲和力更好。在优化条件下，对 H_2O_2 的线性检测范围为 $1.00 \sim 100\mu mol/L$，检出限为 $0.85\mu mol/L$（$3S/N$）[39]。

7.6 二维金属基比色传感器

二维金属纳米材料（单质和合金）属于非层状材料，具有较大的比表面积、高纵横比，并且表面含有丰富的悬键，其在光学、磁学以及催化方面具有潜在的应用价值[40]。二维金属纳米材料是良好的（电）催化剂，主要原因是金属材料的高效电子传导性和丰富的活性位点，而绝大部分的催化反应过程都与催化反应活性点、电荷输运有关。与石墨烯、TMDCs 等二维纳米材料的活性位点不同（主要位于平面边缘），二维金属纳米材料的面内原子的配位数未达到饱和，因此二维原子平面的面内和边缘都可以成为反应的活性位点，被广泛用于电催化裂解水、传感检测、氧还原（ORR）、有机物或气体（比如甲酸、甲醇、一氧化碳）的催化氧化去除等领域[41]。

二维金属纳米材料在环境污染物的比色传感分析领域的应用研究处于初始阶段，最主要原因是二维金属纳米材料的可控制备仍然面临着较大挑战。由于金属键的无方向性、无饱和性，以及块体金属材料（母体材料）的高对称性，使得金属材料在生长的过程中更倾向于以三维密堆积的形态存在，从而很难保持和控制在高比表面能状态下的择优生长，形成二维平面结构形貌（因为这违背了热力学定律）。目前，在二维金属纳米材料的化学制备方法中需使用盖帽剂或者改变材料制备的外部环境，比如施加电场、磁场和光场。此外，采用物理或化学气相沉积方法，以金属（比如 Au、Ag）和半导体（比如 Si）的特殊晶面作为生长基底或者模板，都有成功合成二维金属纳米材料的记录，但是二维金属纳米材料与基底高效分离却是新的问题。在比色传感分析领域，二维金属纳米材料主要用于检测有机物和氧活性物质。

7.6.1　水体中有机物的检测

为了获得更佳的类酶催化活性，二维金属纳米材料一般会构建合金材料或混合维度复合纳米材料作为比色传感材料。例如，以二（乙酰丙酮）钯（II）作为前驱体，乙醇溶液作为还原剂，制备二维钯纳米片；以二维钯纳米片作为基底和模板，与氯金酸原位反应，生成零维的金纳米粒子/二维钯纳米片复合纳米材料，其化学表观式可表示为 Au_xPd_{100-x}（x = 4.5、9.8、21）。二维钯纳米片表面的金是以单原子或者团簇的形式存在，并取代了部分钯原子。前驱体中 Au 与 Pd 含量比会影响产物的最终形貌，过多的 Au 会导致产物的形貌变成三维多孔结构。

氯金酸（金的前驱体）在钯表面发生的反应过程为，

$$2Au^{3+} + 3Pd \longrightarrow 2Au + 3Pd^{2+} \tag{7.3}$$

由式(7.3)可知，两个金原子可置换出三个钯原子。金原子分散在钯纳米片表面，是催化反应的主要活性位点，并且抑制了钯纳米片的堆垛。催化性能表征结果证实二元合金（Au_xPd_{100-x}）具有类酶催化活性，特别是 $Au_{21}Pd_{79}$ 具有双重类酶活性，包括氧化酶和过氧化物酶，能催化氧化多种有机基质 [3,3′,5,5′-四甲基联苯胺、2,2′-偶氮苯(3-乙基苯并噻唑啉-6-磺酸)二铵、3,3′-二氨基联苯胺、苯二胺和多巴胺]，产生颜色反应。在葡萄糖氧化酶存在的条件下，以 $Au_{21}Pd_{79}$ 作为类酶催化剂，3,3′,5,5′-四甲基联苯胺（TMB）作为酶基底，可以定量检测葡萄糖，其检测的线性范围和检出限分别为 5～400μmol/L 和 0.85μmol/L（3S/N）[42]。

与之相似，以二乙酰丙酮钯［Pd(acac)$_2$］、聚乙烯吡咯烷酮（PVP）和四丁基铵溴（TBAB）为反应物，利用湿化学法制备钯纳米片。将钯纳米片储存液与"二乙酰丙酮铂"、水合肼发生共反应，形成双金属纳米片（Pd@Au）。与单一的钯纳米片或者纳米粒子相比（控制钯的含量相同），Pd@Pt 合金纳米片具有更好的类过氧化氢酶催化活性，能促进 H$_2$O$_2$ 氧化 TMB，发生显色反应。将葡萄糖氧化酶修饰在二维合金 Pd@Pt 表面作为比色传感材料，由于葡萄糖氧化的副产物含有 H$_2$O$_2$，可用于氧化 TMB，待测溶液的颜色从无色变成蓝色，从而可以实现对葡萄糖的定量检测，其检测线性范围是 0.1～0.5mmol/L[43]。

7.6.2　水体中氧活性物质的检测

二维金属纳米材料用于氧活性物质的比色传感分析领域，也是利用金属纳米材料的类酶催化活性。例如，在苯甲醇和甲醛混合溶剂中，以乙酰丙酮铑为铑纳米片的前驱体，以聚乙烯聚吡咯烷酮为稳定剂，利用溶剂热法制备了二维层状铑纳米片（厚度约为 0.4nm）。在材料生长过程中，甲醛是保证形成二维层状形貌的关键成分。合成的单层铑纳米片具有类过氧化物酶催化活性，能促使 H$_2$O$_2$ 氧化 TMB 发生颜色反应（由无色变成蓝色）。与之相似，单层铑纳米片也能催化氧化多种显色有机基底，比如 2,2$'$-联氨-双(3-乙基苯并噻唑啉-6-磺酸)二胺盐、邻苯二胺、多巴胺、3,3$'$-二氨基联苯胺。二维层状铑纳米片的类酶催化活性源于表面或者平面边缘低配位的铑原子，能与 H$_2$O$_2$ 作用形成超氧活性物质（O$_2^-$·）。基于二维层状铑纳米片的比色检测传感分析法可以用于定量检测 H$_2$O$_2$；对 H$_2$O$_2$ 检测的线性范围和检出限分别为 1～200μmol/L 和 0.17μmol/L（S/N=3）[41]。

由多种贵金属构成的合金纳米片也具有良好的类酶催化活性（比如类过氧化物酶、接触酶素），能氧化基底发生颜色反应，用于定量检测 H$_2$O$_2$ 和葡萄糖。以二(乙酰丙酮)钯为钯纳米片的前驱体，以聚乙烯吡咯烷酮为稳定剂，基于化学还原法制备厚度约 40nm 的 Pd 纳米片。以 Pd 纳米片为模板或晶种，制备 Pd@Au、Pd@Pt 合金纳米片。Pd 纳米片表面的 Au 和 Pt 皆通过外延生长形成，表面 Au 或 Pt 的覆盖率与前驱体的浓度比例有关，影响因素主要包括 Pd/Au 和 Pd/Pt 摩尔比。事实上，单一的 Pd 纳米片具有良好的类过氧化酶催化活性，能加快 H$_2$O$_2$ 催化氧化 TMB，发生颜色反应（图 7.2），其最大吸收波长为 652nm。上述合金纳米片在酸性介质中类酶特性更为明显，主要原因是在酸性介质中，Pd 能促使 H_2O_2 产生羟基自由基氧化酶基底。

　　Pd@Au 和 Pd@Pt 合金纳米片仍旧保留了 Pd 纳米片的形貌（六角形），但是光谱吸收范围发生了变化，在近红外区域具有更好的吸收性能。随着合金中的 Au、Pt 量增加，Pd@Au 和 Pd@Pt 合金纳米片的最大吸收峰发生蓝移。对于类过氧化酶催化反应，含有不同组分的纳米片的活性顺序为：Pd@Pt＞Pd＞Pd@Au。金纳米粒子的增加，并不会改善 Pd 的类过氧化酶活性，因为在 Pd@Au 合金纳米片中 Pd 是决定类过氧化酶活性的主要成分。Pd@Pt 合金纳米片中，两种组分都能提高类过氧化酶活性，产生协同效应。由于 Pd@Pt 合金纳米片对 TMB 的氧化反应过程是依赖于 H_2O_2 的浓度，因此可用于定量检测 H_2O_2。基于 Pd@Pt 合金纳米片的比色传感材料对 H_2O_2 检测的线性范围和检出限分别为 $0.004\sim2mmol/L$ 和 $4\mu mol/L$[43]。

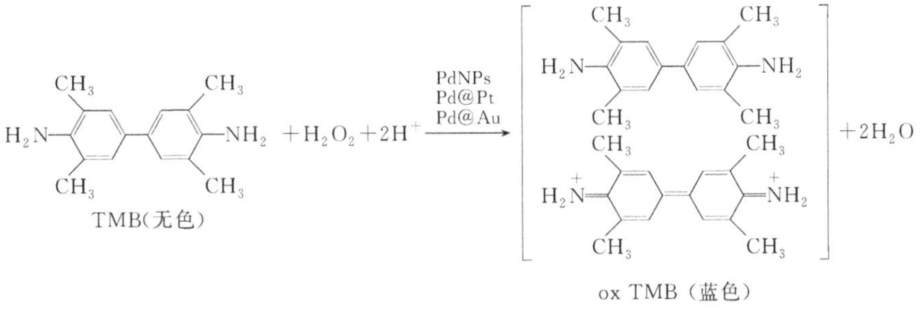

图 7.2　TMB 的氧化反应机制

7.7　总结和展望

　　基于二维纳米材料的比色传感检测法虽然具有肉眼可视化、方便、快捷等功能，但是此类传感分析法只能定性或半定量的检测目标物，若涉及定量检测仍需要借助分光光度计等大型光学仪器。比色传感材料的形貌对类酶催化活性或者传感分析性能的影响仍亟待深入研究。对于比色传感材料的设计，除了考虑影响类酶材料与酶基底（颜色基底）之间的界面反应外，还应该考虑光照对类酶材料的催化活性的影响；很多二维纳米材料与金属纳米粒子复合，其分析性能会有显著的提高，此现象表明除二维纳米材料的催化活性位点或类型改变外，光吸收对类酶活性的影响也存在，比如表面等离激元共振效应，但此方面的研究仍是空白。二维金属纳米材料作为比色传感材料，其可控制备仍然面临着较大挑战。由于金属键的无方向性、无饱和性，以及块体金属材料（母体材料）的高对称性，使得金属材料在生长的过程中更倾向于以三维密堆积的形态存在，从而很难保持和控制在高比表面能状态下的择优生长，形成二维平面结构形貌。另外，二维纳米材料的表面特性的理性调控也是未来需要着重研究的领域。

参考文献

[1] Zhan L，Li C M，Wu W B，et al. A colorimetric immunoassay for respiratory syncytial virus detection based on gold nanoparticles-graphene oxide hybrids with mercury-enhanced peroxidase-like activity [J]. Chemical Communications，2014，50：11526-11528.

[2] Gao L Z，Zhuang J，Nie L，et al. Intrinsic peroxidase-like activity of ferromagnetic nanoparticles [J]. Nature Nanotechnology，2007，2：577-583.

[3] Sun H，Zhou Y，Ren J，et al. Carbon nanozymes：enzymatic properties，catalytic mechanism，and applications [J]. Angew Chem Int Ed Engl，2018，57：9224-9237.

[4] Liao H，Liu G，Liu Y，et al. Aggregation-induced accelerating peroxidase-like activity of gold nanoclusters and their applications for colorimetric Pb^{2+} detection [J]. Chemical Communications，2017，53：10160-10163.

[5] Lin Y H，Ren J S，Qu X G. Catalytically active nanomaterials：a promising candidate for artificial enzymes [J]. Accounts of Chemical Research，2014，47：1097-1105.

[6] Wang Y M，Liu J W，Jiang J H，et al. Cobalt oxyhydroxide nanoflakes with intrinsic peroxidase catalytic activity and their application to serum glucose detection [J]. Analytical & Bioanalytical Chemistry，2017，409：4225-4232.

[7] Chen T M，Wu X J，Wang J X，et al. WSe_2 few layers with enzyme mimic activity for high-sensitive and high-selective visual detection of glucose [J]. Nanoscale，2017，9：11806-11813.

[8] Chen H，Li Z，Liu X，et al. Colorimetric assay of copper ions based on the inhibition of peroxidase-like activity of MoS_2 nanosheets [J]. Spectrochimica Acta Part A Molecular & Biomolecular Spectroscopy，2017，185：271-275.

[9] Wu J，Qin K，Yuan D，et al. Rational design of Au@Pt multibranched nanostructures as bifunctional nanozymes [J]. ACS Applied Materials & Interfaces，2018，10：12954-12959.

[10] Wang Q，Zhang X，Huang L，et al. One-pot synthesis of Fe_3O_4 nanoparticle loaded 3D porous graphene nanocomposites with enhanced nanozyme activity for glucose detection [J]. ACS Applied Materials & Interfaces，2017，9：7465-7471.

[11] Huang Y，Zhao M，Han S，et al. Growth of Au nanoparticles on 2D metalloporphyrinic metal-organic framework nanosheets used as biomimetic catalysts for cascade reactions [J]. Advanced Materials，2017，29.

[12] Fan S S，Zhao M G，Ding L J，et al. Preparation of Co_3O_4/crumpled graphene micro-

sphere as peroxidase mimetic for colorimetric assay of ascorbic acid [J]. Biosensors & Bioelectronics, 2017, 89: 846-852.

[13] Nghia N N, Huy B T, Lee Y I. Colorimetric detection of chromium (VI) using graphene oxide nanoparticles acting as a peroxidase mimetic catalyst and 8-hydroxyquinoline as an inhibitor [J]. Microchimica Acta, 2019, 186.

[14] Lin X, Xuan D, Liang H, et al. Colorimetric detection uranyl ions based on the enhanced peroxidase-like activity by GO adsorption [J]. Journal of Environmental Radioactivity, 2020, 220-221: 106299.

[15] Chen X, Zhai N, Snyder J H, et al. Colorimetric detection of Hg^{2+} and Pb^{2+} based on peroxidase-like activity of graphene oxide-gold nanohybrids [J]. Analytical Methods, 2015, 7: 1951-1957.

[16] Liu X L, Wang X H, Han Q S, et al. Facile synthesis of IrO_2/rGO nanocomposites with high peroxidase-like activity for sensitive colorimetric detection of low weight biothiols [J]. Talanta, 2019, 203: 227-234.

[17] Wang Y Y, Yang L, Liu Y Q, et al. Colorimetric determination of dopamine by exploiting the enhanced oxidase mimicking activity of hierarchical $NiCo_2S_4$-rGO composites [J]. Microchimica Acta, 2018, 185.

[18] Zhu C, Wang X, Shi X, et al. Detection of dithiocarbamate pesticides with a spongelike surface-enhanced Raman scattering substrate made of reduced graphene oxide-wrapped silver nanocubes [J]. ACS Applied Materials & Interfaces, 2017, 9: 39618-39625.

[19] Wu K, Feng Y, Li Y, et al. S-doped reduced graphene oxide: a novel peroxidase mimetic and its application in sensitive detection of hydrogen peroxide and glucose [J]. Analytical and Bioanalytical Chemistry, 2020, 412: 5477-5487.

[20] Qiu N, Liu Y, Guo R. Electrodeposition-assisted rapid preparation of Pt nanocluster/3D graphene hybrid nanozymes with outstanding multiple oxidase-like activity for distinguishing colorimetric determination of dihydroxybenzene isomers [J]. ACS Applied Materials & Interfaces, 2020, 12: 15553-15561.

[21] Chen X, Su B, Cai Z, et al. PtPd nanodendrites supported on graphene nanosheets: a peroxidase-like catalyst for colorimetric detection of H_2O_2 [J]. Sensors and Actuators B: Chemical, 2014, 201: 286-292.

[22] Dong Y, Zhang H, Rahman Z U, et al. Graphene oxide-Fe_3O_4 magnetic nanocomposites with peroxidase-like activity for colorimetric detection of glucose [J]. Nanoscale, 2012, 4: 3969.

[23] Xie J, Cao H, Jiang H, et al. Co_3O_4-reduced graphene oxide nanocomposite as an effective peroxidase mimetic and its application in visual biosensing of glucose [J]. Analytica Chimica Acta, 2013, 796: 92-100.

[24] Lin T R, Zhong L S, Song Z P, et al. Visual detection of blood glucose based on peroxidase-like activity of WS_2 nanosheets [J]. Biosensors & Bioelectronics, 2014, 62: 302-307.

[25] Nirala N R, Pandey S, Bansal A, et al. Srivastava, Different shades of cholesterol: gold nanoparticles supported on MoS_2 nanoribbons for enhanced colorimetric sensing of free cholesterol, Biosensors and Bioelectronics, 74 (2015) 207-213.

[26] Yu J, Ma D, Mei L, et al. Peroxidase-like activity of MoS_2 nanoflakes with different mod ifications and their application for H_2O_2 and glucose detection [J]. Journal of Materials Chemistry B, 2018, 6: 487-498.

[27] Lin T, Zhong L, Song Z, et al. Visual detection of blood glucose based on peroxidase-like activity of WS_2 nanosheets [J]. Biosensors and Bioelectronics, 2014, 62: 302-307.

[28] Khataee A, Haddad Irani-Nezhad M, Hassanzadeh J, et al. Superior peroxidase mimetic activity of tungsten disulfide nanosheets/silver nanoclusters composite: colorimetric, flu orometric and electrochemical studies [J]. Journal of Colloid & Interface Science, 2018, 515: 39-49.

[29] Chen Q, Chen J, Gao C, et al. Hemin-functionalized WS_2 nanosheets as highly active peroxidase mimetics for label-free colorimetric detection of H_2O_2 and glucose [J]. Analyst, 2015, 140: 2857-2863.

[30] Lin T, Zhong L, Guo L, et al. Seeing diabetes: visual detection of glucose based on the intrinsic peroxidase-like activity of MoS_2 nanosheets [J]. Nanoscale, 2014, 6: 11856-11862.

[31] Chen J, Meng H, Tian Y, et al. Recent advances in functionalized MnO_2 nanosheets for biosensing and biomedicine applications [J]. Nanoscale Horizons, 2019, 4: 321-338.

[32] Han L, Liu P, Zhang H, et al. Phage capsid protein-directed MnO_2 nanosheets with peroxidase-like activity for spectrometric biosensing and evaluation of antioxidant behavior [J]. Chemical Communications, 2017, 53: 5216-5219.

[33] Liu J, Meng L, Fei Z, et al. MnO_2 nanosheets as an artificial enzyme to mimic oxidase for rapid and sensitive detection of glutathione [J]. Biosensors and Bioelectronics, 2017, 90: 69-74.

[34] Liu P, Han L, Wang F, et al. Sensitive colorimetric immunoassay of Vibrio parahaemolyticus based on specific nonapeptide probe screening from a phage display library conjugated with MnO_2 nanosheets with peroxidase-like activity [J]. Nanoscale, 2018, 10: 2825-2833.

[35] Wu N, Wang Y T, Wang X Y, et al. Enhanced peroxidase-like activity of AuNPs loaded graphitic carbon nitride nanosheets for colorimetric biosensing [J]. Analytica Chimica Acta, 2019, 1091: 69-75.

[36] Han L, Zhang H J, Chen D Y, et al. Protein-directed metal oxide nanoflakes with tandem enzyme-like characteristics: colorimetric glucose sensing based on one-pot enzyme-free cascade catalysis [J]. Advanced Functional Materials, 2018, 28.

[37] Su L, Zhang Z, Xiong Y. Water dispersed two-dimensional ultrathin Fe (III) -modified covalent triazine framework nanosheets: peroxidase like activity and colorimetric biosensing applications [J]. Nanoscale, 2018, 10: 20120-20125.

[38] Tan B, Zhao H, Wu W, et al. Fe_3O_4-AuNPs anchored 2D metal-organic framework nanosheets with DNA regulated switchable peroxidase-like activity [J]. Nanoscale, 2017, 9: 18699-18710.

[39] Qi X H, Tian H M, Dang X M, et al. A bimetallic Co/Mn metal-organic-framework with a synergistic catalytic effect as peroxidase for the colorimetric detection of H_2O_2 [J]. Analytical Methods, 2019, 11: 1111-1124.

[40] Zhao L，Xu C，Su H，et al. Single-crystalline rhodium nanosheets with atomic thickness [J]. Advanced Science (Weinh)，2015，2：1500100.

[41] Cai S，Xiao W，Duan H，et al. Single-layer Rh nanosheets with ultrahigh peroxidase-like activity for colorimetric biosensing [J]. Nano Research，2018，11：6304-6315.

[42] Cai S，Fu Z，Xiao W，et al. Zero-dimensional/two-dimensional $Au_x Pd_{100-x}$ nanocomposites with enhanced nanozyme catalysis for sensitive glucose detection [J]. ACS Applied Materials & Interfaces，2020，12：11616-11624.

[43] Wei J，Chen X，Shi S，et al. An investigation of the mimetic enzyme activity of two-dimensional Pd-based nanostructures [J]. Nanoscale，2015，7：19018-19026.

第 **8** 章

环境污染物的光电传感分析法

8.1 引言

    光电化学传感分析法是将光电转化过程与化学/生物识别过程相结合而发展起来的技术,与电化学发光传感分析法互为逆过程。光电化学传感分析法需利用光敏感的半导体材料(或半导体复合材料),当激发光的能量大于光传感材料(光催化剂/光敏材料)的带隙时,产生电子-空穴对;利用光生电子或空穴直接或间接地与环境污染物作用,获得环境污染物浓度与光电信号(比如光电流或光电压)之间的线性关系,从而定量检测环境污染物。

    与电化学传感检测法的策略相似,光电传感检测法也可分为直接光电传感检测法和间接光电传感检测法。光电传感检测法与电化学传感检测法之间的主要差别在于电荷产生和转移的动力源不一样,前者是由光子提供,后者是外电路电势提供。如果光电信号的获取是利用光生电子或空穴直接还原或氧化环境污染物,比如光生空穴衍生的羟基自由基氧化有机物、光生电子还原重金属离子,这类检测过程一般归属于直接的光电传感检测方法。然而,基于直接光化学过程的光电传感检测法面临较大的挑战,即无法保证良好的选择性,其主要原因在于这类传感分析法的选择性是基于环境污染物、干扰物在光电传感材料表面氧化还原势的差异,这种差异的产生很大程度上受环境污染物的吸附能或活化能影响,但是在光电信号输出中无法准确分辨。总体而言,这种无差别的氧化还原过程会导致较差的选择性和产生部分的假阳性或假阴性信号。例如,利用 TiO_2 作为光电传感材料,在光辐射下激发产生空穴,与水反应生成高氧化性的羟基自由基,能无差别氧化水体中的有机物,比如对苯二酚、芳香醇、醛、呋喃类等。光生电子与溶

156

解氧分子反应生成超氧自由基，也能产生无差别的氧化。基于这种氧化反应实现对上述有机污染物的定量检测，获得的光信号中存在部分假阳性或假阴性信号，但是干扰物的浓度较低可以在一定程度上忽略[1]。

与其他新兴的传感检测法相比，基于直接光电氧化环境污染物的光电传感检测方法，缺乏高度的选择性，缺乏实用价值。为了构建具有高选择性的光电传感器，常需模拟或利用某些生化反应过程，比如基于蛋白/配体结合反应、酶-底物的反应、DNA 杂交反应等，这些反应具有高度的特异性和高效性，将整体上显著提高光电传感检测法的性能。例如，在半导体纳米材料表面修饰胆碱酯酶后能特异性识别丁酰硫代碘化胆碱、碘化乙酰胆碱或氯化乙酰胆碱，从而达到定量检测的目的[1]。这类分析检测策略属于间接的光电传感分析方法。

除了选择性外，光电传感检测法所使用的光电传感材料应具有光敏性，即光电传感材料对光辐射有响应，其性能可以用光吸收系数表示 $[\alpha(h\nu)]$，与材料的电子能带结构密切相关，特别是电子从初始态 $[g_v(E_1)]$ 跃迁到最终态 $[g_c(E_2)]$ 的激发概率 (P_{12})，具体关系可以表达如下：

$$\alpha(h\nu) \propto \sum P_{12} g_v(E_1) g_c(E_2) \tag{8.1}$$

式中　h——普朗克常数；

　　　ν——频率；

　　　$h\nu$——材料吸收的光子能量；

　　$\alpha(h\nu)$——材料对某一能量的光吸收系数；

　$g_v(E_1)$——电子的初始态，位于价带；

　$g_c(E_2)$——电子的终态，位于导带；

　　P_{12}——电子的激发概率。

除了传感材料的光吸收特性外，光电传感材料还要保证光生载流子的快速、有效分离，才能提高光电传感检测的灵敏度。因此，光电传感材料中还要融入导电性能较好的组分，比如金属和碳纳米材料。光电传感检测法的优势是能降低背景信号，具有灵敏度高、响应快速、设备简单和易微型化等优点。

光电传感检测系统中输出信号主要包括光电流和光电压。相对而言，基于光电流的传感检测法占主要部分，而基于光电压的传感检测法较少，且多适用于生物和医学领域。基于光电压的传感检测法，传感元和环境污染物识别过程不会涉及法拉第电流的产生，因此它属于非法拉第过程。基于光电流的传感检测法是观察光电流随环境污染物浓度的变化规律，即目标物与传感元之间的选择性作用或识别会导致光电流发生变化。例如，二维半导体材料用于检测水体中的重金属离子，光生电子会导致金属离子被还原成金属单质；由于金属材料的高电导率，能促进电子和空穴的分离，从而导致光电流增强。此外，二维半导体纳米材料用于检测具有光敏性的有机物，能提高光吸收窗口，导致光电流增加。因此，对于检测重金属离子，所获得的检测信号是随着环境污染物的浓度增加而增加的。对于生物光电传感检测器，传感元与环境污染物作用后，整体的电阻变大，从而导致光电流变弱。因此，对于不同环境污染物或者传感元，所获得光电信号可能会随着环境污染物浓度的增加而增强或降低，具体的变化依赖环境污染物与光电材料之间的反应过程。

光电传感检测法所面临的另一个问题是传感元的老化或者光氧化，特别是使用全波谱范围的光作为辐射源和生物材料作为传感元时，需重点考虑生物传感元在紫外光下的老化或降解过程，否则容易对传感检测法的稳定性和重现性产生一定的影响。单一的化学传感法或者生物传感法仍然不能重复使用或多次检测，属于一次性使用（single-usage）的光电传感材料。光电化学传感法（以非生物材料为光电传感元）仍面临着选择性欠佳，对选择性的考察在光电化学传感法中也常常被忽略。例如，以二维无机纳米片直接作为光电传感材料，其检出限和灵敏度虽然能满足实用化的要求，高选择性仍无法实现，并且对选择性的考察却被忽视；以生物材料为光电材料能保证高选择性，但是面临着稳定性差的问题，特别是光生空穴对生物材料氧化腐蚀，上述这些问题是光电传感法在实用化道路上的主要障碍。

目前，光电传感器的构建一般将传感材料负载在导电玻璃上（比如氟掺杂的二氧化锡，FTO），通过理性设计光电传感材料，可以实现对目标物的高效、准确、快速检测。光电材料设计中涵盖诸多特性和要求：①对目标物特异性的识别功能；②具有光敏特性和信号放大功能。具有光敏特性的材料主要集中在半导体，包括两大类：一类是无机半导体，比如元素半导体（硅）和化合物半导体（金属氧化物、金属硫化物、金属氢氧化物）等；另一类是有机半导体材料，比如石墨相的氮化碳、酞菁、叶绿素、卟啉类等。少数光电传感材料还会使用绝缘材料，比如在电位型光电化学传感器（主要指光寻址电位传感器）中应用，包括两种结构组成：电解质/绝缘层/硅、金属/绝缘层/硅。尽管绝缘材料的加入不利于电荷的快速传递，但是这类传感器主要检测的是界面电压或电势的变化，比如光电势或电压曲线的偏移量与溶液中待测离子的浓度规律，因此也具有较好的灵敏度。

光电化学传感器与光催化过程相似，其电荷动力学过程包括：①材料吸收光子被激发，产生光生载流子；②光生电荷的分离或复合；③光生载流子与表面特异性吸附的环境污染物发生反应。传统的块体光催化材料（比如 TiO_2）仍面临着量子效率低、可见光利用率低、载流子迁移率低等问题。通过改变材料的维度、表面特性或者简单的修饰（比如原子或分子掺杂）能显著提高光催化活性。从材料的维度调控角度讲，基于二维纳米材料的光催化剂有诸多优点：①二维纳米材料具有较大比表面积，能最大限度地利用材料的活性面积，促进材料表面和界面的氧化还原反应；②二维纳米材料的超薄平面结构缩短了载流子的迁移路程，减小了"电子-空穴对"复合的概率；③二维纳米材料更易通过高活性晶面及其暴露量来提高光催化性能。然而，单纯的无机半导体或有机半导体一般很难满足实际需求，虽然简单改性方法（主要是掺杂和制造表面结构缺陷）能在一定程度上提高材料的光催化活性，但仍旧无法满足多功能等方面的要求。

单一的半导体材料作为光电传感材料无法克服结构-性能的矛盾，即无法同时保证宽的光响应范围（需要窄带隙）和光生载流子的良好氧化还原势（需要较宽的带隙）。元素掺杂和表面改性（属于简单的表面功能化）对改善光生载流子的分离效率仍然有限，比如元素掺杂会在半导体的禁带中引入杂质能级，增大了对光吸收的范围，但是使得掺杂元素成为电子空穴对的复合中心，不利于光生载流子的分离。因此，需要将二维纳米材料和其他低维纳米材料复合，包括 0D-2D、1D-2D、2D-2D 和多级复合纳米复合材料，形成不同维度、成分或组分的复合材料或纳米异质结，实现在功能和结构上的协同作用，从而提高光电传感材料的分析性能。

与块体材料相比，低维纳米材料具有许多独特的性质，包括小尺寸效应、表面效应、量子尺寸效应、宏观量子隧道效应和介电限域效应等。将二维纳米材料与低维纳米材料复合形成纳米异质结，能产生表面等离子体共振效应和界面内建电场等，从而显著提高复合光电材料的光活性。例如，内电场不仅是电子和空穴分离的内在驱动力，而且影响材料费米能级的变化及载流子浓度的分布，从而可以调控光催化材料导带和价带的弯曲程度及载流子迁移路径。总体而言，与单一成分的纳米材料相比，纳米异质结能更好吸收太阳光谱，抑制光致电荷的复合，提高量子效率。

二维纳米材料的超薄原子平面能担载不同成分、维度的纳米材料，形成四种类型的纳米异质结：肖特基异质结、Ⅰ型异质结、Ⅱ型异质结和 Z 型异质结（如图 8.1 所示）。肖特基异质结一般由金属和半导体形成；此处金属既包括了传统意义上的金属材料（Au、Ag 等），也包含了在能带结构上表现为金属特性的化合物，如金属相（1T 相）的 MoS_2 和 VS_2。与Ⅰ型和Ⅲ型异质结相比，Ⅱ型异质结更有利于光生载流子的分离，然而Ⅱ型异质结仍旧以光生载流子的氧化还原势为代价实现电荷的分离，即光生电荷发生转移后，光生电子位于导带电位更正的光催化剂的导带上，还原能力减弱。相应地，光生空穴迁移至电位更负的光催化剂的价带上，氧化能力减弱。与上述三种异质结相比，Z 型异质结中电荷分离效率的提升并未以损害光生载流子的氧化还原能力作为代价，因为这类异质结能在不同光催化剂上完成氧化反应和还原反应，能有效抑制逆反应的发生。Z 型异质结能同时兼顾光生载流子的分离效率和光谱响应范围，提高了太阳光利用率，而且具有较强的氧化和还原能力。

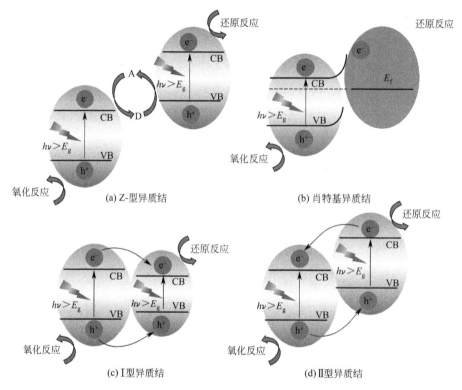

图 8.1　二维纳米材料基光电传感检测中所涉及的异质结类型
图中 CB 表示导带；VB 表示价带；E_g 表示带隙；E_f 表示费米水平；D 表示电子给体；A 表示电子受体

　　基于二维纳米材料的异质结制备过程无需考虑晶格匹配原则（可以基于范德瓦耳斯力复合），然而在构建光催化或者光电传感材料过程中应兼顾能带结构和界面晶格结构。换言之，构建异质结不仅要满足交错型能带位置，而且需要考虑两个半导体界面处的晶体结构，界面处晶格失配可能导致缺陷，使其捕获光生载流子，并阻止电子和空穴的扩散。纳米异质结的设计应综合考虑不同维度或结构材料之间的能带匹配，异质结能否有效吸收光和高效分离光致电荷，被分离的光致电子和空穴能否及时参与材料表面的光化学反应。总体而言，材料的组分、维度、原子排布及其界面性质（复合材料）决定着其性质，下面章节主要从材料的维度分类，详细阐明上述影响因素对光电传感检测性能的影响。

8.2　石墨烯族基光电传感检测器

石墨烯家族包括石墨烯、氧化石墨烯、氮化硼（白石墨烯）及其掺杂物；除了二维 g-C_3N_4 具有光响应外，其他石墨烯族二维纳米材料和半导体材料复合，用于提高电子传递速率，防止半导体中光致电荷的复合。实际使用的石墨烯都或多或少含有一定的杂原子（含氧官能团），因此或多或少具有一定的光催化活性。石墨烯氧化物或者氧化石墨烯具有可变的带隙和光活性，与氧含量有关，但是自身的光稳定性较差，易被光生电子还原。氮化硼是宽带隙的二维纳米材料，其光响应范围集中在紫外区域（占太阳光总能量的 4%～6%），对占较大比例的可见光吸收其少，光谱响应能力较弱。尽管二维 g-C_3N_4 具有一定程度的可见光活性，但是光量子效率仍旧很低。因此，单纯的石墨烯族二维纳米材料直接用于构建光电传感材料，仍然面临着诸多挑战，有必要对其进行表面功能化或者修饰。目前石墨烯族二维纳米材料主要与过渡金属硫化物纳米材料、金属纳米粒子、金属氧化物纳米材料复合，用于提高对环境污染物的光电传感分析性能。

8.2.1　水体中重金属离子的检测

石墨烯族二维纳米材料（比如石墨烯、氧化石墨烯、g-C_3N_4）表面含有一定的缺陷和杂质原子或官能团（比如含氧官能团），能通过直接光电催化氧化还原重金属离子，实现定量检测。对于此类反应的光电传感检测法，其高选择性是基于重金属离子在二维纳米材料表面的活性位点处氧化还原电势的差异，而不是生物传感元与重金属离子之间特异性反应。例如，g-C_3N_4 纳米片表面经过简单的修饰也能改善其光电性质和对待测目标物的选择性，比如在碱性介质中利用水热处理 g-C_3N_4 纳米片，引入一定量的含氧官能，提高了光生载流子的传递性能和对 Cu^{2+} 的吸附性能，能用于光电传感检测水体中 Cu^{2+}，对 Cu^{2+} 检测的灵敏度和检出限分别为 $0.2～50\mu mol/L$ 和 $0.31\mu mol/L$（3S/N）[2]。正如上文所述，通过简单的改性，比如元素掺杂和官能团的融入，无法显著提高石墨烯族二维纳米材料的光活性和对重金属离子的选择性，因此一般将石墨烯族二维纳米材料与其他低维纳米材料复合，利用界面效应、表面等离子体共振效应、形貌工程等，提高光致电荷在光电材料中的迁移。

在光辐射下，金属纳米粒子的表面等离子体共振效应能增强对光的吸收性能。此外，金属纳米粒子具有良好的催化活性和导电性能，作为光催化剂能促进光生载流子的快速迁移，从而降低复合概率。因此，将贵金属纳米粒子与石墨烯族二维纳米材料复合，用于增强对水体中重金属离子的分析性能，是一种常用的策略。在贵金属纳米粒子中，金和银纳米粒子在光辐射下产生等离子体共振效应，提高传感检测的灵敏度，而且它们良好的生物兼容性，可用于固定生物传感元，增强对目标物的选择性。

在光电传感领域中，金属纳米粒子也常用于提高二维材料的光吸收性能，主要原因是某些贵金属及其合金纳米粒子，比如 Au、Pt、Au-Pt，能作为金属纳米材料敏化剂，与常见的有机敏化染料具有相似的效果。在光电转化过程中，光波中电场部分首先会诱导金属表面的电子发生表面等离子体共振。由于电子和原子的质量差异较大，在表面等离子体共振过程中，金属纳米粒子的表面会产生净电荷，会阻止偶极矩的增大。通过电磁场与金属导带上电子间相互作用，其相互作用过程能由金属的介电函数描述（属于 Drude 模型）：

$$\varepsilon_{\text{Drude}} = 1 - \frac{\omega_{\text{p}}^2}{\omega^2 + i\gamma\omega} \tag{8.2}$$

$$\omega_{\text{p}} = \sqrt{\frac{Ne^2}{\varepsilon_0 m_{\text{e}}}} \tag{8.3}$$

式中　$\varepsilon_{\text{Drude}}$——金属的介电常数；

　　　ω——光的角频率；

　　　ω_{p}——金属中自由电子的等离子振荡频率；

　　　i——正整数；

　　　γ——电子振荡的阻尼常数；

　　　ε_0——真空中的介电常数；

　　　e——元电荷；

　　　N——自由电子数量；

　　　m_{e}——有效质量。

表面等离子体共振能增强金属纳米粒子间的局域光场，从而提高光吸收和光活性。表面等离子体共振严重依赖于金属纳米粒子的大小、形状、介电常数、粒子间距及其周围的介质。除了（局域）表面等离子体共振，光吸收增强的另外一种机制是金属表面的全体电子偶极振荡（α），或者叫作传播型表面等离子体，在此过程中金属纳米粒子中电子对光波中电场的响应可由下式描述：

$$\alpha = (1+\kappa)\varepsilon_0 V \frac{(\varepsilon - \varepsilon_m)}{(\varepsilon + \kappa\varepsilon_m)} \tag{8.4}$$

式中　V——粒子的体积；

　　　ε_m——介质的介电常数；

　　　κ——形状因子，对于球形纳米粒子，$\kappa = 2$。

因此，利用金属纳米材料的等离子体共振吸收特性，将二维纳米材料与金属纳米粒子复合，不仅拓宽了光吸收范围，而且保证了半导体二维纳米材料中载流子的氧化还原势，显著提高了光催化活性。

将具有等离子体共振效应的贵金属纳米粒子与半导体纳米材料结合，不仅用于调控光吸收性能，而且能通过界面效应调控电荷传递或转移方向；高导电贵金属纳米材料或者其高导电材料能作为电子引线，降低电子-空穴对的复合率。例如，通过三步电沉积制备出 Au/ZnO-rGO/ITO 光电极；利用 Au-S 共价键作用，将 Cd^{2+} 的传感探针（含有巯基）固定在 Au 纳米粒子表面，其碱基序列为 5′-SH-CATACTGCACAACCAAAAATAATACCACAACAGTCC-3′，对应的互补链 DNA 序列为：5′-GGACTGTTGTGGTATTATTTTTGGTTGTGCAGTATG -3′。

由于探针分子（单链的 DNA）与 Cd^{2+} 的作用力要强于探针分子与互补链之间的作用力，因此能用于定量检测 Cd^{2+} 的浓度。当溶液中 Cd^{2+} 存在时，原本互补配对的探针分子会发生解螺旋结构，游离出的探针分子与 Cd^{2+} 相结合，而与之互补链被释放到溶液中，由于 DNA 分子空间结构的改变会导致光电流强度的改变，从而实现对溶液中 Cd^{2+} 的定量检测。在可见光辐射下，Au/ZnO-rGO 复合光电传感材料对 Cd^{2+} 的检出限和线性范围分别为 1.8×10^{-12} mol/L（3S/N）和 $5.0 \times 10^{-12} \sim 2.0 \times 10^{-8}$ mol/L[3]。

与之相似，通过滴涂和层层自组装法，形成 TiO_2/石墨烯/Au/SiO_2/Si，其中 Au/SiO_2/Si 是一个标准化的微电极，TiO_2 来源于商业化的 P25[4]。在未施加偏压下，以 TiO_2/石墨烯/Au/SiO_2/Si 作为工作电极，商业化的金电极作为对电极，Ag/AgCl（1 M KCl）作为参考电极，构建光电传感检测法的"三电极体系"。在光辐射下，n-型半导体 TiO_2 的导带产生电子，能将 Cd^{6+} 还原成 Cd^{3+}。为了保证对 Cd^{6+} 的高选择性，在 TiO_2 的表面修饰槲皮素，槲皮素与 Cd^{6+} 之间存在较强的络合作用；槲皮素还起到类似染料敏化的功能，即 TiO_2 的导带上的电子先转移到槲皮素，然后参与 Cd^{6+} 的还原反应。TiO_2/石墨烯/Au/SiO_2/Si 对 Cd^{6+} 的检测线性范围和检出限分别为 $1.4 \sim 2592.3$ mg/L 和 0.44mg/L（3S/N）[4]。

8.2.2　水体中有机物的检测

石墨烯族二维纳米材料用于检测有机物，一般从两方面提高其光电分析性能。第一是提高选择性，因此传感元的设计还是以适配子为主。相对而言，利用石墨烯族二维纳米材料及其复合材料直接氧化或还原有机物，实现定量检测的光电传感分析法较少。其次是如何提高光量子产率或者效率（属于信号放大的范畴），这有助于提高分析的灵敏度；常用的策略是将石墨烯族二维纳米材料与其他低维纳米材料复合，改善光生电荷的动力学过程。上述过程可概括为：光吸收、光生电荷分离、光生电荷的迁移。与之相对应的，对石墨烯族二维纳米材料的改性包括：形貌工程、界面工程、能带工程等。

导电性能良好的石墨烯族二维纳米材料，常与半导体材料复合，用于光电传感分析有机物。例如，将石墨烯与CdS量子点结合；石墨烯无光活性，只能把光能转化为热能；CdS量子点具有光催化活性，但光生载流子的产生过程属于"一步光激发"，缺乏半导体界面对载流子行为的调控，电子和空穴之间的库仑作用力会导致光致电荷的严重复合。石墨烯与CdS量子点结合能显著改善电子和空穴的分离效率，提高CdS量子点的光催化活性。为了获得对待测有机物的选择性，还需在石墨烯-CdS量子点等光电材料表面修饰特定的传感元，比如利用分子印迹策略或者修饰特定的适配子。例如，以石墨烯-CdS量子点复合材料作为光电信号放大器，在其表面修饰吡咯（作为传感元），与4-氨基酚发生聚合反应后再去除，形成分子印迹效应，保证对4-氨基酚的高选择性的识别。基于上述原理，利用石墨烯-CdS量子点/聚吡咯三元复合纳米材料实现对4-氨基酚的定量检测，该光电传感分析法的检出限和线性范围分别为 $2.3 \times 10^{-8} \mathrm{mol/L}$ 和 $5.0 \times 10^{-8} \sim 3.5 \times 10^{-6} \mathrm{mol/L}$（$3S/N$）[5]。

对石墨烯族二维纳米材料的改性，其目的皆围绕调控光电材料中载流子行为展开。二维 $g\text{-}C_3N_4$ 相当于掺氮的石墨烯，具有良好物理化学性质，比如较强的力学性能、生物兼容性（低毒性）、化学稳定性、可见光活性，非常适合作为光电材料用于环境检测领域。然而，原始的 $g\text{-}C_3N_4$ 具有较强光生载流子复合概率，对光的利用率不高，入射光的相当部分以透射和反射的形式被浪费，无法产生光生电荷。因此，二维 $g\text{-}C_3N_4$ 应用在光电传感领域必须首先提高光吸收性能。

光子晶体能完全捕获入射光，因此将光子晶体与二维 $g\text{-}C_3N_4$ 复合能显著增强光吸收性能和光生载流子的分离效率，这与具有等离子体共振效应的金属纳米粒子与二维纳米材料复合的目的一样。例如，将二维 $g\text{-}C_3N_4$ 修饰在光子晶体表面，能构成表面缺陷，导致光的局域化，从而显著提高二维 g-C$_3$N$_4$ 对可见光吸收的强度。例如，以聚苯乙烯纳米小球为模板（生长在导电玻璃上），WO$_3$ 光子晶体原位生长在聚苯乙烯纳米小球缝隙处，再移除苯乙烯纳米小球；利用电沉积将 g-C$_3$N$_4$ 纳米片（三聚氰胺热解获得）和 WO$_3$ 光子晶体复合，形成 g-C$_3$N$_4$ 纳米片-WO$_3$ 光子晶体复合光电材料，表面修饰特定适配子探针后能实现对有机物的定量检测。以检测土霉素为例，适配子探针的碱基序列为 5′-CGTACGGAAT-TCGCTAGCCGAGTTGAGCCGGGCGCGGTACGGGTACTGGTATGTGTGG-GGATCCGAGCTCCACGTG-3′；通过静电吸附，适配子被固定在 g-C$_3$N$_4$ 纳米片-WO$_3$ 光子晶体复合材料上，可实现对水体中土霉素的定量检测，其检测的线性范围和灵敏度分别为 1～230nmol/L 和 0.12nmol/L（3S/N）[6]。

与之相似，在 g-C$_3$N$_4$ 纳米片-WO$_3$ 光子晶体复合材料表面修饰导电性能良好的聚吡咯，形成三元异质结；通过胺化反应将土霉素的适配子探针固定在聚吡咯表面，实现对水体中土霉素的光电传感检测。有机物-无机纳米材料的修饰提高了 g-C$_3$N$_4$ 纳米片的光吸收性能，形成的复合材料界面促进了光生载流子的分离和转移，从而显著改善光电传感材料对土霉素分析性能。在可见光激发下，该光电传感材料对土霉素检测的线性范围和灵敏度分别为 0.01～5ng/L 和 0.004ng/L（3S/N）[7]。

除了土霉素外，内分泌干扰素会通过食品、饮用水等介质环境对人体生殖系统、免疫系统和神经系统功能造成严重的损害，或者诱发各种疾病，甚至是癌症。大部分激素，比如双酚 A、四溴双酚 A 及烷基酚类化合物，都是由于人类的生产生活产生并释放到环境中，它们属于外源性干扰内分泌的化学物质。双酚A［2,2-二(4-羟基苯基)丙烷］是极具代表性的内分泌干扰素，是日常生活中较常接触到的化学物质之一，比如食品包装和金属表面的涂层中都发现此类物质的存在。由于这类物质能溶于水和有机溶剂，可通过食物链被人体摄入，对生殖、生长发育、神经系统、免疫系统等多方面产生不利影响。双酚 A（BPA）检测方法主要包括色谱法、分光光度法和免疫分析法，而光电传感检测法较少。

光电生物传感检测法仍以适配子作为 BPA 的传感元，将其修饰在二维 g-C$_3$N$_4$ 基复合材料的表面，作为工作电极。例如，利用溶剂热法制备铜纳米粒子修饰的 g-C$_3$N$_4$ 纳米片复合材料（Cu/g-C$_3$N$_4$），在其表面修饰双酚 A 的适配子探针后，可用于光电传感检测水体中双酚 A[8]。探针的碱基序列为 5′-CCG-GTGGGTCAGGTGGGATAGCGTTCCGCGTATGGCCCAGCGCATCACGGG-TTCGCACCA-3′，适配子探针与双酚 A 特异性作用后，由于空间位阻效应会阻

碍 $Cu/g\text{-}C_3N_4$ 复合光电材料中光生载流子的迁移和传递，导致光电流强度下降，从而实现对双酚 A 的定量检测。由于协同效应，$Cu/g\text{-}C_3N_4$ 复合光电材料能增强光量子效率，从而起到信号放大作用。该光电传感检测器对双酚 A 检测的线性范围和检出限分别为 $5.00\times10^{-11}\sim5.00\times10^{-5}g/L$ 和 $1.60\times10^{-11}g/L$ $(3S/N)$ [8]。

除了铜纳米材料外，氧化铜（CuO）具有低毒、成本低，其带隙约为 $1.4eV$，可与二维 $g\text{-}C_3N_4$ 复合用于定量检测 BPA。例如，利用水热法制备 CuO 纳米粒子/$g\text{-}C_3N_4$ 纳米片复合材料，在其表面修饰特殊结构的适配子，其碱基序列为：5′-CCGGTGGGTGGTCAGGTGGGATAGCGTTCCGCGTATGGCCCA-GCGCATCACGGGTTCGCACCA-3′，形成适配子/CuO 纳米粒子/$g\text{-}C_3N_4$ 纳米片/ITO 光电极能用于定量检测 BPA，其检测原理与 $Cu/g\text{-}C_3N_4$ 复合光电材料检测 BPA 的原理相似。在上述光电传感材料体系中，CuO 纳米粒子属于 p-型半导体，能提高光吸收性能，促进电子传递，增强总体的光活性。该光电传感分析法对 BPA 的检出限和线性范围分别为 $0.02\sim10ng/L$ 和 $0.0062ng/L$ $(3S/N)$ [9]。

除了二维 $g\text{-}C_3N_4$ 外，氮化硼基复合材料能用于检测痕量的内分泌干扰物。由于氮化硼属于绝缘体，很难被可见光激发形成光生电荷，因此需要对其进行元素掺杂或者与其他纳米材料复合，其构建策略与上文所述的相同。例如，掺杂 C 元素的二维氮化硼（BCN）纳米片可以用于检测双酚 A；通过一步热处理方法制备了 TiO_2/BCN 纳米复合材料[10]。与未掺杂的 BN 纳米片相比，BCN 纳米片具有更佳的比表面积、导电性能和光学性能，与 TiO_2 纳米粒子复合后能显著提高光响应的范围，促进载流子的迁移，抑制光生电子和空穴的复合，从而能提高光电传感检测的灵敏度。在 TiO_2/BCN 复合材料表面修饰 BPA 的适配子探针后，形成适配子/TiO_2/BCN/ITO；在模拟光辐射下，适配子/TiO_2/BCN/ITO（工作电极）能用于定量检测 BPA。适配子探针保证对 BPA 的高选择性，其序列为 5′-CCGGTGGGTGGTCAGGTGGGATAGCGTTCCGCGTATGGCCCAGCGCA-TCACGGGTTCGCACCA-3′。光电流测试结果表明，适配子的修饰会降低工作电极（TiO_2/BCN/ITO）的光电流强度，而溶液中 BPA 的存在会增强工作电极的光电流强度，主要原因是适配子的导电性能差，而 BPA 与适配子作用后有利于抑制光生载流子的复合，从而会增强光电流的强度。在全波谱的太阳光（500W）辐射下，该光电传感检测装置对 BPA 的检测范围为 $0.1fmol/L\sim5nmol/L$，检出限为 $0.03fmol/L$ $(S/N=3)$ [10]。

人工合成的有机染料常用于食品添加剂。例如，食用黄色 3 号（yellow FCF，SSY）、苋菜红（amaranth red）染料、柠檬黄（TTZ）作为人工合成的偶氮染料，具有令人愉悦的颜色，且合成成本低、水溶性好、稳定高，因此被广泛用于食品添加剂。然而，长期使用含有此类染料的食品会引起多种副作用，包括焦虑症、过敏症、血管神经性水肿、偏头痛、腹泻、湿疹、抑制（生物体的）免疫反应等。此外，厨余垃圾、工业印染废水也含有一定量的有机染料，会排入受纳水体，影响饮用水水源地的健康。目前用于检测染料的常规分析方法主要包括：高性能液相色谱、高性能液相色谱-质谱、毛细管电泳等方法。而新兴的光电传感检测方法在偶氮染料检测领域的应用仍位于初始阶段。

利用二维 g-C_3N_4 与过渡金属氧化物复合，能实现对有机染料的定量检测；染料的存在对二维 g-C_3N_4/金属氧化物起到光敏化的作用，因此随着待测染料浓度的增加，所获得的光电流强度增加。例如，利用光辐射法制备了 TiO_2/g-C_3N_4 复合材料（TiO_2 是粒径为 14nm±2nm 的 P-90）。该复合纳米材料在全太阳波谱下，只需 5min 就可光降解 98.80% 的 SSY，其光催化氧化性主要来源于材料表面形成高氧化能力的羟基自由基；该复合纳米材料对 SSY 具有良好的选择性，可用于定量检测 SSY，检测的线性范围为 25～200μmol/L[11]。

还原态的谷胱甘肽（GSH_{re}）是食品、药品和个人护肤品中常见的添加剂之一。在临床药品中，GSH_{re} 可以用于治疗脂肪肝等疾病。然而，过量的 GSH_{re} 进入人体会引起一系列的不良反应，包括过敏和休克等症状。针对 GSH_{re} 的快速准确检测的问题，通过制备 $CoFe_2O_4$/四氨基酞菁铜/石墨氧化物（GO）光电复合材料，形成的光电极（$CoFe_2O_4$@CuTAPc-GO/ITO）用于定量检测 GSH_{re}[12]。在此材料体系中 $CoFe_2O_4$ 作为光敏化剂，用于提高 CuTAPc-GO 的光电性能。该传感光电极检测 GSH_{re} 的最佳实验条件为：pH＝10，$CoFe_2O_4$ 和 CuTAPc-GO 的质量比为 1∶4，施加的偏压为 -150mV。在可见光辐射下，该光电极对 GSH_{re} 的检出限为 0.016μmol/L（3S/N），线性范围为 0.25～320μmol/L[12]。

除了形貌、成分的变化，石墨烯族二维纳米材料的光电性质还可通过调控维度实现。例如，将石墨烯族二维纳米材料与其他层状材料复合形成范德瓦耳斯异质结，能从层成分、层堆垛顺序、层厚度和层-层的界面等多方位精准调控二维纳米材料的性质，因此在光电传感领域具有广泛的应用潜力。例如，将二维 h-BN 与二维过渡金属氧化物复合形成垂直的范德瓦耳斯异质结，比如 h-BN/TiO_2、h-BN/WO_3、h-BN/Bi_2WO_6、h-BN/BiOBr。这些纳米异质结促进光吸收、光生载流子的分离和界面反应过程，被广泛用于能源和环境污染物处理领域，但在光电传感检测领域还较少。

采用煅烧或高温热处理制备垂直范德瓦耳斯异质结（g-C_3N_4/S-h-BN），其成分由 g-C$_3$N$_4$ 与硫掺杂 h-BN (S-h-BN) 纳米片构成; 再利用光化学还原法将 Au 纳米粒子负载在 g-C$_3$N$_4$/S-h-BN 的表面, 形成 Au/g-C$_3$N$_4$/S-h-BN 光电复合材料。该复合光电材料主要起到信号放大的作用, 提高传感检测的灵敏度; 通过 Au-S 共价键修饰, Au/g-C$_3$N$_4$/S-h-BN 光电复合材料的表面担载特定适配子 (一端用巯基修饰), 能实现对二嗪农 (用作杀虫剂) 定量检测。该光电传感检测法的检出限和线性范围分别为 6.8pmol/L 和 $0.01 \sim 10^4$ nmol/L, 适配子碱基序列为: 5′-(SH)-(CH$_2$)$_6$-ATCCGTCACACCTGCTCTAATATAGAGGTATTG-CTCTTGGACAAGGTACAGGGATGGTGTTGGCTCCCGTAT-3′[13]。

8.2.3 水体中微生物的检测

与零带隙的石墨烯相比, 石墨烯氧化物具有一定的光活性, 但是易被光生电子还原, 光化学稳定性不够。将 CdS 量子点与石墨烯氧化物复合也能提高材料整体的光电性质和稳定性。与此同时, 二者形成的半导体异质结界面, 有利于电荷分离效应, 能用于检测伏马毒素 (fumonisins)。CdS 量子点-石墨烯氧化物复合材料作为光电信号放大器, 采用分子印迹策略保证光电传感材料对伏马毒素的高选择性。光电传感检测法的信号放大机制是基于能带结构匹配和纳米材料界面, 保证电荷的快速分离和转移。具体而言, CdS 量子点-石墨烯氧化物复合材料受光照激发后, 导致石墨烯氧化物中电子跃迁, 转移至 CdS 量子点。与此同时, CdS 量子点也会受激, 导致价带中电子跃迁至导带, 在价带中形成的空穴与溶液中分子发生电荷隧穿和传递; 复合材料表面修饰的具有分子印迹功能的有机物薄膜能促进空穴消失和电荷分离。该光电传感分析方法对伏马毒素检测的线性范围和灵敏度分别为 $0.01 \sim 1000$ng/mL 和 4.7pg/mL ($S/N = 3$)[14]。

除了重金属和其他无机离子外, 水体富营养化导致藻类分泌大量的藻毒素, 会严重影响水质和危害人体健康。特别是微囊藻毒素能诱发癌症, 其致病的微观机制主要包括五种: 直接破坏细胞结构, 引发细胞溶解, 诱导细胞凋亡, 诱导细胞癌变, 诱导基因突变和 DNA 损伤。世界卫生组织规定饮用水中微囊藻毒素的最低浓度不应超过 1μg/L。以二维 g-C$_3$N$_4$ 及其复合材料为光电传感材料, 能用于定量检测水体中微囊藻毒素。例如, 通过水热反应和光辐射还原法相结合的制备路线, 构建了 Au/CeO$_2$/g-C$_3$N$_4$ 异质结, 在上述异质结中 CeO$_2$ 的形貌为量子点, 其中多价态的铈离子 (Ce$^{4+/3+}$) 和氧空穴的存在具有诸多优势, 具有更好的吸附性能和更高的催化活性 (增多的活性位点数量和特殊的活性位点类型)[15]。CeO$_2$ 的带隙较宽, 它与二维超薄 g-C$_3$N$_4$ 纳米片在能带结构上匹配较好,能形成界面内建电场，促进光生载流子的有效分离；另一方面，g-C_3N_4 纳米片作为基底材料能分散 CeO_2 量子点，防止因团聚而导致催化活性降低。Au 纳米粒子具有良好的导电性，能进一步深化电荷的有效分离；通过 Au—S 共价键，Au 纳米粒子的表面能修饰用于特异性识别微囊藻毒素的适配子或探针，其碱基序列为：5′-SH-GGCGCCAAACAGGACCACCATGACAATTACCCATACCA-CCTCATTATGCCCCATCTCCGC-3′，从而赋予该光电传感材料对微囊藻毒素的高选择性。与单一的组分（如 Au 纳米粒子、CeO_2 量子点或 g-C_3N_4 纳米片）相比，Au/CeO_2/g-C_3N_4 复合纳米材料有利于高氧化性的羟基自由基产生，但是不会发生水裂解的副反应，因此该复合材料体系能提高对微囊藻毒素的光催化氧化性能。该光电传感检测法对微囊藻毒素分析的灵敏度和检出限分别为 0.01pmol/L（3S/N）和 0.05～10^5pmol/L[15]。

8.2.4　水体中无机非金属离子的检测

虽然水体中无机非金属离子不如重金属离子、有机物的毒性大，但是会影响水体的硬度、pH，影响水体的生态系统平衡和生化反应的进程，造成水体富营养化等问题。例如，水体的 pH 和含氮量会影响其生化处理的效率，因此对水体中无机非金属离子的检测对于水质监测、环境风险和水处理工艺的改进和优化都有重要的意义。目前，石墨烯族二维纳米材料用于无机非金属离子的光电传感检测，主要检测目标是硫离子或者硫化氢气体溶解在水体中所产生的副产物。

空气中硫化物对人体健康有着直接和间接的影响。空气中硫化物能损坏人体呼吸道；参与光化学反应，与其他污染物形成毒性无法预知的新型污染物；空气中硫化物融入雨水后，能腐蚀建筑物，若进入土壤还会破坏其肥力。基于石墨烯族二维纳米材料的光电传感法仍无法直接检测气态硫化物，一般是通过检测气态硫化物溶解水体后，发生水解后的产物（比如 S^{2-}）。

对石墨烯族二维纳米材料进行简单的修饰（比如元素掺杂和分子吸附等）仍难满足实际要求。与之相比，二维纳米材料与低维的纳米材料复合在分析性能上具有更大的优势。例如，利用一步水热法制备了 Cu^{2+} 掺杂的 g-C_3N_4/TiO_2 异质结，将其垂直生长在导电玻璃上（氟掺杂的氧化铟锡，FTO），该工作电极可用于定量检测水体中 H_2S 或 S^{2-}[16]。光电流-时间关系曲线显示，与 FTO 相比，g-C_3N_4/TiO_2 复合材料的修饰能显著提高光电流，而 Cu^{2+} 的掺杂会造成光电流微弱的降低，当待测溶液中存在 S^{2-} 时会与 Cu^{2+} 形成硫化铜，造成光电流的显著降低，从而实现对 S^{2-} 或者 H_2S 的定量检测。该光电传感检测法的灵敏度为 $1\times10^{-9}\sim5\times$

10^{-6} mol/L, 检出限为 5.8×10^{-11} mol/L ($3S/N$)[16]。

与之相似, 利用 Cd 纳米点/N 掺杂的 g-C$_3$N$_4$ 复合纳米材料修饰在氧化铟电极表面 (记作 Cd/N@g-C$_3$N$_4$/ITO) 作为工作电极, 能实现对 S^{2-} 的定量检测。其中, 电极材料的制备过程为: 以三聚氰胺为前驱体, 利用热处理法获得 g-C$_3$N$_4$ 纳米片; 通过 N$_2$ 等离子法改性 g-C$_3$N$_4$ 纳米片获得 N@g-C$_3$N$_4$, 基于电沉积法获得 Cd 纳米点/N@g-C$_3$N$_4$/ITO。Cd/N@g-C$_3$N$_4$/ITO 能用于光电传感检测 S^{2-}, 工作电极检测 S^{2-} 后, 其表面的 Cd 纳米点 (平均直径为 9.0nm) 变成 CdS$_2$ 纳米点, 其结构属于立方晶型。随着待测液中 S^{2-} 浓度增加, Cd/N@g-C$_3$N$_4$/ITO 产生的光电流强度增强。利用紫外可见光谱可知 CdS$_2$ 纳米点的带隙为 2.8eV, 测试的 Mott-Schottky 曲线表明 CdS$_2$ 纳米点的平带电位为 -1.25eV (Ag/AgCl), 根据能斯特方程可获得 CdS$_2$ 纳米点的价带位置为 1.66eV。与之相似, N@g-C$_3$N$_4$ 的导带、价带和带隙分别为 -1.39eV、1.41eV 和 2.8eV。二者在能带结构上有利于光致电荷的分离, 这是导致 Cd/N@g-C$_3$N$_4$/ITO 检测 S^{2-} 后光催化活性增强的根本原因。该光电传感检测法的检出线性范围和检出限分别为 $40.0 \sim 10^4$ pmol/L 和 21pmol/L ($3S/N$)[17]。

8.3 二维 TMDC 基光电传感检测器

二维过渡金属硫化物 (TMDCs) 具有合适带隙, 2H 晶相 TMDCs 的带隙约为 $1 \sim 2$eV, 能有效吸收可见光或者红外光, 在光电传感领域具有极大的应用前景。单一的或未功能化的二维 TMDCs 仍面临着易堆垛、面内无催化活性、导电性能差等缺点, 特别是易被光生空穴腐蚀 (光腐蚀), 即当材料的维度降低后, 反应活性 (电催化或光催化) 提升的同时, 稳定性会降低。因此一般需要对二维 TMDCs 进行表面或界面的改性或功能化。为了提高二维 TMDCs 的光电活性, 常用的策略是: 元素掺杂、与低维纳米材料复合。

8.3.1 水体中有机物的检测

为了保证二维 TMDCs 及其复合纳米材料对有机物的高选择性, 常利用分子印迹和生物分子的生化反应的特异性。值得注意的是, 修饰在二维 TMDCs 表面的有机物和适配子不仅仅作为传感元, 而且能提高光催化活性和二维 TMDCs 的化学稳定性, 能在一定程度上防止光腐蚀。

与二维 ZnS_2 相比，通过元素掺杂形成的三元化合物 $ZnIn_2S_4$ 纳米片具有更好抗光腐蚀性能和光量子产率。在能带结构上，由于 $ZnIn_2S_4$ 纳米片与窄带隙的 ZnCdS（2.4eV）能较好匹配，因此二者复合有利于促进光致电荷的有效快速分离。利用水热反应促使 $ZnIn_2S_4$ 纳米片与具有十二面笼状（dodecahedral cages）的 ZnCdS 复合，形成 $ZnIn_2S_4$ 纳米片-ZnCdS 异质结；二者形成的异质结界面电场能促使光生空穴与电子快速分离，迁移到光电材料表面参与反应，避免了空穴氧化光电材料。因此，$ZnIn_2S_4$ 纳米片-ZnCdS 异质结不仅能有效抑制 ZnCdS 光生载流子复合，而且能增强整体光电传感材料的稳定性[18]。形成的复合光催化材料能用于构建无酶光电催化传感器，用于检测牛血清蛋白，其检出限和线性范围分别为 $10^{-19} \sim 0.1mg/mL$ 和 $6.5 \times 10^{-20} mg/mL$（3S/N）[18]。

元素掺杂能提高二维 TMDCs 的光催化活性。基于此原理，利用一步热聚合反应，形成由 C、N 共掺杂的 WS_2 纳米片与 $g\text{-}C_3N_4$ 纳米片构成的复合材料（$g\text{-}C_3N_4/C,N\text{-}WS_2$）。与原始的 WS_2 纳米片相比，$C,N\text{-}WS_2$ 纳米片具有更好的载流子分离和传递性能，能缓解电子-空穴的复合速率。$C,N\text{-}WS_2$ 纳米片作为光活性材料，与 $g\text{-}C_3N_4$ 纳米片复合形成二维异质结界面，能提高光量子效率和电子-空穴分离效率，起到光电信号放大的作用。在构建的光电传感检测系统中，形成的 $g\text{-}C_3N_4/WS_2$ 纳米复合材料具有更佳的电荷迁移率，在传感检测中起到信号放大的效果；而醛反应探针（试剂盒）用于捕获 5-甲酰胞嘧啶（5-formylcytosine）；$ZnFe_2O_4$ 作为一种人工过氧化氢酶，能促进 4-氯-1-萘酚被 H_2O_2 氧化成苯并-4-氯己二烯酮，使得 $g\text{-}C_3N_4/WS_2$ 纳米复合材料的光电流降低（信号猝灭剂），从而实现对 5-甲酰胞嘧啶的定量检测。该光电传感检测法的检出限为 3pmol/L（3S/N），线性范围为 $0.01 \sim 200nmol/L$[19]。

通过设计特殊结构的适配子探针可以实现对克瘟散的高选择性，与此同时将二维 TMDCs 与低维纳米材料复合作为光电信号放大器，从不同角度提高了光电传感方法的分析性能（比如稳定性和选择性）。例如，利用液相剥离法制备了染料（酞氰化锌）敏化的 MoS_2 纳米片，增强光电信号，利用特定的适配子，实现对克瘟散高灵敏、高选择性的光电传感检测[20]。酞氰化锌（ZnPc）具有较长的载流子激发态寿命，与 MoS_2 纳米片复合后，能拓宽光吸收范围和提高光生载流子的分离效率。结果表明，$ZnPc/MoS_2$ 复合材料的光生载流子寿命是 MoS_2 纳米片的 2 倍；$ZnPc/MoS_2$ 复合材料所产生光电强度是 MoS_2 纳米片的 24 倍，是 ZnPc 纳米粒子的 22 倍。在 $ZnPc/MoS_2$ 复合材料的表面修饰适配子后（其碱基序列为 5'-CGTACGGAATTCGCTAGCTAAGGGATTCCTGTAGAAGGAGC-AGTCTGGATCCGAGCTCCG-3'），能保证形成的光电传感材料对克瘟散具有良好的选择性。由于适配子的电阻值高，需要优化适配子在光电材料表面的密度（密度越大，能用于捕获克瘟散的传感元越多），从而更好地实现电子传递阻力和被捕获的环境污染物浓度之间的平衡。在最优实验条件下（适配子的浓度为 $3\mu mol/L$）以及可见光辐射下（光源为 250W 的 Xe 灯，$\lambda > 400nm$），该光电传感装置对克瘟散的检出限和线性范围分别为 1.667ng/L 和 5～10ng/L。该光电传感法对大米中克瘟散进行检测，具有良好的实用性和准确性[20]。

8.3.2 水体中致病菌的检测

真菌毒素是农产品及饲料的主要污染物之一，对人和动物有致畸、致癌、致突变的风险。另一方面，水体中真菌病原体的含量是水质质量估计的一个重要标准。饮用水水源和废水处理厂出水也经常需要对此项指标进行评估，以便于实时监督水质变化，并采取相应的措施。

二维 TMDCs 基复合材料表面负载生物传感元后，能对真菌毒素具有良好的特异性，可用于定量检测黄曲霉毒素 B1（AFB1）、玉米赤霉烯酮（ZEN）、赭曲霉毒素（OTA）等。例如，利用湿化学法和真空过滤法制备 CdS 纳米粒子/MoS_2 纳米花/还原石墨烯氧化物/碳纳米管四元复合材料（标记为 CMGC），在其表面修饰后，羊抗兔抗体的一端吸附 CuS 纳米粒子，能用于定量检测赭曲霉毒素 A（ochratoxin A）、黄曲霉毒素 B1（aflatoxin）和玉米赤霉烯酮（zearalenone）。值得注意的是，对于不同环境污染物，需要在 CMGC 修饰对应的抗体，从而获得对环境污染物的高选择性。该光电传感检测法对 AFB1、OTA 和 ZEN 三种真菌毒素的检出限分别为 $0.17\times10^{-3}\mu g/L$、$0.59\times10^{-3}\mu g/L$ 和 $0.60\times10^{-3}\mu g/L$[21]。

8.4 二维过渡金属氧化物基光电传感器

二维过渡金属氧化物能看成二维 TMDCs 的氧化产物，因此在化学稳定性上二维过渡金属氧化物要更胜一筹。此外，二维过渡金属氧化物也具有合适的带隙，具有可见光活性，并且还具有良好的生物兼容性和较低的环境风险。部分过渡金属氧化物还是直接带隙半导体材料，比如 ZnO 中电子在受激跃迁的过程中，无需声子的参与，因此在光电转化效率上具有更加明显的优势。例如，过渡金属氧化物的形貌变成二维纳米材料后，能缩短光致电荷的迁移路程，加快电荷与材料表面物质的反应过程。因此，过渡金属氧化物常被作为光电传感材料的结构单元。

8.4.1　水体中重金属离子的检测

非金属掺杂的铋基氧化物（BiOX，X＝Cl、I 和 Br）具有可见光活性、低毒、价格低、储备量大等特点，非常适合作为光电传感材料。例如，BiOI 的带隙为 1.8eV，因此位于可见光和紫外波谱频段的光都可以激发 BiOI，产生光生电子和空穴。然而，BiOI 的带隙窄，需要通过与其他半导体材料复合对其带边位置调控；值得注意的是 BiOI 表面改性方式灵活可控，能与其他金属氧化物或金属硫化物复合形成纳米异质结，比如 $BiPO_4$/BiOI、TiO_2/BiOI、$BiVO_4$/BiOI、MoS_2/BiOI。通过水热法和后续的热处理，将 MoS_2 纳米片和 BiOI 纳米片复合形成范德瓦耳斯异质结；与初始的 MoS_2 纳米片或 BiOI 纳米片相比，增强了 BiOI 纳米片的光催化活性。该光电材料可以用于 Cr^{6+} 的检测，其检测范围为 $0.05 \sim 160 \mu mol/L$，检测限为 $0.01 \mu mol/L$（3S/N）[22]。

与之相似，金属元素掺杂的铋基氧化物（Bi_2XO_6，X＝Mo、W）属于窄带隙（2.5eV 和 2.7eV），具有可见光活性，可用于提高光电传感检测的灵敏度[23]。例如，利用水热法促使 p-型半导体 CuS 纳米粒子分别与 Bi_2MoO_6 纳米片、Bi_2WO_6 纳米片复合，形成两种纳米异质结，即 CuS/Bi_2MoO_6 和 CuS/Bi_2WO_6。以功率密度为 $100mW/cm^2$（$\lambda \geqslant 420nm$）的氙灯作为激发光源，CuS/Bi_2MoO_6 和 CuS/Bi_2WO_6 纳米异质结皆能用于定量检测水中 Cr^{6+}，其光电传感分析性能与 Bi_2MoO_6 和 Bi_2WO_6 纳米片的制备条件以及 CuS 纳米粒子的担载量有关；其最优的实验条件是：Bi_2WO_6 和 Bi_2MoO_6 的合成温度（水热反应）为 180℃ 和 160℃，以及 CuS 纳米粒子的质量分数为 5%，CuS/Bi_2MoO_6 和 CuS/Bi_2WO_6 纳米异质结对 Cr^{6+} 检测的线性范围和检出限分别为：$0.5 \sim 230 \mu mol/L$ 和 $0.12 \mu mol/L$（3S/N），$1 \sim 80 \mu mol/L$ 和 $0.95 \mu mol/L$（3S/N）[23]。

8.4.2　水体中有机物的检测

链霉素（streptomycin）是氨基糖苷类抗生素，具有广谱抗菌性，用于杀灭或者抑制结核杆菌。食品中残留过量的链霉素会对人体有较大的毒副作用，严重时可导致过敏性休克、耳聋以及对肾脏的损害。一些制药废水含有较高浓度的链霉素，其 COD 浓度高，成分复杂，碳氮比偏低，含有较多的甲醛、草酸等生化抑制物质，可生化性差。因此链霉素等抗生素的浓度检测对废水处理和实际水环境质量的监测都具有重要的意义。

目前，链霉素的分析方法主要有微生物法、酶联免疫法、荧光检测法、液相色谱法和液相色谱串联质谱法等。在上述方法中，液相色谱串联质谱法是目前应用最广泛的检测方法。随着新型的传感检测技术的发展，光电传感检测法也被用于对链霉素的定量检测。例如，利用湿化学方法制备了由 CdTe 量子点和 WO_3 纳米片构成的 Z-型异质结，其中 WO_3 纳米片的表面修饰（3-氨基丙基）三乙氧嘧啶（APTES），能为 CdTe 量子点/WO_3 纳米片复合纳米材料的功能化提供附着位点，特别有利于在其表面修饰生物分子。为了获得对链霉素的高选择性，在该复合材料表面修饰特殊结构的适配子探针，其探针的碱基序列为 5′-TAGGG-AATTCGTCGACGGATCCGGGGTCTGGTGTTCTGCTTTGTTCTGTCGGG-TCGTCTGCAGGTCGACGCATGCGCCG-3′。在此 Z-型异质结中，CdTe 量子点的平均尺寸为 3.5nm，CdTe 量子点和 APTES 功能化的 WO_3 纳米片主要依靠静电力复合。与 CdTe 量子点或 APTES 功能化的 WO_3 纳米片相比，二者复合形成的 Z-型异质结具有更加优良的光催化活性，其光电流强度是 CdTe 量子点的 2.5 倍。在可见光辐射下，该光电传感检测法对链霉素检测的线性范围为 $1.0 \times 10^{-9} \sim 5.0 \times 10^{-7}$ mol/L（相当于 $1.5 \sim 728.5 \mu g/kg$），检出限为 3.3×10^{-10} mol/L（$3S/N$）[24]。

多西环素作为典型四环素，常被用于养殖业，有防病和促生长的作用，但是抗生素的滥用导致其随排泄物进入收纳水体，污染饮用水和土壤等环境，产生一系列副作用，比如引起抗性菌或抗性基因突变，让抗生素失去药效。针对多西环素的快速检测问题，利用富含氧空穴的 BiOBr 纳米片作为光电传感材料，用于定量检测多西环素。与未处理的 BiOBr 纳米片相比，在 200℃ 热处理后的 BiOBr 纳米片含有氧空穴，具有更低的带隙（2.9eV），光吸收范围和光电活性更佳。与 BiOCl 或 BiOI 纳米片相比，制备的 BiOBr 纳米片更加稳定，其平均尺寸和厚度分别为 $3\mu m$ 和 80nm。通过优化氧空穴的浓度和晶格应力，在全波谱太阳光辐射下（功率密度约为 $100mW/cm^2$），以富含氧空穴的 BiOBr 纳米片作为光电传感材料，其对多西环素检测的线性范围为 $0.5\mu mol/L \sim 1mmol/L$，检出限为 $0.14\mu mol/L$（$3S/N$）[25]。

水体中的氮、磷等植物营养元素（如硝酸盐氮、亚硝酸盐氮、氨氮、磷酸盐和尿素）的浓度超过一定数值时引起水生态系统偏离其平衡状态，特别是物质循环和能量循环方面，因此水体中有机物的准确检测也十分重要。二维金属氧化物能光催化氧化有机物，实现对水中有机物的定量检测。例如，采用阳极氧化和沉积技术制备 BiOBr 纳米片-TiO_2 阵列纳米管（TNTA）复合纳米材料；TiO_2 的带隙较大，光吸收范围是紫外光谱区，但具有良好的化学稳定性；BiOBr 纳米片是 p-型半导体材料，其带隙为 $2.64\sim2.91eV$，具有可见光活性。二者结合能形成 p-n 异质结（BiOBr-TNTA），能显著增强光吸收，促进光生载流子的分离，从而极大地提高整体的光催化活性。在全太阳光谱照射下（500W），当 BiOBr 纳米片中 Br 的浓度为 10%，TNTA 厚度为 $6.9\mu m$，检测溶液为 $0.1mol/L$ NaOH，施加的偏压为 $0.5V$，光电传感检测法的分析性能最佳，对葡萄糖检测的线性范围为 $5\times10^2\sim3\times10^7nmol/L$，检出限为 $10nmol/L$（$S/N=3$）[26]。

8.5　MXene 基光电传感检测器

二维 MXenes 主要包括过渡金属碳化物、过渡金属碳氮化物、过渡金属氮化物；与二维的过渡金属氧化物和过渡金属硫化物（一般是半导体）相比，二维 MXenes 表面常含有一些极性官能团，比如 OH、F 等，表现出良好的导电性能（金属性质）和力学性能。因此，二维 MXenes 在电化学具有得天独厚的优势，比如能有效促进界面电荷的传递，增大电容或电化学反应。总体而言，二维 MXenes 在光电传感材料中所扮演的角色和高导电石墨烯相似：①加速光生电荷转移和分离；②作为基底，为光活性的半导体纳米材料提供生长位点。与其他二维纳米材料一样，二维 MXenes 仍需同其他纳米材料复合形成异质结，利用界面效应提高光电活性，增强其分析性能。

8.5.1　水体中重金属离子的检测

二维 MXenes 具有良好亲水性和导电性，能提高光电极与溶液界面反应效率，促进光生载流子的快速迁移，能与低维纳米材料复合形成良好的接触界面，因此在光电领域具有潜在的应用前景。MXenes 能有效捕获光生空穴，并且能存储空穴和延长载流子寿命。表面功能化的 MXenes 能引入电子或空穴的牺牲剂，提高光生电荷分离效率，比如还原态的谷胱甘肽能消耗 MXenes 基光电材料表面的空穴，从而保证在光辐射下可形成持续的电子。

基于此现象，利用简单的旋涂法，将二维 $Ti_3C_2T_x$ 纳米片负载在 $BiVO_4$ 薄膜表面，形成肖特基异质结。当加入空穴消除剂或牺牲剂后（还原态的谷胱甘肽），光电流会进一步增强，而 Hg^{2+} 的存在会与还原态的谷胱甘肽形成络合物，降低光电流强度，从而实现对 Hg^{2+} 定量检测。还原态的谷胱甘肽和 Hg^{2+} 之间的特异性作用是保证 $Ti_3C_2T_x$ 纳米片/$BiVO_4$ 复合光电材料对 Hg^{2+} 高选择性的根本原因。与 $BiVO_4$ 相比，$Ti_3C_2T_x$ 纳米片/$BiVO_4$ 展现出更强的光电流，主要原因是异质结的界面效应，促进了光生载流子的有效分离。随着 Hg^{2+} 的浓度增加，$Ti_3C_2T_x$ 纳米片/$BiVO_4$ 产生的光电流降低。基于此原理，$Ti_3C_2T_x$ 纳米片/$BiVO_4$ 肖特基异质结可以用于检测水体中 Hg^{2+}，其检出限和线性范围分别为 1pmol/L 和 1pmol/L～2nmol/L[27]。

8.5.2 水体中有机物的检测

以 MXenes 为光电材料的构筑单元，通过与其他半导体纳米材料复合形成多种类型的异质结（比如 Z-型异质结、肖特基异质结），也能用于定量检测水中有机物，其检测的原理是光生空穴对有机物的氧化。对于此类光电传感检测法，对有机物的高选择性很少被阐述清楚。

利用水热反应制备 TiO_2/$Ti_3C_2T_x$/Cu_2O 三元 Z-型异质结，其中 TiO_2 纳米粒子和 $Ti_3C_2T_x$ 纳米片是采用原位反应结合，二者之间具有紧密的接触界面[28]。$Ti_3C_2T_x$ 纳米片的超薄平面结构和制备过程中产生的结构缺陷为负载 TiO_2 和 Cu_2O 纳米材料提供了丰富的位点。光电流表征结果显示，在可见光辐射下，单一的 Cu_2O 只能产生微弱的阴极光电流，且具有光腐蚀严重、量子产率低等弱点，单一的 $Ti_3C_2T_x$ 纳米片只能产生微弱的阳极光电流。与之相比，将 Cu_2O 纳米粒子和 $Ti_3C_2T_x$ 纳米片复合形成 Z-型异质结，能表现出更强的阳极光电流。在上述异质结中，Cu_2O 的窄带隙扩大了光吸收窗口，是主要的光敏化剂；$Ti_3C_2T_x$ 纳米片是良好的基底材料，能有效分散 Cu_2O 纳米粒子和 TiO_2 纳米粒子；$Ti_3C_2T_x$ 纳米片还作为电荷传递媒介，降低光生载流子复合概率。TiO_2/$Ti_3C_2T_x$/Cu_2O Z-型异质结对葡萄糖具有良好的选择性和分析性能，其传感检测机制是溶解氧分子能与光生电子作用产生 H_2O_2，并且光催化分解葡萄糖分子。该光电传感方法对葡萄糖检测的线性范围和检测限分别为 100nmol/L～10μmol/L、33.75nmol/L（$S/N=3$）[28]。

与之相似，利用化学刻蚀和油浴热反应法制备 Ti_3C_2/Cu_2O 纳米复合材料，可用于定量检测葡萄糖[29]。氧化亚铜（Cu_2O）是一种非毒、含量丰富的 p-型半导体材料，其带隙为 2.0～2.2eV，具有较宽的光吸收窗口和良好的光化学稳定性。Cu_2O 与二维 Ti_3C_2 纳米片复合后，可以延长光生载流子寿命，降低电子和空穴的复合概率。与元素掺杂的 Cu_2O 相比，构建 Ti_3C_2/Cu_2O 异质结具有更低的制备成本，能降低光活性材料与负载电极（如 FTO）之间的接触电阻。Ti_3C_2/Cu_2O 异质结对溶解氧敏感，在氧气存在时，可以催化氧化葡萄糖，从而实现对葡萄糖的定量检测；氧气所经历的反应过程如下：

$$O_2 + e^- \longrightarrow O_2^- \cdot \qquad (8.5)$$

$$O_2^- \cdot + H_2O \longrightarrow H_2O_2 + 2OH^- \qquad (8.6)$$

$$H_2O_2 + e^- \longrightarrow 2OH^- \qquad (8.7)$$

在光激发下，Cu_2O 产生电子和空穴，空穴会从 Cu_2O 的价带传递到 Ti_3C_2 纳米片上，而电子会被溶解氧分子接受，从而实现光生电子和空穴的有效快速分离。Ti_3C_2/Cu_2O 光电纳米复合材料对葡萄糖的检测线性范围为 0.5nmol/L～0.5mmol/L，检出限为 0.17nmol/L（3S/N）[29]。

8.6　总结和展望

二维纳米材料的平面结构和电子能带结构，有利于负载其他半导体或导体纳米材料，提高光捕获效率，能精细调控光致电荷的行为，非常适合作为光电传感材料构件。基于二维纳米材料及其复合纳米材料的光电传感检测法，如何保证其对目标物的高选择性仍然是挑战，并且很多传感材料（基于直接光电化学氧化或还原）并未考察对目标物和其他干扰物的选择性。另外，尽管能通过设计含生物材料的传感元保证光电传感检测法的高选择性，但是生物传感元极易受到光腐蚀和老化，因此仍需要发展可见光、红外光响应的光电传感检测法。

参考文献

[1] 钟立，魏小平，冯莎莎 . 光电化学传感器的研究进展 [J]. 分析测试学报，2018，37：496-506.

[2] Liang D，Liang X，Zhang Z，et al. A regenerative photoelectrochemical sensor based on functional porous carbon nitride for Cu^{2+} detection [J]. Microchemical Journal，2020，156：104922.

[3] Niu Y，Xie H，Luo G，et al. ZnO-reduced graphene oxide composite based photoelectrochemical aptasensor for sensitive Cd（Ⅱ）detection with methylene blue as sensitizer [J]. Analytica Chimica Acta，2020，1118：1-8.

[4] Liu Q，Kim J，Cui T. A highly sensitive photoelectrochemical sensor with polarity-switch-

able photocurrent for detection of trace hexavalent chromium [J]. Sensors and Actuators B: Chemical, 2020, 317: 128181.

[5] Wang R, Yan K, Wang F. et al. A highly sensitive photoelectrochemical sensor for 4-aminophenol based on CdS-graphene nanocomposites and molecularly imprinted polypyrrole [J]. Electrochimica Acta, 2014, 121: 102-108.

[6] Dang X M, Zhang X F, Zhao H M. Signal amplified photoelectrochemical sensing platform with g-C$_3$N$_4$/inverse opal photonic crystal WO$_3$ heterojunction electrode [J]. Journal of Electroanalytical Chemistry, 2019, 840: 101-108.

[7] Dang X M, Song Z L, Zhao H M. Signal amplified photoelectrochemical assay based on Polypyrrole/g-C$_3$N$_4$/WO$_3$ inverse opal photonic crystals triple heterojunction assembled through sandwich-type recognition model [J]. Sensors and Actuators B: Chemical, 2020, 310.

[8] Xu L, Duan W, Chen F, et al. A photoelectrochemical aptasensor for the determination of bisphenol A based on the Cu (I) modified graphitic carbon nitride [J]. Journal of Hazardous Materials, 2020, 400: 123162.

[9] Yang L, Zhao Z, Hu J, et al. Copper oxide nanoparticles with graphitic carbon nitride for ultrasensitive photoelectrochemical aptasensor of bisphenol A [J]. Electroanalysis, 2020, 32: 1651-1658.

[10] Jiang D, Du X, Zhou L, et al. TiO$_2$ nanoparticles embedded in borocarbonitrides nanosheets for sensitive and selective photoelectrochemical aptasensing of bisphenol A [J]. Journal of Electroanalytical Chemistry, 2018, 818: 191-197.

[11] Balu S, Chen Y L, Yang T C K, et al. Effect of ultrasound-induced hydroxylation and exfoliation on P90-TiO$_2$/g-C$_3$N$_4$ hybrids with enhanced optoelectronic properties for visible-light photocatalysis and electrochemical sensing [J]. Ceramics International, 2020, 46: 18002-18018.

[12] Zhuge W F, Li X K. Feng S X. Visible-light photoelectrochemical sensor for glutathione based on CoFe$_2$O$_4$-nanosphere-sensitized copper tetraaminophthalocyanine-graphene oxide [J]. Microchemical Journal, 2020, 155.

[13] Tan J S, Peng B, Tang L, et al. Enhanced photoelectric conversion efficiency: A novel h-BN based self-powered photoelectrochemical aptasensor for ultrasensitive detection of diazinon [J]. Biosensors & Bioelectronics, 2019, 142.

[14] Mao L B, Ji K L, Yao L L, et al. Molecularly imprinted photoelectrochemical sensor for fumonisin B-1 based on GO-CdS heterojunction [J]. Biosensors & Bioelectronics, 2019, 127: 57-63.

[15] Ouyang X, Tang L, Feng C, et al. Au/CeO$_2$/g-C$_3$N$_4$ heterostructures: Designing a self-powered aptasensor for ultrasensitive detection of Microcystin-LR by density functional theory [J]. Biosensors and Bioelectronics, 2020, 164: 112328.

[16] Yu S, Chen X, Huang C, et al. A Cu^{2+}-doped two-dimensional material-based heterojunction photoelectrode: application for highly sensitive photoelectrochemical detection of hydrogen sulfide [J]. RSC Advances, 2019, 9: 28276-28283.

[17] Chen X, Zhang W, Zhang L, et al. Turning on the photoelectrochemical responses of Cd probe-deposited g-C$_3$N$_4$ nanosheets by nitrogen plasma treatment toward a selective sen-

sor for H₂S [J]. ACS Applied Materials Interfaces, 2021, 13: 2052-2061.

[18] Shang H, Xu H, Jin L, et al. 3D ZnIn₂S₄ nanosheets decorated ZnCdS dodecahedral cages as multifunctional signal amplification matrix combined with electroactive/photoactive materials for dual mode electrochemical - photoelectrochemical detection of bovine hemoglobin [J]. Biosensors and Bioelectronics, 2020, 159: 112202.

[19] Li F, Zhou Y, Wang S, et al. One step preparation of CN-WS₂ nanocomposite with enhanced photoactivity and its application for photoelectrochemical detection of 5-formylcytosine in the genomic DNA of maize seedling [J]. Biosensors and Bioelectronics, 2020, 151: 111973.

[20] Ding L, Jiang D, Wen Z, et al. Ultrasensitive and visible light-responsive photoelectrochemical aptasensor for edifenphos based on Zinc phthalocyanine sensitized MoS₂ nanosheets [J]. Biosensors and Bioelectronics, 2020, 150: 111867.

[21] Qileng A R, Huang S L, He L, et al. Composite films of CdS nanoparticles, MoS₂ nanoflakes, reduced graphene oxide, and carbon nanotubes for ratiometric and modular immunosensing-based detection of toxins in cereals [J]. ACS Applied Nano Materials, 2020, 3: 2822-2829.

[22] Chen R, Tang R, Chen C. Photoelectrochemical detection of chromium (Ⅵ) using layered MoS₂ modified BiOI [J]. J. Chem. Sci., 2020, 132: 54.

[23] Zhang G, Cheng D, Li M, et al. Enhanced the photoelectrochemical performance of Bi₂XO₆ (X＝W, Mo) for detecting hexavalent chromium by modification of CuS [J]. Journal of Environmental Sciences, 2021, 103: 185-195.

[24] Liu D, Xu X, Shen X, et al. Construction of the direct Z-scheme CdTe/APTES-WO₃ heterostructure by interface engineering for cathodic "signal-off" photoelectrochemical aptasensing of streptomycin at sub-nanomole level [J]. Sensors and Actuators B: Chemical, 2020, 305: 127210.

[25] Cui Z, Guo S, Yan J, et al. BiOBr nanosheets with oxygen vacancies and lattice strain for enhanced photoelectrochemical sensing of doxycycline [J]. Applied Surface Science, 2020, 512: 145695.

[26] Wu Z, Zhao J, Yin Z, et al. Highly sensitive photoelectrochemical detection of glucose based on BiOBr/TiO₂ nanotube array p-n heterojunction nanocomposites [J]. Sensors and Actuators B: Chemical, 2020, 312: 127978.

[27] Jiang Q, Wang H, Wei X, et al. Efficient BiVO₄ photoanode decorated with Ti₃C₂TX MXene for enhanced photoelectrochemical sensing of Hg (Ⅱ) ion [J]. Analytica Chimica Acta, 2020, 1119: 11-17.

[28] Chen G J, Wang H J, Wei X Q, et al. Efficient Z-Scheme heterostructure based on TiO₂/Ti₃C₂Tₓ/Cu₂O to boost photoelectrochemical response for ultrasensitive biosensing [J]. Sensors and Actuators B: Chemical, 2020, 312.

[29] Li M, Wang H, Wang X, et al. Ti₃C₂/Cu₂O heterostructure based signal-off photoelectrochemical sensor for high sensitivity detection of glucose [J]. Biosensors and Bioelectronics, 2019, 142: 111535.

第**9**章

环境污染物的电化学发光传感分析法

9.1 引言

化学发光（chemiluminescence，CL）是指由化学反应引起的发光现象，实质是发光体吸收了反应释放的化学能，使得发光体中电子由基态跃迁至激发态，再由激发态返回基态时所产生的光辐射。在狭义范围内，化学发光通常指的是光致发光（photoluminescence），比如荧光和磷光，实际上化学发光所涉及的范围非常广泛，涵盖了光致发光、有机物的化学激发-退激发引起的发光、由电化学反应引发的激发-退激发发光现象（电化学发光）、由辐射诱导的激发-退激发发光现象（radiochemiluminescence，辐射致化学发光）、由超声诱导的激发-退激发发光现象（sonoluminescence）等，其本征的区别在于促使发光体从基态到激发态跃迁的能量源不一样，如果是光能就属于光致发光，是辐射能就属于辐射致化学发光，是电化学就属于电化学发光，以此类推。

电化学发光又名电致化学发光（ECL），是通过对电极施加一定的电压，在电极表面产生化学发光反应的中间体，在中间体之间或者中间体与共反应剂之间发生电子传递形成激发态，再由退激发过程产生发光。因此，电化学发光包含了电化学反应和化学发光两种过程，但仍属于化学发光范畴。电化学发光传感法是在化学发光基础上发展起来的一种分析方法，与光电传感检测过程互为逆过程，即电化学发光传感法通过改变电极电压，利用电化学反应获得光信号。与荧光传感检测法不同，电化学发光传感法无需光源激发产生发光现象，能避免光散射（瑞利散射和拉曼散射）所带来的干扰，克服光源不稳定所导致的信号波动等缺点，具有更佳的信噪比。

与传统的分析方法相比，电化学发光具有许多独特的优点。首先，电化学发光不需要光源激发；因此，不存在散射光以及相关的干扰，这使得电化学发光具有很高的灵敏度。其次，电化学发光体的激发态能通过改变电极电压调控。此外，电化学发光属于无损过程，即大部分的发光体均可以被重复利用。基于以上优点，电化学发光正成为强有力的分析技术而被广泛地应用于临床、环境与工业中生物分子的检测。

最早关于电化学发光的研究报道源于 1964 年，Hercules 等发现了芳香烃在非水溶刻中的电化学发光现象（图 9.1）。事实上，早在 1927 年，研究者就发现格林试剂在无水乙醚中会有发光现象[1]。随后，电化学发光技术取得了长足的发展，所合成的发光体从有机物（9,10-二苯基蒽、三联吡啶钌、光泽精、鲁米诺）逐渐拓展到纳米晶体材料，特别是无机材料量子点（硅、金等）。

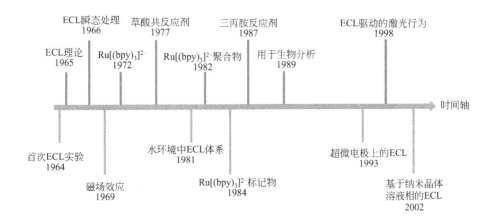

9.1　电化学发光发展历程

电化学发光过程包括两种机制：①基于氧化-还原中间物的湮灭；②基于发光团-共反应物作用。基于湮灭机制的电化学发光总体反应步骤如下：

$$A + e^- \longrightarrow A^- \cdot \tag{9.1}$$

$$D - e^- \longrightarrow D^+ \cdot \tag{9.2}$$

$$A^- \cdot + D^+ \cdot \longrightarrow A^* + D \tag{9.3}$$

$$A^* \longrightarrow A + h\upsilon \tag{9.4}$$

具体而言，电极表面附近的物种 A 从阴极接受一个电子形成 $A^- \cdot$（第一步反应，电极表面的还原反应）；阳极附近 D 物种会失去一个电子形成 $D^+ \cdot$，即电极表面发生氧化反应；上述反应产物（A⁻·和D⁺·）会通过扩散和迁移远离电极，并彼此进行碰撞反应，发生电荷转移，导致 A⁻·变成激发态的 A* （激发态的形成），D⁺·恢复成电中性的本征初始态 D；由于激发态的 A* 是亚稳态，会主动释放出光子，变成本征态 A（退激发或光发射）。值得注意的是，A 和 D 可以是同一物种，比如 9,10-二苯基蒽等多环芳烃化合物（如图 9.2 所示）。

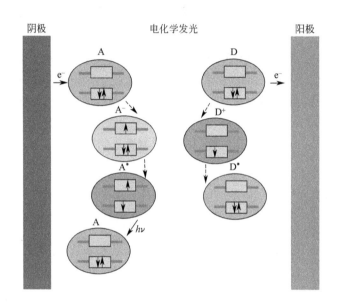

图 9.2　电化学发光的总体电极过程

　　根据激发-退激发态所涉及的能量不同，湮灭型的电化学发光可分为单重激发态途径和三重激发态途径。基于单重激发态途径的电化学发光，发生的湮灭反应所释放的能量较高；基于三重激发态途径的电化学发光，发生的湮灭反应所释放的能量较低，产生的激发态物质是三重态（存在电子自旋方向相同）。以芳香烃作为发光体的 ECL 属于单重激发态途径。基于硅量子点的电化学发光属于典型的湮灭机制，在电极表面的电化学反应过程中，硅量子点会形成空穴注入的氧化态或电子注入的还原态，二者通过电荷转移发生湮灭过程，产生激发态的电化学发光。

　　电化学发光的另一种模式是基于发光团-共反应物作用，湮灭型的电化学发光体系中加入共反应剂能显著提高电化学发光过程，也能克服溶剂有限的电化学势窗口或自由基离子的不稳定（湮灭型所特有的）。这类共反应剂主要包括了强氧化性物质，比如双氧水、草酸盐、过硫酸盐、三丙胺（TPrA）、$N,N,N',$

N′-四丙基戊二胺（TPPD）。最常见的发光体系就是三联吡啶钌及其衍生物，常作为标记物或者电化学发光剂；TPrA 作为共反应剂（coreactant），能产生强氧化性的自由基阳离子（TPrA$^+$）。根据电极表面氧化还原物种和处于激发态的三联吡啶钌形成方式的差异，其反应的总体过程包括如下几种机制（图 9.3 所示）：

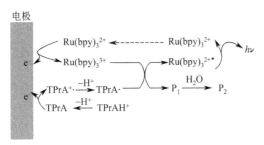

反应机理1

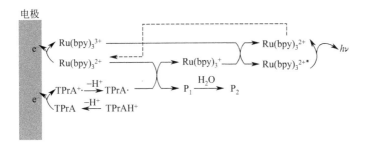

反应机理2

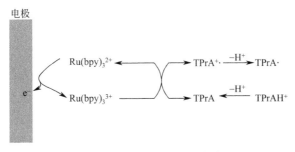

反应机理3

图 9.3　基于发光团-共反应物作用的 ECL 发光机制

在上述三种反应路径中，TPrA·代表 $Pr_2NC·HCH_2CH_3$，P_1 代表 $Pr_2N^+C=HCH_2CH_3$，P_2 代表 $Pr_2NH + CH_3CH_2CHO$，TPrA 代表三正丙胺，TPrA$^+$·代表 $(CH_3CH_2CH_2)_3N^+·$，TPrAH$^+$ 代表 Pr_3NH^+。以反应机制 1

为例（图 9.3），三联吡啶钌$[Ru(bpy)_3^{2+}]$和三丙胺（TPrA）经过电化学氧化后，在阳极表面被氧化形成 $Ru(bpy)_3^{2+}$ 和 $TPA^{+\ast}$。处于亚稳态的 $TPA^{+\ast}$ 会失去一个质子，形成较高还原性的 $TPA^{\ast}$。$TPA^{\ast}$ 和 $Ru(bpy)_3^{2+}$ 经过多步骤的氧化还原反应过程，使得三联吡啶钌被还原成激发态的吡啶钌，随后发生退激发过程，释放出光子，实现电极的电化学发光。TPrA 作为共反应剂面临着一些问题，比如毒性高、易挥发、腐蚀性强、溶解性差等。因此，TPrA 也逐渐被新型的共反应剂所代替，主要包括三乙胺、三乙醇胺和二羟乙基胺等胺类化合物，这类共反应剂能显著提高二维纳米材料的电化学发光性能[2]。

在此之前，大多 ECL 属于离子抑制型或者湮灭型，涉及电化学反应生成亚稳态的物质（$R^{+}\cdot$ 和 $R^{-}\cdot$），及其在电极表面的电荷传递，并且生成激发态的新物质（$R^{\ast}$），一般把此过程称为湮灭反应（annihilation reactions）。$R^{\ast}$ 可以是单线态激发态（$^{1}R^{\ast}$），也可以是三线态激发态（$^{3}R^{\ast}$）。对于基于 9,10-二苯基蒽（DPA）的 ECL 体系（$DPA^{+}\cdot/DPA^{-}\cdot$），其激发态就属于单线态，即遵循 S 反应路线：$R^{+}\cdot+R^{-}\cdot\rightarrow {}^{1}R^{\ast}+R$（激发态的单线态）。

基于发光团-共反应物作用的电化学发光过程适合在水环境介质中进行，它也包含了湮灭型 ECL 所涉及的电化学发光过程，只是发光团-共反应物作用起主导过程，发光团和共反应物之间在溶剂中不需要发生碰撞；值得注意的是，在两种情况下的湮灭机制和反应路径存在细微差异。

9.2　石墨烯族基电化学发光传感器

在石墨烯族二维纳米材料中，导电性能良好的石墨烯一般作为信号放大器和基底材料，用于担载发光体，比如半导体量子点和纳米线。值得注意的是，发光体是否发光以及发光性能好坏与共反应剂的选择有关。具有半导体性质的石墨烯族二维纳米材料（比如 $g\text{-}C_3N_4$ 和氧化石墨烯）可直接作为发光体，用于构建 ECL[3]。

9.2.1　水体中重金属离子的检测

除了全氟辛酸，$g\text{-}C_3N_4$ 纳米片也可作为 ECL 发光基团用于检测重金属离子，其对重金属离子的选择性主要源于 $g\text{-}C_3N_4$ 纳米片的 Lewis 碱性，与重金属离子（Lewis 酸）的吸附过程满足 Lewis 酸碱作用规则。基于此原理，以三聚氰胺为前驱体，通过热处理法制备层状的 g-C_3N_4；以 K_2SO_4 和 $K_2S_2O_8$ 溶液作为电解质，可实现对 Cu^{2+} 的定量检测。对于 g-C_3N_4 基 ECL，其可能的电化学发光机制如下：

$$g\text{-}C_3N_4 + e^- \longrightarrow g\text{-}C_3N_4^- \cdot \tag{9.5}$$

$$S_2O_8^{2-} + e^- \longrightarrow SO_4^{2-} + SO_4^- \cdot \tag{9.6}$$

$$g\text{-}C_3N_4^- \cdot + SO_4^- \cdot \longrightarrow g\text{-}C_3N_4^* + SO_4^{2-} \tag{9.7}$$

$$g\text{-}C_3N_4^* \longrightarrow g\text{-}C_3N_4 + h\upsilon \tag{9.8}$$

从上述反应式可知，g-C_3N_4 纳米片经过电化学处理后，表面会带过量的负电荷。与此同时 $S_2O_8^{2-}$ 会形成强氧化性的 $SO_4^- \cdot$，并进一步与 g-C_3N_4 纳米片复合形成激发态的 g-C_3N_4 纳米片[4]。在上述反应过程中，电解质中 $S_2O_8^{2-}$ 作为共反应剂，对形成的激发态 g-C_3N_4 纳米片起着关键作用。激发态的 g-C_3N_4 纳米片具有很短的寿命，很快就会自发回到基态，同时释放出光子。根据表面电子结构特性，g-C_3N_4 纳米片可作为路易斯碱，对重金属离子的吸附具有一定的选择性。利用 g-C_3N_4 纳米片修饰碳糊电极，以 K_2SO_4 和 $K_2S_2O_8$ 的混合溶液作为共反应剂，能实现对溶液中 Cu^{2+} 的定量检测，对 Cu^{2+} 的检测线性范围和检出限分别为 2.5～100nmol/L 和 0.9nmol/L。该 ECL 传感分析性能主要受 $K_2S_2O_8$ 的浓度、pH、g-C_3N_4 纳米片与碳纳米材料之间的比例、循环伏安法的扫描速率等因素的影响[4]。

在基于二维纳米材料电极发光反应过程中，参与表面反应的位点无外乎是表面的空位、间隙原子、位错和晶界，因此表面改性常导致二维纳米材料具有独特性质。通过调控电极材料的制备方法和 ECL 阳极的电压范围，g-C_3N_4 纳米片能用于检测多种重金属离子，包括 Cu^{2+}、Ni^{2+}、Cd^{2+}。例如，利用双氰胺热聚合形成块体的 g-C_3N_4 作为前驱体，通过液相剥离法制备硫掺杂的 g-C_3N_4 纳米片（CNNS）[5]。在 ECL 的阴极附近，由于电子注入 CNNS 的导带（CNNS 作为受主），形成带负电的 CNNS（CNNS$^- \cdot$）；溶液中 $S_2O_8^{2-}$ 会被还原形成 $SO_4^- \cdot$ 和 SO_4^{2-}，其中强氧化性物质 $SO_4^- \cdot$ 能捕获 CNNS$^- \cdot$ 价带中电子，形成激发态的 CNNS（CNNS*）。由于激发态是非稳态，CNNS* 会退激发回到其本征态，释放出蓝光。在上述反应中，共反应剂（$S_2O_8^{2-}$）也可用三乙醇胺（TEA）代替，上述电化学发光过程所涉及的多步骤反应如下：

$$CNNS + e^- \longrightarrow CNNS^- \cdot \tag{9.9}$$

$$S_2O_8^{2-} + e^- \longrightarrow SO_4^{2-} + SO_4^- \cdot \tag{9.10}$$

$$CNNS^- \cdot + SO_4^- \cdot \longrightarrow CNNS^* + SO_4^{2-} \qquad (9.11)$$

$$CNNS^* \longrightarrow CNNS + h\upsilon \qquad (9.12)$$

$$CNNS - e^- \longrightarrow CNNS^+ \cdot \qquad (9.13)$$

$$TEA - e^- \longrightarrow TEA^+ \cdot \qquad (9.14)$$

$$TEA^+ \cdot - H^+ \longrightarrow TEA \cdot \qquad (9.15)$$

$$CNNS^+ \cdot + TEA \cdot \longrightarrow CNNS^* + TEA(氧化态) \qquad (9.16)$$

$$CNNS^* \longrightarrow CNNS + h\upsilon \qquad (9.17)$$

值得注意的是, CNNS 的制备温度能强烈改变其对重金属离子的选择性, 具体而言, 在 400℃、500℃ 和 650℃ 下制备的 CNNS 分别对 Cu^{2+}、Ni^{2+} 和 Cd^{2+} 有良好的选择性; 上述三种温度下制备的 CNNS 作为电化学发光传感材料, 对 Cu^{2+} 检测的线性范围和检出限分别为 $0.4\sim6\mu mol/L$ 和 $3nmol/L$ ($3S/N$), 对 Ni^{2+} 检测的线性范围和检出限分别为 $0\sim120\mu mol/L$ 和 $1nmol/L$ ($3S/N$), 对 Cd^{2+} 检测的线性范围和检出限分别为 $0.1\sim4\mu mol/L$ 和 $20nmol/L$ ($3S/N$)[5]。

9.2.2　水体中有机物的检测

五氯苯酚 (PCP) 是一种持久性有机污染物, 常用于制备除草剂等农药, 具有较大的环境风险。欧盟和美国环保署规定饮用水中五氯苯酚的浓度不得高于 $0.5\mu g/L$ 和 $1\mu g/L$。由于五氯苯酚能特异性吸附在 CdS 纳米线表面, 影响其电化学发光性能, 因此, 利用 CdS 纳米线作为发光体能定量检测五氯苯酚。五氯苯酚与 CdS 纳米线之间的特异性作用与 CdS 纳米线的制备条件密切相关。另外, 由于 CdS 纳米线的电化学发光性能较弱, 需要加入高导电的信号放大剂和共反应剂, 用于提高检测的灵敏度。基于此原理, 以 $S_2O_8^{2-}$ 作为共反应剂和化学还原法制备的石墨烯 (rGO) 作为信号放大剂和基底, 担载和分散 CdS 纳米线; rGO 和 $S_2O_8^{2-}$ 的存在皆促进了 CdS 纳米线的发光性能。具体的反应过程如下:

$$CdS + e^- \xrightarrow{rGO} CdS^- \cdot \qquad (9.18)$$

$$S_2O_8^{2-} + e^- \xrightarrow{rGO} SO_4^{2-} + SO_4 - \cdot \qquad (9.19)$$

$$SO_4^- \cdot + CdS^- \cdot \longrightarrow SO_4^{2-} + CdS^{*+} \qquad (9.20)$$

$$CdS^{*+} + e^- \longrightarrow CdS + h\upsilon \qquad (9.21)$$

$$CdS^{*+} + PCP \longrightarrow CdS + TCQ \qquad (9.22)$$

当施加负电势时, 电极表面的 CdS 纳米线和 $S_2O_8^{2-}$ 带负电, 形成 $CdS^- \cdot$ 和 $SO_4^- \cdot$, 二者之间会存在空穴的传递, 即 $SO_4^- \cdot$ 将空穴注入 $CdS^- \cdot$ 的最高

价带顶，导致 CdS 纳米线电子处于激发态（CdS^{*+}），容易释放出光子；PCP 的存在会吸附在 CdS 纳米线的表面，导致荧光发射过程受阻。基于此原理，实现对 PCP 的定量检测，在最佳实验条件下（pH＝7 和 100mmol/L S$_2$O$_8^{2-}$），该电化学发光分析方法对 PCP 检测的灵敏度和检测线性范围分别为 $1.0 \times 10^{-14} \sim 1.0 \times 10^{-8}$ mol/L 和 2.0×10^{-15} mol/L（3S/N）。

全氟辛酸（PFOA）是一种分布广、生物蓄积性和毒性强的持久性有机污染物。C—F 共价键使得 PFOA 具有良好的稳定性。长期暴露在全氟辛酸的污染源中，能诱发肝中毒、引起基因突变等[2]。目前，全氟辛酸的检测手段包括气相色谱-质谱法（GC-MS）、液相色谱-质谱法（LC-MS）、液相色谱-双联质谱法（LC-MS-MS），这些传统的分析方法是需要繁琐的前处理步骤，并且分析成本高。与之相比，电化学发光传感检测法具有简便、稳定性高、背景信号低等优点，被广泛用于环境污染物的定量分析中。

电化学发光传感法检测全氟辛酸的基本原理如下：全氟辛酸能被硫酸根自由基（SO$_4^-$ ·）氧化，SO$_4^-$ ·是过二硫酸根离子（S$_2$O$_8^{2-}$）经电化学反应形成；因此 S$_2$O$_8^{2-}$ 常在 g-C$_3$N$_4$ 基电化学发光传感器中作为共反应试剂，用于检测全氟辛酸。一般地，共反应试剂和发光材料需要合理设计，才能获得最佳的分析性能。基于此原理，利用 g-C$_3$N$_4$ 纳米片与聚吡咯复合，经过电化学处理后，形成对全氟辛酸具有记忆能力的电化学发光传感材料，这种分子印迹材料保证了对全氟辛酸的高选择性。当溶液中无全氟辛酸时，SO$_4^-$ ·和带负电 g-C$_3$N$_4$ 纳米片（g-C$_3$N$_4^-$ ·）发生电荷转移，形成激发态的 g-C$_3$N$_4$ 纳米片（g-C$_3$N$_4^*$），然后退激发产生发光现象；当溶液中存在全氟辛酸，硫酸根自由基会与之反应，从而与 g-C$_3$N$_4$ 纳米片反应的硫酸根自由基的浓度降低了，电化学发光强度会降低。基于此现象，实现对全氟辛酸的高选择性、高灵敏度的检测，其检测的线性范围为 $0.02 \sim 40.0$ng/mL 和 $50.0 \sim 400.0$ng/mL，检出限为 0.01ng/mL（3S/N）[6]。

基于二维 g-C$_3$N$_4$ 的 ECL 大多数是研究材料在阴极上电化学发光行为，相对而言有关阳极材料的电化学发光研究很少。将二维 g-C$_3$N$_4$ 负载在阳极上，在 0.1mol/L 的 PBS 缓冲液中（含 0.1mol/L 氯化钾）测试其电化学发光性能，结果表明：阳极上的二维 g-C$_3$N$_4$ 经过电化学氧化后，与共反应剂三乙醇胺（TEA）发生电荷转移，生成激发态的二维 g-C$_3$N$_4$，然后退激发产生发光现象。阳极上二维 g-C$_3$N$_4$ 的发光特性能被芸香苷猝灭，因此可以用于定量检测芸香苷（个人护肤品中的常见成分）。上述检测的基本原理可以概括为下列反应过程：

$$\text{g-C}_3\text{N}_4 - \text{e}^- \longrightarrow \text{g-C}_3\text{N}_4^+ \cdot \qquad\qquad (9.23)$$

$$\text{TEA} - \text{e}^- \longrightarrow \text{TEA}^+ \cdot \qquad\qquad (9.24)$$

$$\text{TEA}^+ \cdot - \text{H}^+ \longrightarrow \text{TEA} \cdot \qquad\qquad (9.25)$$

$$\text{g-C}_3\text{N}_4^+ \cdot + \text{TEA} \cdot \longrightarrow \text{g-C}_3\text{N}_4^* + \text{TEA} \qquad\qquad (9.26)$$

$$\text{g-C}_3\text{N}_4^* \longrightarrow \text{g-C}_3\text{N}_4 + h\upsilon \qquad\qquad (9.27)$$

在反应式中，TEA 代表三乙醇胺（共反应剂），$\text{TEA}^{\cdot +}$ 代表氧化态的三乙醇胺。与阴极反应相似，阳极上被氧化的 $\text{g-C}_3\text{N}_4$ 纳米片与溶液中缺电子共反应剂作用形成激发态的 $\text{g-C}_3\text{N}_4$ 纳米片，从而产生发光现象。二者之间的差异是，阴极反应是将电子注入 $\text{g-C}_3\text{N}_4$ 纳米片的导带上，而阳极反应是将空穴注入 $\text{g-C}_3\text{N}_4$ 纳米片的价带上，产生非平衡态。以三乙醇为共反应剂，$\text{g-C}_3\text{N}_4$ 纳米片作为发光材料，对芸香苷检测的线性范围和检出限分别为 $0.14\mu\text{mol/L}$（$S/N=3$）和 $0.20\sim45.0\mu\text{mol/L}$[2]。值得注意的是，$\text{g-C}_3\text{N}_4$ 纳米片和芸香苷之间的能量转移方式属于电荷转移机制。

9.2.3 水体中致病菌的检测

电化学还原半导体发光现象并不专属于 $\text{g-C}_3\text{N}_4$ 纳米片，在 CdS、CdSe、Fe_3O_4 等半导体纳米材料中也能观察到此现象，上述半导体材料也是通过电化学还原，并与某些共反应剂作用后实现发光，用于检测水体中细菌或致病菌。

致病性嗜盐菌广泛分布于海水中，由于食物链对污染物有蓄积作用，因此生活在被细菌污染水产品也携带有一定浓度的致病性嗜盐菌，食用后会导致急性肠炎、急性腹泻等病症[7]。致病性嗜盐菌的检测方法主要包括酶联免疫吸附分析（enzyme-linked immunosorbent assay）法、免疫荧光法、环介导等温扩增技术，电化学发光检测分析方法在致病性嗜盐菌检测中较少。目前，关于致病性嗜盐菌的电化学发光检测分析方法主要基于生化反应，即生物传感检测法；例如利用 Hummers 方法制备了氧化石墨烯，与 Fe_3O_4 的前驱体（$\text{FeCl}_3 \cdot 6\text{H}_2\text{O}$ 和 $\text{FeCl}_2 \cdot 4\text{H}_2\text{O}$）发生共还原反应，形成 Fe_3O_4 纳米粒子/石墨烯复合纳米材料。石墨烯表面的羰基和羧基为 Fe_3O_4 纳米粒子形核、附着和长大提供了丰富的位点，具有一定的结构稳定性。通过在该复合材料表面修饰副溶血性弧菌抗体，能实现对副溶血性弧菌高选择性和高灵敏度的检测[7]；其检测的线性范围为 $10\sim10^8\text{CFU/mL}$，检出限为 5CFU/mL（$3S/N$）。

9.2.4　水体中氧活性物质的检测

除了致病菌外，某些氧活性物质对环境或人体健康有直接或间接的危害，典型的目标物之一是双氧水（H_2O_2），它既是外源性污染物（比如来源于废水），也可以是污染物进入人体后产生的应激分泌物，能通过直接或间接的生化反应，产生氧活性物质（超氧阴离子自由基、羟基自由基、亚硝酸根离子等），对人体健康构成严重的威胁，比如 DNA 的氧化损伤、基因突变、各种炎症。

石墨烯氧化物表面含有丰富的含氧官能团，具有较大的比表面积，能促进鲁米诺-H_2O_2 体系的化学发光强度，将其引入电极材料中，能提高 H_2O_2 的电化学发光传感检测的灵敏度。例如，将石墨烯氧化物与铁基 MOF[标记为 MIL-100(Fe)]之间复合能增强对 H_2O_2 的吸附性能，催化分解 H_2O_2 产生氧气和水。因为 MIL-100(Fe) 的丰富孔结构和可变的化合价（在 Fe^{3+}-Fe^{2+} 之间转换），能显著提高石墨烯氧化物的催化活性。H_2O_2 分解产生氧气能促使鲁米诺产生电化学发光性能。因此，石墨烯氧化物与 MIL-100（Fe）的复合纳米材料可用于电化学发光传感分析水体中的 H_2O_2，检测的线性范围包括两部分：$0.1\sim20\mu mol/L$ 和 $20\sim1000\mu mol/L$，检出限为 $0.1\mu mol/L$[8]。

石墨烯表面的含氧官能团与金属氧化物、金属纳米粒子复合后能进一步类酶催化活性[9]。例如，利用水热法，制备正（4-氨基丁基）正乙基异铝醇（ABEI）和 $CoFe_2O_4$ 纳米粒子功能化的石墨烯（记作 $ABEI/CoFe_2O_4/GNs$），具有良好的化学发光活性和稳定性（在含有 H_2O_2 的碱性溶液中）。此外，即使溶液中无共反应剂存在，$ABEI/CoFe_2O_4/GNs$ 也表现出良好的电化学发光性能，发射峰的电势位于 $-0.65V$ 和 $0.52V$ 处；$ABEI/CoFe_2O_4/GNs$ 的发光强度是 ABEI/GNs 的 60 倍，是 ABEI/GO 的 40 倍，主要原因在于负载在石墨烯表面的 $CoFe_2O_4$ 纳米粒子具有类酶催化活性，能催化分解 H_2O_2 形成 O_2^-·和 OH·。待测液中溶解 O_2 和 N_2 对电化学发光性能都有影响：O_2 的存在有利于 $ABEI/CoFe_2O_4/GNs$ 的电化学发光，而 N_2 的存在却起到相反作用。上述结果表明 O_2 参与了电化学发光反应，在不同的偏压下，其反应过程有较大差异，具体过程如下。

（1）电势为 $-0.65V$，反应过程为

$$O_2 \xrightarrow{\text{电化学还原}} H_2O_2 \tag{9.28}$$

$$H_2O_2 + ABEI \longrightarrow h\nu \tag{9.29}$$

（2）电势为 $0.52V$，反应过程为

$$H_2O_2 \xrightarrow{\text{电化学氧化}} O_2^- \cdot \tag{9.30}$$

$$ABEI \xrightarrow{\text{电化学氧化}} ABEI^- \cdot \tag{9.31}$$

$$O_2^- \cdot + ABEI^- \cdot \longrightarrow h\nu \tag{9.32}$$

9.3 MXene 基电化学发光传感器

与电化学传感检测法相似，ECL 所使用的电极材料需要满足如下条件：①保证电极/溶液界面的快速电子传递速率；②电极表面结构具有稳定性和重现性，保证检测的准确性；③宽电势窗口；④低背景电流值；⑤电极表面能与共反应剂（包括 [Ru (bpy)$_3$]$^{2+}$ 和 TPrA）发生氧化还原反应。MXenes 的高导电性（比如 Ti$_3$C$_2$T$_x$ 纳米片的电导率为 1.5×10^4 S/cm）能降低电子传递阻力和电信号噪声，提高了 ECL 的灵敏度[10]。

通过刻蚀三元层状化合物（化学式 M$_{n+1}$AX$_n$，A 为活性金属）获得 MXenes；在制备过程中 MXenes 表面会引入 F 和 O 等杂原子或官能团，从而使得表面带有多余的负电荷，能较好吸附三联吡啶钌[Ru(bpy)$_3^{3+}$,bpy=2,2'-联吡啶] 等 ECL 标记物。由 Ru(bpy)$_3^{3+}$ 与共反应剂三丙胺构成的 ECL 体系具有最大的电化学发光效率，其发光强度一般正比于 Ru (bpy)$_3^{3+}$ 和三丙胺的浓度。二者构成的体系也是目前商业化 ECL 常用的模式。尽管 MXenes 在 ECL 领域具有主动优势，目前基于 MXenes 的 ECL 用于检测环境污染物的研究非常少，并且检测的目标物绝大多数是生物分子，比如抗体、癌胚、DNA 等[11]。

尺寸较大的 MXenes 自身无电化学发光性能，只能作为基底材料负载其他电化学发光材料，实现对目标物的定量分析。例如，利用化学刻蚀法制备 Ti$_3$C$_2$T$_x$ 纳米片，其表面存在大量的含氧和含氟官能团，具有良好的导电性能和可塑性（表面含有的杂原子官能团易于功能化或修饰）[12]。通过将 Ti$_3$C$_2$T$_x$ 纳米片和萘芬（nafion）复合，能改变 Ti$_3$C$_2$T$_x$ 纳米片表面的粗糙度，提高其对三联吡啶钌的吸附性能。在施加足够的过电位时，DNA 能够被电化学氧化，可作为共反应剂，DNA 在电化学发光过程中的作用与三丙胺（TPrA）相同。基于此原理，由 Ti$_3$C$_2$T$_x$ 纳米片和萘芬构建的 ECL 能用于定量检测三丙胺，其检测的线性范围包括两个：10nmol/L～5μmol/L 和 10μmol/L～1mmol/L，检出限为 5nmol/L[12]。

总体而言，与大尺寸的 MXenes 相比，具有量子点形貌的 MXenes 在 ECL

领域应用得更加广泛，因为 MXenes 量子点自身具有良好的发光性能。MXenes 量子点可以替代毒性高、价格昂贵的三联吡啶钌。在此之前，诸多二维层状或非层状量子点能作为电子给体（electron donors）和电子受体（electron acceptors），比如硅量子点、石墨烯量子点、碳量子点、硫化钼量子点等，从而能实现电化学发光，其发光机制总体上遵循如下反应步骤：

$$QDs + e^- \longrightarrow QDs^- \cdot \tag{9.33}$$

$$QDs \longrightarrow QDs^+ \cdot + e^- \tag{9.34}$$

$$QDs^- \cdot + QDs^+ \cdot \longrightarrow QDs^* + QDs \tag{9.35}$$

$$QDs^* \longrightarrow QDs + h\upsilon \tag{9.36}$$

当额外加入一些共反应试剂（比如 TPrA 和 $K_2S_2O_8$），ECL 阳极上的量子点发光强度会改善；另一方面，无机纳米材料的发光特性还受所施加的电压影响。例如，以块体的 Ti_3AlC_2 作为前驱体，利用化学刻蚀法制备 $Ti_3C_2T_x$（T 为含氧官能团）量子点，在电压范围为 $0 \sim 2V$ 时，Ti_3AlC_2 量子点的发光性能得到改善[13]。

9.4　二维 MOF 基电化学发光传感器

金属有机化合物（MOF）具有良好的生物兼容性、超高的孔隙率和比表面积、尺寸可调、易于修饰和改性等多种特性；MOF 本身结构含有配位键连接的不饱和金属离子、有机配体，是潜在的催化活性位点，很多 MOF 具有类酶催化活性。目前，二维 MOF 纳米材料已被大量合成，比如 Zr/Hf 基二维 MOF（UiO-67-NS、hcp-UiO-67）等[14]；配体结构和成分的变化导致孔结构和性质变化，以及位阻效应和限域效应。MOF 的催化活性或类酶性与其所含的金属离子有关，金属离子是可能的催化活性位点；另外多孔结构、高表面积为环境污染物的"质量传递过程"创造了条件，因此 MOF 的上述特性皆能显著提高电化学发光传感检测的性能。二维 MOF 基 ECL 主要用于有机物的检测，有关其他类型的污染物检测研究还未报道。

单一或原始的 MOF 在电化学发光领域的发展受到了一定的限制，主要原因是原始的 MOF 仍然存在某些性能缺陷，包括导电性能差、稳定性低等，例如 MOF 遇到水蒸气易发生骨架的坍塌[15]。因此，若将 MOF 用于电化学发光领域，首先必须对其改性或者功能化。最常用的手段是将 MOF 和其他低维纳米材料复合，比如以掺杂和表面吸附的方式，将鲁米诺和三联吡啶钌（作为发光基团）与 MOF 及其复合材料结合，用于构建 MOF 基电化学发光传感器。通过共价修饰方式将共反应剂（比如三乙醇胺）修饰在 MOF 的表面或者内嵌在 MOF 腔内，与纳米材料发光剂（比如石墨烯氧化物或 g-C_3N_4）相互作用可以显著增强 ECL 信号。

块体 MOF 的尺寸较大，导电性能欠佳，作为电极材料（ECL 电极）会阻碍电极/溶液界面的反应。将块体 MOF 的厚度减薄形成多孔纳米片（作为 ECL 电极材料），能缩短电子传递的路程[16]。如果将共反应剂和 MOF 复合，还能缩短共反应剂（比如三乙胺，TEA）及其中间产物（比如 TEA·和 TEA$^+$·）传递路程，从而在整体上显著提高 ECL 性能。另外一种策略就是将无机发光材料（比如半导体量子点）与 MOF 复合，增强整体的电化学发光性能，同时 MOF 又能富集待测目标物（由于高的比表面积和孔隙率），实现传感分析性能的增强。例如，以 2-甲基咪唑为有机交联剂，以 $Zn(NO_3)_2 \cdot 6H_2O$ 作为 MOF 中 Zn^{2+} 的前驱体，与化学还原的石墨烯氧化物（rGO）-CdTe 量子点复合纳米材料混合，通过水热法合成 ZnMOF/rGO-CdTe 复合纳米材料。以 H_2O_2 作为共反应剂，ZnMOF/rGO-CdTe 复合材料修饰在玻碳电极表面能用于定量检测克仑特罗（瘦肉精）[16]。该电化学发光传感器对克仑特罗（CLB）检测的线性范围为 0.30pmol/L～0.60nmol/L，检出限为 0.1pmol/L[16]。克仑特罗与 ZnMOF/rGO-CdTe 复合材料之间的发光机制如下：

$$CLB - e^- \longrightarrow CLB^+ \cdot \tag{9.37}$$

$$CLB^+ \cdot \longrightarrow CLB \cdot + H^+ \tag{9.38}$$

$$H_2O_2 + CLB \cdot \longrightarrow CLB^+ + OH \cdot + OH^- \tag{9.39}$$

$$(rGO\text{-}CdTe\ QDs) + e^- \longrightarrow (rGO\text{-}CdTe\ QDs)^- \cdot \tag{9.40}$$

$$(rGO\text{-}CdTe\ QDs)^- \cdot + OH \cdot \longrightarrow (rGO\text{-}CdTe\ QDs)^* + OH^- \tag{9.41}$$

$$(rGO\text{-}CdTe\ QDs)^* \longrightarrow (rGO\text{-}CdTe\ QDs) + h\upsilon \tag{9.42}$$

上述反应过程说明：随着 CLB 浓度的增加，形成的激发态(rGO-CdTe QDs)* 的浓度也增加，从而电化学发光信号会增强。在上述复合材料中，rGO 主要用于担载 CdTe 量子点（CdTe QDs），促进电子的传递；而 ZnMOF 主要起到催化分解共反应剂 H_2O_2 形成 OH·的作用。

9.5 磷烯基电化学发光传感器

二维黑磷（或称为磷烯）具有可调的带隙、较高的载流子迁移率、双极性传

输特性 (ambipolar conduction ability)，在光电领域有着广泛的应用。除此之外，二维黑磷 (BP) 还具有优良的生物兼容性、生物可降解性，在生物医学等领域有潜在的开发前景。然而，二维磷烯在电化学发光传感分析领域应用较少，基于磷烯的 ECL 主要用于检测重金属离子。

利用二维 BP 作为电化学发光材料能实现对水体中 Pb^{2+} 的定量检测，并且无需共反应剂[17]。二维 BP 的制备采用液相剥离法，其表面修饰有一定量的溶剂分子 (比如 N,N-二甲基甲酰胺)，有利于后续的改性，比如在二维 BP 表面修饰适配子 (记为探针适配子)，当待测液中存在互补链 (一端被 Ag/AgCl 纳米粒子标记)，两种适配子能进行杂交，形成双链 DNA；当待测样品中含有 Pb^{2+} 时，两条单链 DNA 分子互补配对的结合力没有探针 DNA 与 Pb^{2+} 之间的结合力强，即探针分子会优先与 Pb^{2+} 复合，导致杂交形成的双链 DNA 发生解螺旋分离，改变了电子转移特性和电化学发光性能，从而实现对水体中 Pb^{2+} 的定量检测。上述二维 BP 基电化学发光分析法，BP 表面修饰的探针适配子及其互补链的碱基序列分别为：5′-NH$_2$-(CH$_2$)$_6$-TTTTTTGTATACCCACCCACCCACCC-ATGA-3′，5′-SH-TCATGGGTGGGTGGGTGGGTATAC-3′[17]。二维 BP 作为 ECL 阳极材料，其电化学发光机制如下：

$$BP-e^- \longrightarrow BP^+ \cdot \tag{9.43}$$

$$BP^+ \cdot + OH^- \longrightarrow BP \cdot + H_2O \tag{9.44}$$

$$BP^+ \cdot + BP \cdot \longrightarrow BP^* \tag{9.45}$$

$$BP^* \longrightarrow BP + h\upsilon \tag{9.46}$$

基于电化学过程，二维 BP 失去电子并与溶液中 OH^- 作用，形成激发态的 BP (即 BP^*)，再回到基态并释放出光。处于激发态的二维 BP 是施者，而 Ag/AgCl 纳米粒子是受者，通过电子转移-电化学发光机制实现对 Pb^{2+} 的定量检测。该电化学发光传感检测法对 Pb^{2+} 分析的线性范围为 0.5pmol/L～5nmol/L，检出限为 0.27pmol/L (3S/N)。

9.6 二维 TMDC 基电化学发光传感器

传统的电化学发光传感检测法中主要以 $Ru(bpy)_3^{2+}$ 和鲁米诺构成发光体系，但是上述发光反应过程比较慢，分析性能差。与之相比，无机纳米材料具有量子尺寸效应、高表面能和超高比表面积等优点，能弥补传统发光剂在电化学发光分析领域的不足。例如，金属纳米粒子与鲁米诺结合，在检测水体中 H_2O_2 表现出更好的分析灵敏度，因为金属纳米粒子（比如 Au 纳米粒子）能催化 H_2O_2 产生羟基自由基，促进电荷转移，形成的羟基自由基与鲁米诺阴离子发生反应，提高了鲁米诺自由基和超氧自由基的生成速率，提高具有电化学发光特性的中间物种的浓度。

二维 TMDCs 作为电化学发光体存在一定的缺陷，比如发光亮度或者强度不够，这些会导致传感检测法的灵敏度无法满足实际需求。在传统的电化学发光体系（鲁米诺-H_2O_2）中加入二维 TMDCs 及其复合材料，能加速反应过程，实现在分析性能上的协同效应，主要原因是纳米材料具有良好的催化活性，能促进传统发光材料的某些中间反应过程。

二维无机纳米材料等能催化氧化 Ru（bpy）$_3^{2+}$，形成还原活性较高的共反应剂，实现良好的电化学发光性能，这样能避免使用传统的共反应剂（比如草酸盐、烷基胺、氨基酸等）[18]。由于某些环境污染物，能降低或加快反应速率，比如某些重金属离子（Cr^{2+} 和 Cu^{2+}）能起到加速反应过程的作用，而某些有机物能降低反应速率。基于上述现象，二维无机纳米材料及其复合纳米材料能实现对无机金属材料或有机物的定量检测[18,19]。

9.6.1 水体中过氧化物的检测

贵金属纳米材料具有局域表面等离子体共振现象，这不仅能用于荧光传感检测，也能代替传统的共反应剂提高电化学发光传感检测性能，例如，利用半导体和金属纳米粒子之间的耦合实现对光吸收的调控，特别是金属纳米粒子的局域表面等离子体共振效应，能克服纳米材料电化学发光强度弱等缺点。然而，在半导体-金属纳米粒子构成的电化学发光体系中，金属成分主要使用贵金属，比如 Au、Pt 等，一般能提高 ECL 的分析性能。值得注意的是，负载在半导体纳米材料上的金属纳米粒子与鲁米诺之间的距离控制不好，反而会引起鲁米诺的电化学发光强度降低。此外，表面等离子体共振效应与金属纳米粒子表面电荷的浓度密切相关。除了贵金属纳米材料外，某些金属氧化物（比如 WO_{3-x} 和 MoO_{3-x}）和过渡金属硫化物（比如 $Cu_{2-x}S$ 和 MoS_2）也具有良好的等离子体共振效应，因此在一定程度上可以取代贵金属纳米粒子。

以二维 TMDCs 作为基底或者以适配子作为修饰物，二者皆能调控金属纳米粒子的表面电荷以及金属纳米粒子与鲁米诺之间的距离，其中 DNA 分子能将金属纳米粒子与鲁米诺隔开。例如，利用水热法将 MoS_2 纳米片和硫掺杂的 BN 量子点（S-BN QDs）进行复合（记为 MoS$_2$ 纳米片-S-BN QDs），可用于生物传感分析领域；MoS$_2$ 纳米片-S-BN QDs 表面修饰的 DNA 分子不仅可以提高对环境污染物的特异性，而且能防止 S-BN QDs 的电化学发光特性被 MoS$_2$ 纳米片猝灭。研究结果表明，在二者之间修饰单链的 DNA，DNA 链长度会影响 S-BN QDs 的发光强度[20]。以 DNA 为例，当 DNA 链长度小于 5nm 时，DNA 分子的存在会降低 S-BN QDs 的发光强度，主要原因在于 DNA 的电子传导能力差，S-BN QDs 和 MoS$_2$ 纳米片之间存在 ECL 能量共振转移效应，不利于 S-BN QDs 的激发态的形成。当 DNA 链长度达到 10nm 或者更长时，DNA 分子的存在却显著增强 S-BN QDs 的发光性能，因为能量共振效应削弱而等离子体共振效应得到加强。当 DNA 链的长度达到 8nm，上述两种效应达到平衡（S-BN QDs 的 ECL 回到未受影响的初始态，即未修饰 DNA 和 MoS$_2$ 纳米片）。因此，S-BN QDs 与 MoS$_2$ 纳米片构成的复合材料（S-BN/MoS$_2$），其电化学发光性能与表面的修饰物有关。

在 S-BN/MoS$_2$ 发光材料中，二维 MoS$_2$ 作为基质（促进电子传递），S-BN QDs 起主导作用，其化学发光机制如下[20]：

$$\text{S-BN QDs} + e^- \longrightarrow \text{S-BN QDs}^- \cdot \tag{9.47}$$

$$\text{S}_2\text{O}_8^{2-} + e^- \longrightarrow \text{SO}_4^{2-} + \text{SO}_4^- \cdot \tag{9.48}$$

$$\text{S-BN QDs}^- \cdot + \text{SO}_4^- \longrightarrow \text{S-BN QDs}^* + \text{SO}_4^{2-} \tag{9.49}$$

$$\text{S-BN QDs}^* \longrightarrow \text{S-BN QDs} + h\upsilon \tag{9.50}$$

S-BN QDs 所掺杂 S 的浓度与 B 或 N 的浓度相等时，能获得高强度的发光性能；掺杂 S 浓度过大会导致 BN QDs 的发光活性位点被覆盖。

与原始的 MoS$_2$ 纳米片相比，MoS$_2$ 纳米片基复合纳米材料作为共反应剂和催化剂，能加速电化学发光反应过程，显著提高电化学发光传感检测性能。例如，利用水热反应将 MoS$_2$ 纳米片和 Cu$_2$S 纳米花复合后，再与 Au 纳米粒子混合，形成三元复合纳米材料，即 MoS$_2$@Cu$_2$S-Au。Au 纳米粒子可作为生物探针分子的载体，在其表面修饰生物探针，保证对环境污染物的较高特异性。此外，MoS$_2$@Cu$_2$S-Au 作为共反应剂能显著提高纳米发光材料（比如 ZnAgInS/ZnS 纳米复合材料）的发光强度[21]。

正如在比色传感检测法中所提及的，很多二维纳米材料及其复合材料具有良好的类酶催化活性，这种特性能用于提高鲁米诺-H$_2$O$_2$ 体系的电化学发光过程。例如，MoS$_2$ 纳米片具有类过氧化氢酶活性，能催化 H$_2$O$_2$ 形成强化型的羟基自由基；另外，金属纳米粒子（比如 Ag、Au 纳米粒子）也能催化 H$_2$O$_2$ 产生活性氧化物种（ROS），提高鲁米诺-H_2O_2 体系的电化学发光性能，因此将 MoS_2 纳米片和 Ag、Au 等金属纳米粒子复合可以产生协同催化效应。

9.6.2 水体中有机物的检测

将二维 TMDCs 及其复合纳米材料融入 ECL 中，以鲁米诺-H_2O_2 反应体系的 ECL 催生出多种分析方法，其本征或基本策略是：通过表面修饰生物材料（比如酶），扩大检测对象的范围；不仅能检测 H_2O_2，而且可以检测其他有机污染物或者小分子物质。例如，在 MoS_2 纳米片-Ag 纳米粒子-聚苯胺（PANI）修饰胆固醇酶，可以用于检测水体中胆固醇浓度，因为胆固醇酶分解胆固醇能产生 H_2O_2，从而催化氧化鲁米诺，产生电化学发光现象[22]。除了催化氧化鲁米诺外，MoS_2 纳米片和一些导电性良好的纳米材料复合，比如 MoS_2 纳米片-石墨烯-Au 纳米粒子，也能促进电子快速转移或传递，起到信号放大的作用[23]。该电化学发光传感方法对胆固醇的检测线性范围和检出限分别为 3.3nmol/L～0.45mmol/L 和 1.1nmol/L（3S/N）。

9.7 总结和展望

石墨烯族、MXenes、二维 MOFs、磷烯和二维 TMDCs 及其复合材料皆被用于 ECL 领域，并且以石墨烯族及其复合纳米材料居多。但总体而言，有关二维纳米材料用于检测环境污染物的 ECL 研究仍然很少；基于二维纳米材料的 ECL，仍需要共反应剂的参与，主要基于鲁米诺、TPrA、三联吡啶钌等反应线路，并且 ECL 可开发的发光体系比较单一。因此，将来构建无共反应剂的 ECL 仍然是值得研究的方向。

参考文献

[1] Dufford R T, Nightingale D, Gaddum L W. Luninescence of grignard compunds in electric and magnetic fields, and related electrical phenomena [J]. Journal of the American Chemical Society, 1927, 49: 1858-1864.

[2] Cheng C, Huang Y, Wang J, et al. Anodic electrogenerated chemiluminescence behavior of graphite-like carbon nitride and its sensing for rutin [J]. Analytical Chemistry, 2013:

85 (5)：2601-2605.

[3]　Deng Y N，Chang Q Y，Yin K，et al. A highly stable electrochemiluminescence sensing system of cadmium sulfide nanowires/graphene hybrid for supersensitive detection of penta-chlorophenol [J]. Chemical Physics Letters，2017，685：157-164.

[4]　Cheng C，Huang Y，Tian X，et al. Electrogenerated chemiluminescence behavior of graphite-like carbon nitride and its application in selective sensing Cu^{2+} [J]. Analytical Chemistry，2012，84 (11)：4754-4759.

[5]　Zhou Z，Shang Q，Shen Y，et al. Chemically modulated carbon nitride nanosheets for highly selective electrochemiluminescent detection of multiple metal-ions [J]. Analytical Chemistry，2016，88 (11)：6004-6010.

[6]　Chen S，Li A，Zhang L，et al. Molecularly imprinted ultrathin graphitic carbon nitride nanosheets-Based electrochemiluminescence sensing probe for sensitive detection of perfluo-rooctanoic acid [J]. Analytica Chimica Acta，2015，896：68-77.

[7]　ShaY，Zhang X，Li W，et al. A label-free multi-functionalized graphene oxide based elec-trochemiluminscence immunosensor for ultrasensitive and rapid detection of Vibrio parahae-molyticus in seawater and seafood [J]. Talanta，2016，147：220-225.

[8]　张婷婷. 污染物基因毒性的微纳米基电化学发光传感方法研究 [D]. 大连理工大学，2015.

[9]　Liu X，Li Q，Shu J，et al，N-(4-Aminobutyl) -N-ethylisoluminol/CoFe$_2$O$_{4/}$graphene hy-brids with unique chemiluminescence and magnetism [J]. Journal of Materials Chemistry C，2017，5 (30)：7612-7620.

[10]　Kerr E，Alexander R，Francis P S，et al. A comparison of commercially available screen-printed electrodes for electrogenerated chemiluminescence applications [J]. Frontier Chemistry 2020，8：628483.

[11]　Shang L，Wang X，Zhang W，et al. A dual-potential electrochemiluminescence sensor for ratiometric detection of carcinoembryonic antigen based on single luminophor [J]. Sensors and Actuators B：Chemical，2020，325.

[12]　Fang Y，Yang X，Chen T，et al，Two-dimensional titanium carbide (MXene) -based solid-state electrochemiluminescent sensor for label-free single-nucleotide mismatch dis-crimination in human urine [J]. Sensors and Actuators B：Chemical，2018，263：400-407.

[13]　QinY L，Wang Z Q，Liu N Y，et al，High-yield fabrication of Ti$_3$C$_2$T$_x$ MXene quantum dots and their electrochemiluminescence behavior [J]. Nanoscale，2018，10 (29)：14000-14004.

[14]　Tan C，Liu G，Li H，et al. Ultrathin two-dimensional metal-organic framework nanoshe-ets—an emerging class of catalytic nanomaterials [J]. Dalton Transactions，2020，49：11073-11084.

[15]　Zhou J J，Li Y，Wang W J，et al. Metal-organic frameworks-based sensitive electrochem-iluminescence biosensing [J]. Biosensors & Bioelectronics，2020，164.

[16]　Hu X X，Zhang H，Chen S H，et al. A signal-on electrochemiluminescence sensor for clenbuterol detection based on zinc-based metal-organic framework-reduced graphene oxide-CdTe quantum dot hybrids [J]. Analytical and Bioanalytical Chemistry，2018，410

(30)：7881-7890.

[17] Wang Y H，Shi H H，Zhang L N，et al. Two-dimensional black phosphorus nanoflakes：A coreactant-free electrochemiluminescence luminophors for selective Pb^{2+} detection based on resonance energy transfer [J]. Journal of Hazardous Materials，2021，403.

[18] Zhang Y，Yin H，Jia C，et al. Electrogenerated chemiluminescence of Ru (bpy)$_3^{(2+)}$ at MoS_2 nanosheets modified electrode and its application in the sensitive detection of dopamine [J]. Spectrochimica Acta Part A Molecular & Biomolecular Spectroscopy，2020，240：118607.

[19] Khajvand T，Chaichi M J，Nazari O，et al. Application of Box-Behnken design in the optimization of catalytic behavior of a new mixed chelate of copper (II) complex in chemiluminescence reaction of luminol [J]. Journal of Luminescence，2011，131 (5)：838-842.

[20] Liu Y，Nie Y，Wang M，et al. Distance-dependent plasmon-enhanced electrochemiluminescence biosensor based on MoS_2 nanosheets [J]. Biosensors and Bioelectronics，2020，148：111823.

[21] Wang C，Liu L，Liu X，et al. Highly-sensitive electrochemiluminescence biosensor for NT-proBNP using MoS_2 @ Cu_2 S as signal-enhancer and multinary nanocrystals loaded in mesoporous UiO-66-NH_2 as novel luminophore [J]. Sensors and Actuators B：Chemical，2020，307：127619.

[22] Ou X，Tan X，Liu X，et al. A cathodic luminol-based electrochemiluminescence biosensor for detecting cholesterol using 3D-MoS_2-PANI nanoflowers and Ag nanocubes for signal enhancement [J]. RSC Advances，2015，5 (81)：66409-66415.

[23] Liu Y M，Zhou M，Liu Y Y，er al. A novel sandwich electrochemiluminescence aptasensor based on molybdenum disulfide nanosheet-graphene composites and Au nanoparticles for signal amplification [J]. Analytical Methods，2014，6：4152.

第 **10** 章

环境污染物的场发射晶体管传感分析法

10.1 引言

晶体管是能对电信号起到整流、开关以及信号放大等功能的基本有源器件，它的发现和发展开辟了电子学和电子器件研究的新篇章，特别是在计算机上的应用，极大地解放了人类的生产力。晶体管主要包括普通的二极/双极晶体管、金属-氧化物-半导体场效应或场发射晶体管、结型场效应晶体管（JFET）。普通的晶体管和场发射晶体管的区别在于工作原理。前者主要利用输入电流控制输出电流，后者依赖电压（电场）控制电流。场发射晶体管主要用到了场发射效应，即导电沟道材料在强场作用下，其表面势垒宽度变窄（降低表面势垒），电子可以利用隧穿效应实现导电。最早有关此现象的描述是针对金属材料的场致发射现象，典型的理论公式如下：

$$J = \frac{AE^2}{\Phi t^2(y)} \exp\left[-B\Phi^{3/2}E^{-1}\theta(y)\right] \tag{10.1}$$

$$\theta(y) = 0.95 - y^2 \tag{10.2}$$

$$y = 3.79 \times 10^{-4} E^{1/2} \Phi^{-1} \tag{10.3}$$

式中　E——电场强度；

　　　Φ——功函数；

　A、B——与材料功函数有关的常数；

　　　y——Schottky 效应对势垒的消减率（可查表获得）；

　　　J——从金属表面发射出的电流密度；

$t(y)$、$\theta(y)$——y 的函数，$t(y)$ 的取值接近 1。

（晶体）材料的导电是体内的载流子（电子或空穴）定向运动产生净电荷的结果，即导带上出现了"自由"载流子（从载流子状态上讲）。由于金属材料内载流子（电子）几乎没有迁移能垒，因此场发射晶体管一般用半导体材料作为沟道材料。在半导体中，参与导电的载流子主要包括电子和空穴，空穴也被称为正电子，是一种等效的带电体。在未施加外电场时，半导体导电过程的主要动力源是热激发，即会有一定量的价带电子跃迁到导带，产生电子-空穴对；跃迁到导带的电子会有一部分跃迁回价带的空状态，产生电子-空穴的复合。半导体中载流子移动的能垒源于原子核和电子对其周期性的"约束"，因此电子波函数满足布洛赫波特征。固体材料中载流子行为与其尺寸、表面态、外场等因素有关，而场效应晶体管（field effect transistor，FET）就是通过改变外加电场调控载流子行为的器件。

场效应晶体管传感分析法，简称为场发射传感法（如图 10.1），结构主要包括源（source）电极、漏（drain）电极、栅（gate）电极。场效应晶体管传感法主要通过调控栅电压，测试流经沟道材料（位于源电极和漏电极之间）的电流与栅电压的相互关系，以及电流-栅电压之间的关系如何受到环境污染物在沟道材料表面作用的影响，从而获得环境污染物的浓度和结构等信息，在上述过程中源电极和漏电极之间的电压一般保持恒定。

源电极和漏电极（沉积在沟道材料上）必须具备良好的导电性能，常用金和银电极，因为只有这样才能保证实现栅电压对沟道材料中载流子行为的调控[1,2]。栅电极一般用重掺杂的硅和高介电常数的金属氧化物构成，为了消除电极与沟道材料之间的接触电阻，常需要把栅电极做出"四探针"结构，即具有四个接触角，能同时测定横向电压（V_{xx}）和垂直电压（V_{xy}）[1]。

根据沟道材料中载流子传导的类型，FET 可分为结型场效应晶体管和金属-氧化物-半导体场效应晶体管；根据沟道材料的组成成分或者传感元类型，FET 传感法包括化学和生物 FET 传感法。其中，FET 生物传感法是指沟道材料修饰或含有生物组成成分，比如 DNA 分子、酶、抗体等；另一类 FET 生物传感法是指检测的目标物是生物分子。场效应晶体管传感法具有诸多的优势，包括灵敏度高、检测速度快、器件结构简单等，可用于各种目标物，包括气体分子、金属离子、有机物、生物分子等[3]。

目前在环境分析领域，绝大部分 FET 都属于结型场效应晶体管。根据沟道材料的导电类型，这类结型场效应晶体管可分为 n 型器件和 p 型器件。沟道材料位于源电极和漏电极中间，当无外界作用时（光场或电场），沟道材料中电子和

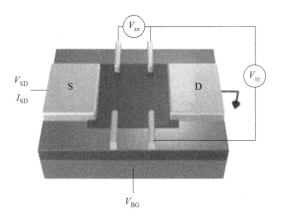

图 10.1　场发射晶体管（多通道栅电压）示意图

V_{SD} 和 I_{SD} 分别代表源电极和漏电极之间电压和电流；V_{BG} 代表背栅电压

空穴主要是由热学过程决定，温度波动会导致能量涨落，少部分的热电子从价带跃迁到导带形成在晶体中自由移动的电子，当其靠近空穴时就有可能落入价带中的空轨道，发生电子和空穴的湮灭或复合，保持整个晶体的电荷处于热力学动态平衡状态。当外部环境对沟道材料施加干扰时，比如施加电场，载流子的热平衡状态被打破，产生过剩载流子。把多子类型为电子或者以电子导电为主的沟道材料称为 n 型导电体或器件，反之则称为 p 型器件。由于 n 型器件中起导电作用的载流子是电子，因此栅电压越正，其导电能力越强；例如，以二维 MoS_2 纳米片作为沟道材料，形成的 FET 属于 n 型器件；对于 p 型器件，栅电压越负，其导电能力越强。

从材料的维度分类，用于构建 FET 传感器的沟道材料包括一维、二维及其复合纳米材料。其中，二维纳米材料有望取代传统的 FET 材料（比如硅、金属氧化物），因为这类新型纳米材料在构建低能耗、微型 FET 传感器方面具有诸多的优势，能克服摩尔定律（Moore's law）的限制。另外，二维层状半导体纳米材料具有较高的比表面积、超薄的平面结构和开/关电流比，这些特点赋予二维纳米材料基 FET 传感器高灵敏度[4,5]。FET 传感器的检测原理是基于吸附目标物对通道或者沟道材料电阻的改变，与此同时电流也会变化，栅极电压能调节 FET 通道中的电流，总体而言 FET 传感器仍然属于电阻传感器[6]。

沟道（channel）电流与沟道材料的自身性质有关，比如载流子的浓度和迁移率；当栅电极施加一定电压时，不仅会改变沟道材料中载流子的迁移行为，而且会诱发沟道材料产生内建电场（E_{int}），这种内建电场会产生与外电场相反的作用力，其作用是阻碍载流子在外电场作用下受迫迁移或扩散，一般过剩载流子

的浓度与内建电场关系满足泊松方程（比如沿 x 方向）:

$$\Delta E_{int} = \frac{e(\delta p - \delta n)}{\varepsilon_s} = \frac{\partial E_{int}}{\partial x}$$ (10.4)

式中　δ_p——过剩空穴浓度;

　　　δ_n——过剩电子浓度;

　　　e——元电荷;

　　　ε_s——半导体材料的介电常数。

　　FET 传感法的分析性能主要由两方面的因素决定。第一类因素特指各单元的组成结构，包括源电极、漏电极、栅电极、电极之间所施加的电压（偏置电压），以及基底或衬底半导体材料的掺杂水平、电极与沟道（channel）材料的接触面或接触方式（欧姆接触或肖特基基础）、介电特性，这些属于 FET 传感器的内在因素[3]。一般当漏电极与源电极之间施加的电压（V_{DS}）较小时，漏电极与源电极之间呈准欧姆电阻特性，并且漏电极的电流与电压成线性关系。通过检测源-漏电流（源-漏电压恒定时）随栅极电压的变化规律，可判定电极与沟道材料的接触方式。在上述过程中，电流和栅电压遵循的方程如下[3]:

$$I_D = \frac{\varepsilon_i W}{t_i L}\mu V_{DS}\left(V_G - V_T - \frac{V_{DS}}{2}\right)$$ (10.5)

　　当施加的 V_{DS} 较高时，沟道材料处于"关闭"状态，FET 中载流子的传递特性满足如下方程:

$$I_D = \frac{\varepsilon_i W}{2t_i L}\mu (V_G - V_T)^2$$ (10.6)

式中　ε_i——绝缘栅极介电系数;

　　　t_i——绝缘栅极介电层的厚度;

　　　W——沟道的宽度;

　　　L——沟道的长度;

　　　μ——沟道材料的载流子的迁移率;

　　V_T——阈值电压;

　　V_G——施加的栅极电压;

　V_{DS}——漏电极与源电极间施加的电压。

　　当施加的电压高于阈值电压（V_{th}）时，载流子的密度（n）满足如下方程:

$$n = \alpha(V_G - V_{th})$$ (10.7)

式中　n——载流子的密度;

　　V_{th}——阈值电压;

　　V_G——栅电压；

　　α——与栅材料的介电常数和厚度有关的常数。

　　对于厚度为 300nm 和门电容为 $11.5nF/cm^2$ 的 SiO_2 栅材料，$\alpha = 7.2 \times 10^{10} cm^{-2} \cdot V^{-1}$。根据式（10.7）可知，影响 FET 传感分析性能的另一类主要因素是沟道材料的选择和设计，包括沟道材料的形貌、组成和层厚度，皆会改变载流子的迁移率和浓度。因此，沟道材料是 FET 传感器最重要的组成部分，当其他条件不变时，沟道材料的设计直接决定了 FET 的灵敏度、检出限、选择性等性能。

　　根据形貌分类，沟道材料经历了从传统的块体材料到单分子。传统的沟道材料主要集中在块体的硅和金属氧化物上，而现今单分子器件逐渐引起了广泛的关注，因为它能研究微观下的电荷行为。根据沟道材料的接触方式可以把 FET 分为结型场效应管和金属-氧化物半导体场效应管，简称为 MOSFETs。二维层状半导体材料除具备其他低维纳米材料的优点外，还具有较高的迁移率、可调控的能带结构，其光吸收范围覆盖从红外到紫外的超宽频段，能制备成超轻、超薄、超柔的沟道。此外，二维层状纳米材料具有超薄结构特性与低温加工工艺，能与传统硅基半导体材料兼容等特点，这些优点保证了二维层状半导体材料能克服 FET 器件的短沟效应（导致沟道热噪声增大），避免产生过量噪声，能直接调控栅电极的电压，从而控制载流子特性或行为。

　　二维材料的超薄原子平面结构能强化对载流子的控制过程，主要利用库仑散射和 Kondo 效应等介观机制，实现对载流子的行为调控，抑制短沟效应（short channel effect）。二维超薄平面结构导致晶格周期性在表面处中断，在其表面附近出现定域的电子态，即先前具有布洛赫波形式的电子波函数发生变化：波矢 k 由实数变成了复数形式，产生表面态。与之相反，二维纳米材料对应的母体或块体材料的波函数是非定域的，电子波函数能扩展到整个晶体范围。表面态对于原子实的位置或者表面势长分布非常敏感，这为调控二维超薄纳米材料的性质提供了理论指导。

　　载流子行为调控的程度与 FET 类型密切有关，单纯的固态栅介质（非溶液介质）对载流子浓度调控的极限值 $<10^{13} cm^{-3}$，而在溶液环境中的 FET 能更大幅度地调控载流子，即使施加的偏压小于 5V，载流子浓度也能轻而易举地达到 $>10^{13} cm^{-3}$，主要原因是纳米材料与溶液之间形成双电层效应（双电层厚度特别薄，即使施加较小的电压，也能产生特别强的电场）。

　　与其他低维纳米材料相比，二维材料的表面吸附环境污染物（存在电荷转移或偶极-偶极作用）对其电子能带结构的影响更加显著（具有超薄平面结构），即使是物理吸附，也能发生 p-n 型转变。因此，与基于一维纳米材料的 FET 或者传统的 MOSFET 相比，利用二维纳米材料构建 FET 传感器，能显著提高灵敏度。二维纳米材料具有高比表面积，能担载更多的传感元，从而显著增强检出信号，降低检出限。以检测气体为例，MOSFETs 对氢气的检出限范围为 $10^{-4} \sim 10^{-3}$ 级，对二氧化氮的检出限为 10^{-6} 级；而基于二维半导体材料的 FET 传感器对氢气和二氧化氮的检出限可达到 10^{-6} 级，检测浓度甚至低于 10^{-9} 级[3]。此外，利用二维纳米材料构建 FET，能检测多种目标物，比如二维 $2H\text{-}MoS_2$ 作为一类性能优良的沟道材料（channel material），可用于检测二氧化氮、氨气、金属离子、有机小分子、生物材料（核苷酸、蛋白质和微生物）等物质[7]。

根据环境污染物的类别及其所处环境的差异（水溶液或非水溶液），FET 传感器检测气体主要依赖气体在沟道材料表面的物理吸附或偶极-偶极相互作用力，此现象在背栅式场效应晶体管中尤其明显。与检测空气介质中污染物相比，利用 FET 传感器检测水介质中环境污染物将面临更大挑战，主要原因在于水环境中影响因子繁多，并且与环境污染物相互作用力复杂，包括静电相互作用、双电层效应、德拜屏蔽效应等。因此，检测这类污染物一般需要构建液栅式的场发射传感器，即以待测溶液作为栅介质。

为了防止待测溶液溢出，提高液栅式场发射传感器的栅电压对载流子调控的效率，一般将导电沟道制备成微型腔体（起到密封、防溢流作用），为待测样品溶液提供了封闭的检测环境。基于液栅结构的场发射晶体管无法精确调控电场分布（非线性分布），而埋栅结构的场发射晶体管能克服此问题，其栅介质是由非常薄的固体构成，避免了背栅结构中使用较厚的栅介质所带来的高电压（栅极电压超过了人体安全电压，在生物体内使用受限）。此外，埋栅结构的场发射晶体管能在空气环境中使用，具有较强的灵活性，拓宽了其使用范围，同时提高了分析的灵敏度。

10.2　石墨烯族基场发射晶体管传感器

石墨烯具有比表面积大、导热和导电性能高、力学性能好、开/关电压低等优点，将其作为场发射晶体管构件，能提高基于场发射晶体管传感检测法的敏感度，同时能降低功耗。石墨烯常用于构建弹道输运晶体管和平面场效应晶体管，观察石墨烯的基本理化性质，特别是载流子的输运现象（比如量子干涉效应）。石墨烯和其他二维层状纳米材料一样，其原子层厚度的二维平面赋予其灵敏的表面态，这是它应用在场发射晶体管检测领域最根本的优势。当石墨烯表面物理/化学吸附环境污染物时，其电子输运性质发生显著的改变，因此石墨烯的电子输运性质（本征特性）与环境污染物浓度、性质存在一定的相关性，这是场发射晶体管检测的理论基础。石墨烯作为导电沟道材料，与环境污染物之间的作用对其载流子特性的影响，不仅能反映石墨烯本体材料的性质，而且能反映本体性质随外来物（环境污染物）作用的影响规律。

由于石墨烯的半金属特性（低的开/关电流比），在 FET 传感器领域应用的石墨烯材料主要以表面功能化的石墨烯为主。纯净的石墨烯是化学惰性（碳原子饱和成键），与很多环境污染物的作用属于物理吸附，因此以纯石墨烯作为沟道材料用于检测环境污染物往往表现出较差的灵敏度和选择性。值得注意的是，大部分制备方法获得的石墨烯或多或少含有杂质官能团，这些杂质的存在有利于后续的改性或功能化，一定程度上提高石墨烯基 FET 传感器的灵敏度。FET 传感器检测的目标物，其所处的环境介质包括两种：空气和水溶液。在空气介质中，FET 传感器主要用于检测小分子量的气体分子，比如 H_2、O_2、H_2O、NH_3、NO、NO_2 和 CO；在水溶液中，检测的目标物相对而言更加广泛，相关的研究也更多，在生物医学和环境分析领域有着广泛的应用价值。

因为在多溶液介质环境中，石墨烯也具有良好的稳定性，在构建针对溶液中环境污染物时，石墨烯基 FET 传感器具有内在优势；利用石墨烯或石墨烯基复合材料构建的场发射晶体管能用于快速、准确检测多种环境变量或目标物，比如监测的水质变量或目标物[6]。一些介孔聚合物材料包覆在石墨烯表面能提高石墨烯抗污染性能，在检测重金属离子领域具有广泛的应用前景，并且多孔聚合物不会阻碍重金属离子与石墨烯表面的作用。石墨烯和聚合物之间属于物理作用，对石墨烯的理化性质不会带来显著的影响（不会干扰检测），因此不会影响石墨烯对重金属离子检测的灵敏度。

10.2.1　水体中重金属离子的检测

石墨烯的超薄、富含杂原子官能团平面为其表面功能化或改性创造了无限可能性。虽然原始的、未功能化的石墨烯的边缘活性位点能吸附重金属离子，但缺乏对重金属离子的选择性。因此，一般需将石墨烯和其他纳米材料复合，比如有机聚合物、共价有机框架化合物、DNA、蛋白质等，作为检测重金属离子的传感元。

在电化学、荧光、比色等传感分析领域的很多策略都能用于 FET 传感器，比如利用 T-Hg^{2+}-T 络合作用, 保证对 Hg^{2+} 的高选择性传感检测。在石墨烯表面修饰富含碱基 T 的单链 DNA, 比如 5′-(NH$_2$)-TTCTTTCTTCCCCTTGTTTGT-3′, 当待测液中含有 Hg^{2+}, 能使 2 条失配的单链 DNA 杂化 (T-Hg^{2+}-T) 或者富含碱基 T 的单链 DNA 自身构型发生改变, 从而实现对水体中 Hg^{2+} 的定量检测, 其检出限能达到 0.5nmol/L[8]。

将共价有机框架化合物 (COFs) 和石墨烯物理复合, 不仅保持了石墨烯的优良理化性质, 而且提高了石墨烯抗污染性能, 防止石墨烯与水体中其他成分之间的物理作用 (比如氢键), 从而有效避免对环境污染物的检出信号造成假阳性或假阴性。COFs 是一种由 B、C、O、N、H 等元素通过大量共价键连接而成的框架结构, 具有丰富的孔结构、良好的热稳定性等, 适合作为沟道材料。例如, 利用 CVD 生长石墨烯薄膜, 将转移、剥离后的石墨烯薄膜与 COF 前驱体 (硼酸和邻苯二酚) 混合, 通过溶剂热发生原位聚合反应, 形成 COF 包覆的石墨烯薄膜 (石墨烯@COF)。石墨烯@COF 作为沟道材料能特异性地与 Hg^{2+} 作用, 检出限低至 0.1nmol/L[9]。石墨烯场效应晶体管表现出双极性导电效应, 源于石墨烯的结构具有各向异性。在源-漏电流和栅电压的关系曲线中, 存在一个导电最小点, 即 Dirac 点 (V_{Dir}) 或电中性点 (V_{CNP}), 此点会随着石墨烯表面吸附物的类别和浓度不同而发生漂移, 这是石墨烯基场发射晶体管检测环境污染物的基本原理之一。当施加的栅电压 (V_g) 小于 V_{CNP} 时, 主要载流子是空穴, 增加 V_g 会导致沟道材料中电流降低; 当施加的栅电压 (V_g) 大于 V_{CNP} 时, 主要载流子是电子, 增加 V_g 会导致沟道材料中电流增大。

10.2.2 水体 pH 检测

针对处于溶液体系中环境污染物, 石墨烯基 FET 传感器的 Dirac 电压依赖于 pH, 因此能用于定量检测溶液的 pH。不同制备方法获得石墨烯材料往往具有不同的表面特性, 比如表面所含的杂原子、分子的类型或结构缺陷 (种类和数量), 形成的石墨烯基 FET 传感器的分析性能也具有较大差异。以化学气相沉积法 (CVD) 制备的石墨烯为例, 不同的沉积基底和温度会影响石墨烯的电子场发射开启电场强度。作为沟道材料的总体要求是尽可能保证石墨烯自身的纯度或者高质量, 因为石墨烯表面受污染会改变其电学性质, 比如降低载流子迁移速率。因此, 石墨烯的制备一般采用机械剥离法和化学/物理气相沉积法, 而其他方法 (比如水热或溶剂热法) 制备的石墨烯含有多种溶剂分子, 可降低石墨烯材料对环境污染物的选择性和灵敏度。

石墨烯基 FET 传感器对溶液 pH 变化存在如下规律: 一般溶液中 H^+ 浓度降低 (或者 OH^- 浓度增加) 导致石墨烯 Dirac 电压发生正偏移。在高 pH 值的溶液中石墨烯表面会倾向于累积较多的空穴, 从而改变石墨烯的双电层结构, 导致电流-电压相关曲线发生较大变化; 在低 pH 值的待测液中含有大量的水合氢离子, 所以石墨烯表面会累积更多的电子, 导致石墨烯的 Dirac 电压产生负偏移。石墨烯的尺寸越小, 对待测液的 pH 也越敏感, 比如石墨烯纳米带作为导电沟道材料比原始的或未修饰的石墨烯更加灵敏, 因为小尺寸的石墨烯具有更多的边缘活性位点[10]。目前, 利用 FET 传感器检测溶液 pH 值仍面临诸多挑战, 特别是溶液含有高浓度的支持电解质或缓冲液对 OH^- 和 H^+ / $[H_3O^+]$ 检测干扰较大。

通过化学气相沉积法在铜箔上生长出石墨烯薄膜 (作为导电沟道材料), 经过转移、刻蚀和沉积等步骤组建 FET 器件, 将不同 pH 的待测缓冲液滴在沟道材料表面能获得溶液中 OH^- 和 H^+ / $[H_3O^+]$ 浓度信号, 克服溶液中支持电解质或者缓冲液的影响[6]。该 FET 传感器能分辨出溶液中其他离子, 分辨的基础在于 Dirac 电压偏移方向 (正向或负向) 和偏移幅度。例如, 以不同 pH 的磷酸缓冲液 (0.05mol/L) 作为待测物, 利用氢氧化钠调控其 pH, 按 pH = 6.0、6.5、7.0、7.5 和 8.0 的顺序增加时, 其 Dirac 电压向负方向偏移, 平均幅度为 −78mV/pH。使用不同酸或碱性溶液调控磷酸缓冲液 (浓度为 0.05mol/L) 的 pH, 其 Dirac 电压偏移的平均幅度存在较大差异。一般用盐酸调控磷酸缓冲液 pH, Dirac 电压偏移的平均幅度为 −38mV/pH; 用氢氧化钾调控磷酸缓冲液 pH, Dirac 电压偏移的平均幅度为 −7mV/pH。总体而言, 上述三种情况下, 电压的偏移方法都是一致的。因此, 利用石墨烯基 FET 传感器检测溶液的 pH 时, 需要说明溶液所含其他离子的浓度和种类, 这也是此传感器的不足之处。

10.2.3　水体中细菌的检测

世界卫生组织统计数据表明: 人类的很多传染病都跟细菌感染有关, 比如沙门菌、链球菌、肺炎双球菌、炭疽杆菌、白喉杆菌、破伤风杆菌。我国也规定了城市供水水质 (CJ/T 206—2005) 和生活饮用水卫生相关标准 (GB 5749—2006), 水体中微生物不得超过 80CFU/mL 和 100CFU/mL[11]。目前, 对细菌的定量检测方法主要包括酶联免疫吸附测定法、侧向层析技术 (lateral flow assays)、场发射晶体管传感检测法、电化学传感分析法 (主要基于循环伏安法、阻抗谱) 等[12]。上述分析方法基本上需要使用生物探针, 比如天然抗菌肽链

（抗菌肽）、β-内酰胺类抗生素、多黏菌素、糖肽等。

单一的生物材料作为传感元，易受检测环境（温度和湿度等）的影响。随着纳米材料制备和表征技术的进步，将纳米材料与生物材料复合可显著提高对细菌、病毒等病原体的分析检测性能，特别是稳定性。这种利用生物分子修饰纳米材料，产生新功能的过程被称为纳米材料的生物分子功能化。常用的方法包括两类：非共价功能化和共价功能化。非共价功能化主要基于 π-π 堆垛、静电力、氢键、疏水作用力；非共价功能化的修饰过程简单，对纳米材料和生分子的生化活性或其他性质的影响可忽略不计，但是非共价修饰会导致传感分析性能的稳定性不佳。共价功能化主要是利用石墨烯表面的含氧官能团，与酶、抗体、蛋白质等表面的氨基反应（比如在适配子一端修饰氨基），形成酰胺共价键；共价功能化能显著提高传感分析的稳定性和其他性能指标，但是共价功能化过程相对更加复杂。目前，基于生物传感元的场发射晶体管传感器应用更加普遍，主要原因是指数富集的配体系统进化技术（SELEX）进步，加快了生物探针的筛选进程，降低了设计成本。

在低维纳米材料中，石墨烯具有高比表面积、大量的杂质官能团（主要在制备过程中极易引入的含氧官能团）、优良的生物兼容性，与含有 π 键的生物分子通过 π-π 堆垛或吸引，导致其表面功能化过程非常方便和灵活，并且能担载大量的传感元。这些修饰物作为传感元和交联剂将用来调控石墨烯的亲疏水性，防止层间堆垛，促进层间电荷传递，从而提高传感分析性能。特别是对单原子厚度的石墨烯的修饰或功能化，这种优势更加明显，因为单层石墨烯的全部碳原子都暴露在表面，皆参与对待测物识别/交互作用过程中。

生物分子或有机物修饰能调控石墨烯的本体性质，比如石墨烯的水溶性、生物兼容性、表面电荷（改变石墨烯中电子的隧穿势垒）。表面带负电的石墨烯或石墨烯氧化物能吸附带正电荷的病毒（主要与含氧官能团作用），比如石墨烯能识别和破坏埃博拉病毒蛋白（VP40）[13]。根据病毒或者细菌的细胞、分泌的特殊蛋白、DNA/RNA 序列或者生物标记物，在石墨烯表面修饰与之互补的单链 DNA，利用碱基序列互补配对原则能实现对特定目标物的检测。因此，除了原始的石墨烯外，在分子尺度下通过对石墨烯进行表面功能化，比如嫁接一些短链的适配子、多肽等生物分子，能实现对多种致病菌的检测[14]。

利用双氧水和辣根过氧化物酶联合氧化石墨烯氧化物，形成多孔石墨烯，具有 p-型半导体特性，并在其表面共价修饰抗菌肽（Magainin Ⅰ），其氨基酸序列为 Gly-Ile-Gly-Lys-Phe-Leu-His-Ser-Ala-Gly-Lys-Phe-Gly-Lys-Ala-Phe-Val-Gly-Glu-Ile-Met-Lys-Ser，能用于水体中大肠埃希菌和沙门菌的定量检测[15]。抗菌肽能通过与病原体的表面细胞作用（比如大肠埃希菌），促进多孔石墨烯和细菌之间的电荷传递，界面电荷传递会消耗多孔石墨烯（由化学还原法制备）中多子（空穴），实现对大肠埃希菌（$E.coli$ O157：H7）和沙门菌的定量检测。本质上该 FET 传感器仍然属于电阻传感器。与 rGO、原始的单壁碳纳米管和氧化的单壁碳纳米管相比，由多孔 rGO 构建的 FET 传感器具有更好的灵敏度[15]。基于多孔石墨烯的 FET 传感器对大肠埃希菌检测的线性范围和检出限分别为 $10^4 \sim 10^7$ CFU/mL 和 803 CFU/mL，检测的装置如图 10.2 所示。

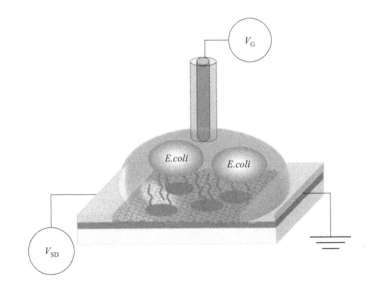

图 10.2　基于多肽修饰化石墨烯的 FET 检测革兰氏阴性菌细胞的示意图[15]

10.3　二维 TMDC 基场发射晶体管传感器

原始的或未功能化的石墨烯属于半金属材料，具有无阈值电压或开启/关闭电流低等特点，原则上不适合直接作为 FET 传感器的沟道活性材料。尽管通过施加电压、改变尺寸和调控表面的含氧量（在制备过程中也不可避免地会被引入），能打开石墨烯的带隙，构建 FET 传感器，然而增大石墨烯带隙的过程或多或少都是以牺牲其他方面的优点作为代价。在 FET 传感器，石墨烯更适用构建源电极和漏电极，替代金电极。

与石墨烯相反，过渡金属硫化物（TMDCs）具有合适的带隙、较高开/关电流比值、与单晶硅的载流子迁移率相近，并且不受短沟效应的影响。TMDCs 表面是电负性强的卤族原子，与过渡金属形成极性键，因此比石墨烯更易进行功能化，特别是嫁接有机物分子和生物分子。例如，由于能量涨落，二维 MoS_2 表面会形成一定数量的硫空穴，这为有机物分子在其表面附着提供了位点，能与含氮有机物通过 Mo—N（配位）共价键复合，与含硫有机物通过硫醇化反应形成 Mo—S 共价键复合。亚稳态的二维 $1T\text{-}MoS_2$ 表面通过共价功能化后（比如吸附有机分子），二维 $1T\text{-}MoS_2$ 的稳定性显著提高，甚至比二维 $2H\text{-}MoS_2$ 的化学稳定性和热稳定性还要好。例如，单层 $1T\text{-}MoS_2$ 被碘乙酰胺或碘甲烷共价修饰后，能经受较高温度（200℃）而不发生明显的相转变[16]；单层 $1T\text{-}MoS_2$ 表面吸附有机官能团（如—CH_3）且覆盖度超过 25% 时，其稳定性超过 $2H\text{-}MoS_2$，且随着覆盖度的增加稳定性提高[17]；二维 MoS_2（主晶相为 $1T\text{-}MoS_2$）被聚吡咯共价修饰后，在电化学性能上产生协同效应，其电荷转移电阻（0.46Ω）小于聚吡咯（4.21Ω）、二维 MoS_2（0.55Ω）和石墨烯/聚吡咯复合材料（3.82Ω）的测试值[18]。若将二维 $1T\text{-}MoS_2$ 作为沟道材料，再吸附外来物（环境污染物）后，栅极电压-电流关系曲线会发生明显的变化，从而能实现定量检测。

在非结构缺陷处（惰性平面内），二维 MoS_2 也能与有机分子作用形成共价键，主要基于 Lewis 酸-碱反应和"点击"化学。例如，化学剥离法制备的 MoS_2 纳米片与有机重氮盐反应，可以在 MoS_2 纳米片惰性表面形成以 C—S 共价键修饰的有机物。上述表面修饰（即使是基于共价键的表面功能化）也并不需要复杂的制备工艺，甚至通过液相剥离处理后就可以实现。

基于二维 TMDCs 及其复合材料的 FET 传感器，其检测环境污染物一般基于两种策略：

① 环境污染物与二维 TMDCs 直接接触或作用；

② 环境污染物与修饰在二维 TMDCs 表面的探针接触或作用。

对于第一种情况，环境污染物在二维 TMDCs 表面上的吸附对其载流子行为的影响较直观；对于第二种情况，这种间接的作用会通过静电效应（static effect）和空间位阻效应改变二维 TMDCs 的载流子行为。例如，在室温条件下，利用二维 $2H\text{-}MoS_2$ 构建顶栅型的 FET 能实现高开/关电流比（数量级为 10^8），而且层状 MoS_2 还有较高的载流子迁移速率 [$200cm^2/（V \cdot s）$]，通过对其表面修饰高介电常数的材料能进一步提高载流子的迁移速率。在 FET 传感器中，一般用场效应迁移率（μ_{FE}）代替材料中载流子迁移率（无干扰下），其表达式如下：

$$\mu_{FE} = \frac{1}{C} \times \frac{d\sigma}{dV_G} \tag{10.8}$$

式中　C——栅极电介质的电容；

　　　σ——载流子迁移率；

　　V_G——栅电压或门电压。

然而，基于式（10.8）计算出的场效应迁移率要大于实际的载流子迁移率。

由于超薄的平面结构特征，二维 TMDCs 显示出灵敏的表面态，与环境污染物之间的特异性作用（选择性的识别过程），会导致其表面的电荷分布、载流子行为发生改变，从而影响库仑散射、载流子迁移率和浓度。例如，二维 MoS_2 和 $MoSe_2$ 作为沟道材料的 FET，其电势易受待测液 pH 的影响。因此，二维 TMDCs 作为沟道材料，其稳定性依赖溶液 pH，比如钨基 TMDCs 的稳定性要胜于钼基 TMDCs。二维过渡金属硫化物中过渡金属价态也依赖溶液 pH，比如当 pH＝8 时，MoS_2 和 $MoSe_2$ 中 Mo 氧化价态从＋4 价变成＋6 价[19]。

基于二维 TMDCs 的 FET 传感器，检测的变量或信号一般是源-漏间的电流（I_{ds}），其灵敏度常用无量纲参数表示，比如 $\Delta I/I_0$，I_0 是指 FET 传感器未检测待测物时源-漏之间的电流，ΔI 是指 FET 传感器检测或接触待测物前后源-漏间的电流变化量。在相同的栅电压下，一般随着二维纳米材料的层数降低，栅电流是逐渐增强的。以二维 2H-MoS_2 为例，当栅电压的变化范围为－10～10V 时，单层 2H-MoS_2 的开/关电流比是 2～4 层 2H-MoS_2 的 100 倍。

10.3.1　水体中重金属离子的传感检测

二维 TMDCs 表面原子一般是 S、Se、Te 等硫族非金属元素，具有较高的电负性，易与金属离子作用，相互作用机制满足路易斯酸碱反应原理。汞离子与二维 MoS_2 表面的硫原子之间具有较强的作用力；表面吸附汞离子的二维 MoS_2 表现出 p-型掺杂特性（表面电子浓度降低）。因此，通过检测二维 MoS_2 导电性能的变化即可获得汞离子的浓度[20]。

利用机械剥离法制备几层厚的 MoS_2 纳米片，作为导电沟道材料，用于构建 FET 传感器，其源-漏电极的电流会随着栅电压的增加（正向）而变大，表现出 n-型半导体的特性，其开/关电流比达到 10^6。MoS_2 纳米片的载流子迁移率为 87cm^2/（V·s）。该 FET 传感器的阈值电压随着待测样中 Hg^{2+} 浓度的增加而出现持续的正漂移，说明 Hg^{2+} 在 MoS_2 纳米片表面的吸附导致其导电类型发生改变，即从 n-型半导体转变成 p-型半导体，主要原因是 MoS_2 纳米片和 Hg^{2+} 之间存在电荷转移（电子转移方向是：S^{2-}配体→Hg^{2+}）；吸附 Hg^{2+} 的 MoS_2 纳米片表现出导电性能降低，可能的原因是吸附 Hg^{2+} 导致 MoS_2 纳米片的电荷不纯，从而引起电子的散射。该 FET 传感器对 Hg^{2+} 的检测限为 30pmol/L，完全满足世界卫生组织（WHO）对饮用水中 Hg^{2+} 的最低浓度（5nmol/L）；对 Hg^{2+} 具有良好的选择性，其检出信号不受 Na^+、K^+、Mg^{2+}、Ca^{2+}、Mn^{2+}、Fe^{2+}、Fe^{3+}、Co^{2+}、Ni^{2+}、Sn^{2+}、Pb^{2+} 和 Zn^{2+} 的影响；相对而言，Cd^{2+}、Ag^{2+} 和 Cu^{2+} 对 Hg^{2+} 检测具有更强的干扰性，但是仍然可以忽略[20]。

与之相似，利用嵌锂剥离法并结合热处理，能制备 $2H\text{-}MoS_2$ 纳米片。通过表面旋涂和沉积负载一定量的 Au 纳米粒子，形成 Au 纳米粒子/MoS_2 纳米片复合材料（作为沟道材料）。基于 Au—S 共价键，将探针 DNA 修饰在 Au 纳米粒子表面，实现对 Hg^{2+} 的高选择性[21]。所使用的探针 DNA 的碱基序列为：5'-SH-TCATGTTTGTTTGTTGGCCCCCCTTCTTTCTTA-3'。当源-漏电压保持恒定时（$V_{ds}=0.1V$），栅电压在 $-40\sim+40V$ 范围内变化所获得的漏电流用于表征场发射晶体管传感器对 Hg^{2+} 的灵敏度。该场发射晶体管传感器对 Hg^{2+} 的检出限和线性范围分别为 $0.1\sim10nmol/L$ 和 $0.1nmol/L$，反应时间为 $1\sim2s$[21]。

10.3.2 空气中氮氧化物的传感检测

二维 TMDCs 用于构建场发射晶体管传感器，最基本的要求是二维 TMDCs 的纯净度；较高纯净度有利于提高发射晶体管传感器的分析性能，特别是灵敏度和选择性。因此一般采用机械剥离法（透明胶带剥离）制备的二维 TMDCs 作为沟道材料，避免受污染的表面所产生假阴性或阳性信号（对待测物检出信号的干扰）[22]。

机械剥离法制备的二维 $2H\text{-}MoS_2$ 更能保证晶体的纯洁度，适合构建场发射晶体管传感器，能用于分析检测气体小分子。例如，利用机械剥离法制备了一系列不同厚度（1~4 层）的 $2H\text{-}MoS_2$ 纳米片（具有 n-型半导体特性），将其作为沟道材料；以 Ti 作为漏电极、Au 作为源电极，能实现对 NO 的定量检测。若以两层 $2H\text{-}MoS_2$ 纳米片作为沟道材料，用于构建 FET 传感器，分析性能更加稳定；尽管单层 $2H\text{-}MoS_2$ 纳米片的开/关电流比更高，但是单层 $2H\text{-}MoS_2$ 纳米片作为沟道材料却缺乏良好的稳定性。由于受到基底材料 SiO_2 的散射，单层 $2H\text{-}MoS_2$ 纳米片的载流子迁移速率[$0.03cm^2/(V\cdot s)$]显著降低，远不如少层或多层 $2H\text{-}MoS_2$ 纳米片的载流子迁移率 [两层为 $0.07cm^2/(V\cdot s)$；三层为 $0.17cm^2/(V\cdot s)$；四层为 $0.22cm^2/(V\cdot s)$][23]。随着 NO 浓度的升高，FET

传感器的栅电流会逐渐降低，对 NO 的检出限为 0.8×10^{-6} （0.8ppm）。

除了机械剥离法，利用化学剥离法（比如嵌锂剥离法）和液相剥离法制备二维 TMDCs 及其复合异质结也能实现对小分子的定量检测。例如，嵌锂剥离法制备 1T-MoS$_2$ 纳米片（含有极少量的 2H-MoS$_2$，形貌大部分为单层 MoS$_2$），通过低温烧结形成 2H-MoS$_2$/1T-MoS$_2$ 平面异质结。当异质结中 2H-MoS$_2$ 和 1T-MoS$_2$ 二者之比为 3：2（摩尔比）时，对 NO$_2$ 分析性能最佳。在室温下，该 FET 传感器对 NO$_2$ 检出限为 25×10^{-6}（25ppm），反应时间为 10s[24]。若以块体的 MoSe$_2$ 作为前驱体，乙醇和水的混合溶液作为剥离溶剂，通过液相剥离法制备少层的 MoSe$_2$ 纳米片，作为沟道材料能用于检测氨气。随着氨气浓度的增加，MoSe$_2$ 纳米片的电阻变大。该 FET 传感器对氨气的检出限为 1×10^6（1ppm），反应时间和恢复时间分别为 15s 和 135s[2]。

除了实验研究外，最近将 DFT 理论计算用于研究气体分子与二维 TMDCs 之间的相互作用，及其对二维 TMDCs 中载流子行为的影响，为理性设计合适的场发射晶体管传感器提供了理论支持。理论计算结果表明，小分子包括 CO、NO 和 O$_2$ 在单层 WSTe（Janus 结构）上的吸附为物理吸附，其吸附能小于 0.5eV；在含有 S 空穴、Te 空穴的单层 WSTe 纳米片上的吸附为化学吸附，即无论是在 S、Te 原子上，还是在它们的桥位处，其吸附能皆大于 1.5eV[25]。

二维 MoS$_2$ 作为导电沟道材料对气体分子的传感检测，一般都依赖于气体分子在二维 MoS$_2$ 的活性位点上的吸附。活性位点一般处于 MoS$_2$ 的层边缘，含有大量的悬键；在平面内也含有一定的硫空穴，也是潜在的活性位点；如果是平面型异质结，晶界也会成为潜在的活性位点[24]。不同分子在二维 MoS$_2$ 表面吸附的构型、吸附能和电荷转移量具有较大差异，吸附过程将不同程度地影响二维 MoS$_2$ 的载流子行为。利用第一原理计算考察 H$_2$、O$_2$、H$_2$O、NH$_3$、NO、NO$_2$ 和 CO 在单层 MoS$_2$ 表面的吸附过程，以及吸附分子的类别对单层 MoS$_2$ 的载流子特性的影响[7]。一般地，分子在 MoS$_2$ 表面吸附能越高，代表 FET 传感器对此分子的检测将更加灵敏。

DFT 理论计算 H$_2$ 和 O$_2$ 在 MoS$_2$ 表面吸附的最佳位点，结果表明：在钼原子表面，H$_2$ 和 O$_2$ 的吸附能分别为 -82meV 和 -116meV；H$_2$ 吸附构型是垂直于 MoS$_2$ 纳米片的表面，而 O$_2$ 吸附构型是平行于 MoS$_2$ 纳米片的表面。H$_2$O、NH$_3$ 和 NO 的最佳吸附位点是位于六边形（在顶视图中，由硫原子和钼原子构成）的几何中心点，其吸附能分别为 -234meV、-250meV 和 -276meV。NO$_2$ 和 CO 在 MoS$_2$ 纳米片表面的吸附能分别为 -276meV 和 -128meV。以 NO 和

NO_2 为吸附对象, 当施加外电场方向垂直 MoS_2 平面且向上, 电荷传递方向是从二维 MoS_2 纳米片到气体小分子, 其中转移到 NO 和 NO_2 的电荷数量分别是 $0.022e$、$0.1e$; 当施加的电场方向反向时, 电荷传递方向也发生了变化[7]。

除二维 WSTe 和 MoS_2 外, 二维 WS_2、$MoSe_2$、WSe_2、$MoTe_2$ 和 NbS_2 也能用于构建 FET 传感器, 检测气体小分子, 比如 O_2、NO、NO_2、SO_2 等。一般地, 气体小分子在二维材料表面的物理吸附过程也会降低场发射晶体管的选择性和灵敏度等; 而由空位等结构缺陷引起的化学吸附能保证 FET 传感器具有更好的选择性, 这类化学吸附对二维纳米材料的电学性质影响显著, 比如位于价带附近的间隙态发生改变, 产生更多空穴电流, 提高传感检测的灵敏度, 典型的例子是利用二维 $MoSe_2$ 作为沟道材料检测 NO_2。另外, 不同种类的气体分子在同一类导电沟道材料上作用方式及其对沟道材料的电学性质影响也大相径庭, 二维纳米材料对氧化性气体 (O_2、NO、NO_2 等) 的反应时间比还原性气体 (NH_3、H_2 等) 的反应时间短 (更加灵敏)。

元素掺杂的二维 TMDCs (被称为多元过渡金属硫属化物) 作为沟道材料, 能表现出更好的分析性能; 另一方面, 场发射晶体管的灵敏度和选择性还依赖多元过渡金属硫化物的层厚度。例如, 利用机械剥离法制备出不同层厚度的 $Re_{0.5}Nb_{0.5}S_2$ 纳米片, 作为导电沟道材料, 在源-漏电极电压一定时 (1V), 通过监测漏电流随 NO_2 浓度的变化, 实现对 NO_2 的定量检测。$Re_{0.5}Nb_{0.5}S_2$ 纳米片能选择性识别 NO_2, 而对其他干扰分子无明显的电信号反应 (比如氨气和甲醛等), 这种高选择性并不是源于上述分子在 $Re_{0.5}Nb_{0.5}S_2$ 纳米片表面吸附能的不同, 而是吸附过程对 $Re_{0.5}Nb_{0.5}S_2$ 纳米片电子结构的影响差异。由于 NO_2 具有较强的氧化性, 能从 $Re_{0.5}Nb_{0.5}S_2$ 纳米片上获得电子; 而氨气和甲醛是电子施主, 倾向于把电子给予 $Re_{0.5}Nb_{0.5}S_2$ 纳米片。因此, 上述电子转移方向的不同保证了对 NO_2 的高选择性。另外, 不同厚度的 $Re_{0.5}Nb_{0.5}S_2$ 纳米片对 NO_2 浓度变化作出的响应也有较大不同; 当 NO_2 浓度增加时, 单层 $Re_{0.5}Nb_{0.5}S_2$ 纳米片的电阻增加, 而六层厚的 $Re_{0.5}Nb_{0.5}S_2$ 纳米片的电阻降低。1~6 层厚的 $Re_{0.5}Nb_{0.5}S_2$ 纳米片对 NO_2 浓度 ($50 \times 10^{-9} \sim 15 \times 10^{-6}$) 的响应呈现线性变化, 层数较多的 $Re_{0.5}Nb_{0.5}S_2$ 纳米片 (大于 30 层) 无此特性, 不宜作为传感材料[26]。

10.3.3　空气中 VOCs 的传感检测

VOCs 是某一类挥发性有机物的总称, 绝大多数 VOCs 具有较大的毒性效应。与其他二维纳米材料相比，二维 TMDCs 特别适合构建用于检测 VOCs 的 FET 传感器，这类传感装置一般称为检测化学蒸气的 FET 传感器。二维 TMDCs 表面的活性位点是保证其对 VOCs（比如乙醇、乙腈、甲苯、三氯甲烷、甲醇等）高特异性的根本原因[27]。

二维 TMDCs 作为导电沟道材料用于检测 VOCs，对有机分子的极性特别敏感；不同极性的 VOCs 在二维 TMDCs 表面的吸附，会影响其表面带电类型（负电或正电）和表面电子浓度。例如，利用机械剥离法制备的单层 MoS_2，用于构建 FET 传感器，对三乙胺和丙酮的蒸气都有响应，其检测阈值分别为 1×10^{-6} 和 500×10^{-6}。由于单层 MoS_2 表现出 n-型半导体特性，更易与极性分子和具有较强电子给予倾向的分子作用，而中性分子或者电子受体分子（比如甲苯和三氯甲烷）对单层 MoS_2 的载流子特性影响较小[28]。

利用 DFT 理论计算，构建了 MoS_2/硼烯（borophene）垂直异质结，研究 CH_4、C_2H_4、C_2H_2、CH_3OH 和 HCHO 等 VOCs 与该异质结（作为沟道材料）之间的吸附过程，及其对 MoS_2/硼烯（borophene）垂直异质结性质的影响[29]。研究结果表明，CH_4、C_2H_4、CH_3OH 在异质结表面吸附能分别为 $-0.17eV$、$-0.32eV$、$-0.41eV$，属于物理吸附过程；C_2H_2 和 HCHO 在其表面的吸附能分别为 $-3.06eV$ 和 $-2.57eV$，属于化学吸附过程。根据 Landauer-Büttiker 等式：

$$I = \int T(E, V_b) \left[f(E - \mu_L) - f(E - \mu_R) \right] dE \qquad (10.9)$$

$$V_b = \mu_L - \mu_R \qquad (10.10)$$

式中　$T(E, V_b)$——透射谱；

$\quad f(E - \mu_L)$——左边电极的费米-狄拉克分布函数；

$\quad f(E - \mu_R)$——右边电极的费米-狄拉克分布函数；

$\quad\quad \mu_L$——左边电极的化学势；

$\quad\quad \mu_R$——右边电极的化学势。

在施加的偏压为 $0V \leqslant V_b \leqslant 0.5V$，在平行和垂直于水平面方向上，原始的 MoS_2/硼烯垂直异质结所表现的电流分别为 $106.51\mu A$（$I_平$）和 $81.46\mu A$（$I_垂$），表明电子迁移具有各向异性。与之相似，上述 5 种 VOCs 分子吸附在表面后，其电流也表现出各向异性，比如 C_2H_2 的 $I_平$ 和 $I_垂$ 分别为 $74.98\mu A$ 和 $25.01\mu A$，HCHO 的 $I_平$ 和 $I_垂$ 分别为 $61.29\mu A$ 和 $42.62\mu A$。不同的 VOCs 分子，在施加相同电压下，产生的电流不一样，主要原因在于 VOCs 分子在 MoS_2/硼烯垂直异质结表面吸附能不一样。

对 MoS_2/硼烯垂直异质结构成的场发射晶体管，其灵敏度（S）由如下公式表示：

$$S = \frac{|G - G_0|}{G_0} = \frac{|I_0 - I|}{I} \tag{10.11}$$

式中　G_0——吸附环境污染物前，异质结的电导；

　　　G——吸附环境污染物后，异质结的电导；

　　　I_0——吸附环境污染物前，异质结的电流；

　　　I——吸附环境污染物后，异质结的电流。

根据式（10.11）可知，灵敏度与沟道材料的电导成反比。以 MoS_2/硼烯构成的垂直异质结作为沟道材料，对上述 5 种 VOCs 分子检测的灵敏度也具有各向异性，但是与电流变化的趋势相反，即在垂直水平面方向上，灵敏度更高。对于不同的吸附分子，检测的灵敏度不一样；值得注意的是，该 FET 分析法对 C_2H_2 吸附的灵敏度（$S = 3.11$）要高于对 HCHO 吸附的灵敏度（$S = 1.61$）。

10.4　总结和展望

利用二维纳米材料及其复合纳米材料作为沟道材料，并用于构建场发射晶体管传感器的研究仍然非常少，已有的研究主要利用石墨烯和二维 TMDCs 及其复合材料。由于场发射晶体管传感器是检测的沟道材料的载流子行为，虽然二维纳米材料的灵敏度的表面态保证了传感分析性能，但是场发射晶体管传感器仍需要克服灵敏度和稳定性这一矛盾体。不像比色分析法、电化学等分析法，场发射晶体管传感器着重器件化，包含了很多影响因素，比如源电极、漏电极、与沟道材料相接触的基底、栅电压等，因此为了获得性能优良的场发射晶体管传感器不仅仅只考虑沟道材料（目前习惯研究的对象和内容）的设计，而且需要从系统工程的角度对整个器件进行优化。

参考文献

[1]　Schmidt H，Giustiniano F，Eda G. Electronic transport properties of transition metal dichalcogenide field-effect devices：surface and interface effects [J]. Chemical Society Reviews，2015，44（21）：7715-7736.

[2]　Singh S，Deb J，Sarkar U，et al. MoSe$_2$ crystalline nanosheets for room-temperature ammonia sensing [J]. ACS Applied Nano Materials，2020，3 (9)：9375-9384.

[3]　Chen X，Liu C，Mao S. Environmental analysis with 2D transition-metal dichalcogenide-based field-effect transistors [J]. Nano-Micro Lett，2020，12 (1)．

[4]　Sangwan V K，Arnold H N，Jariwala D，et al. Low-frequency electronic noise in single-layer MoS$_2$ transistors [J]. Nano Letter，2013，13 (9)：4351-4355.

[5]　Radisavljevic B，Radenovic A，Brivio J，et al. Single-layer MoS$_2$ transistors [J]. Nature Nanotechnology，2011，6 (3)：147-150.

[6]　Lee M H，Kim B J，Lee K H，et al. Apparent pH sensitivity of solution-gated graphene transistors [J]. Nanoscale，2015，7 (17)：7540-7544.

[7]　Yue Q，Shao Z Z，Chang S L，et al. Adsorption of gas molecules on monolayer MoS$_2$ and effect of applied electric field [J]. Nanoscale Research Letters，2013，8.

[8]　Tan F，Cong L，Saucedo N M，et al. An electrochemically reduced graphene oxide chemiresistive sensor for sensitive detection of Hg^{2+} ion in water samples [J]. Journal of Hazardous Materials，2016，320：226-233.

[9]　Yang L，Jin Y，Wang X，et al. Antifouling field‐effect transistor sensing interface based on covalent organic frameworks [J]. Advanced Electronic Materials，2020，6 (5)：1901169.

[10]　Tan X，Chuang H J，Lin M W，et al. Edge effects on the pH response of graphene nanoribbon field effect transistors [J]. The Journal of Physical Chemistry C，2013，117 (51)：27155-27160.

[11]　姜永伟. 淡水水体中细菌总数检测方法研究 [J]. 现代农业科技，2020：157-158.

[12]　Kim K H，Park S J，Park C S，et al. High-performance portable graphene field-effect transistor device for detecting Gram-positive and -negative bacteria [J]. Biosensors & Bioelectronics，2020，167.

[13]　Gc J B，Pokhrel R，Bhattarai N，et al. Chapagain，Graphene-VP40 interactions and potential disruption of the Ebola virus matrix filaments [J]. Biochemical and Biophysical Research Communications，2017，493 (1)：176-181.

[14]　Joshi R，Janagama H，Dwivedi H P，et al. Selection，characterization，and application of DNA aptamers for the capture and detection of salmonella enterica serovars [J]. Journal：Molecular and Cellular Probes，2009，23 (1)：20-28.

[15]　Chen Y，Michael Z P，Kotchey G P，et al. Electronic detection of bacteria using holey reduced graphene oxide [J]. ACS Applied Materials Interfaces，2014，6 (6)：3805-3810.

[16]　Voiry D，Goswami A，Kappera R，et al. Covalent functionalization of monolayered transition metal dichalcogenides by phase engineering [J]. Nature Chemistry，2015，7 (1)：45-49.

[17]　Tang Q，Jiang D E. Stabilization and band-gap tuning of the 1T-MoS$_2$ monolayer by covalent functionalization [J]. Chemistry of Materials，2015，27 (10)：3743-3748.

[18]　Tang H J，Wang J Y，Yin H J，et al. Growth of polypyrrole ultrathin films on MoS$_2$ monolayers as high-performance supercapacitor electrodes [J]. Advanced Materials，2015，27 (6)：1117-1123.

[19]　Lee C W，Suh J M，Jang H W. Chemical sensors based on two-dimensional (2D) materi-

als for selective detection of ions and molecules in liquid [J]. Frontiers in Chemistry, 2019: 1-21.

[20] Jiang S, Cheng R, Ng R, et al. Highly sensitive detection of mercury (Ⅱ) ions with few-layer molybdenum disulfide [J]. Nano Research, 2015, 8 (1): 257-262.

[21] Zhou G, Chang J, Pu H, et al. Ultrasensitive mercury ion detection using DNA-functionalized molybdenum disulfide nanosheet/gold nanoparticle hybrid field-effect transistor device [J]. ACS Sensors, 2016, 1 (3): 295-302.

[22] Late D J, Huang Y K, Liu B, et al. Sensing behavior of atomically thin-layered MoS₂ transistors [J]. ACS Nano, 2013, 7 (6): 4879-4891.

[23] Li H, Yin Z Y, He Q Y, et al. Fabrication of single- and multilayer MoS₂ film-based field-effect transistors for sensing NO at room temperature [J]. Small, 2012, 8 (1): 63-67.

[24] Zong B, Li Q, Chen X, et al. Highly enhanced gas sensing performance using a 1T/2H heterophase MoS₂ field-effect transistor at room temperature [J]. ACS Applied Materials Interfaces, 2020, 12 (45): 50610-50618.

[25] Dou H, Yang B, Hu X, et al. Adsorption and sensing performance of CO, NO and O₂ gas on Janus structure WSTe monolayer [J]. Computational and Theoretical Chemistry, 2021, 1195: 113089.

[26] Azizi A, Dogan M, Long H, et al. Zettl, High-performance atomically-thin room-temperature NO₂ sensor [J]. Nano Letter, 2020, 20 (8): 6120-6127.

[27] Samnakay R, Jiang C, Rumyantsev S L, et al. Selective chemical vapor sensing with few-layer MoS₂ thin-film transistors: comparison with graphene devices [J]. Applied Physics Letters, 2015, 106 (2): 023115.

[28] PerkinsF K, Friedman A L, Cobas E, et al. Chemical vapor sensing with monolayer MoS₂ [J]. Nano Letter, 2013, 13 (2): 668-673.

[29] Shen J, Yang Z, Wang Y, et al. Organic Gas Sensing performance of the borophene van der Waals heterostructure [J]. The Journal of Physical Chemistry C, 2020, 125 (1): 427-435.